# 煤炭开采对环境的影响及其生态治理

马守臣 著

科学出版社

北京

# 内 容 简 介

煤矿区在为国家提供能源支撑的同时，引发的生态与环境问题日益凸显。针对煤炭开采对环境的影响及其生态治理技术进行研究是缓解矿区人地矛盾和生态环境恶化的有效途径，也是实现矿区社会经济持续、健康、协调发展的当务之急。本书共六章，第一章为煤矿区主要生态环境问题及其研究进展；第二章为煤炭开采对环境的影响；第三章为矿区生态环境评价；第四章为采煤影响区环境治理研究；第五章为采煤影响区生态重建技术与模式；第六章为矿区景观生态质量评价研究。

本书可供高等院校和科研院所从事环境生态的研究人员，及涉矿企事业单位从事矿区环境治理的管理和技术人员参考。

**图书在版编目 (CIP) 数据**

煤炭开采对环境的影响及其生态治理/马守臣著. —北京：科学出版社，2019.12

ISBN 978-7-03-057748-1

Ⅰ. ①煤… Ⅱ. ①马… Ⅲ. ①煤矿开采-生态环境-环境影响-综合治理-研究-中国 Ⅳ. ①X752 ②X321.2

中国版本图书馆 CIP 数据核字（2018）第 125087 号

责任编辑：吴卓晶 景梦娇 / 责任校对：王 颖
责任印制：吕春珉 / 封面设计：北京睿宸弘文文化传播有限公司

**斜 学 出 版 社** 出版

北京东黄城根北街 16 号
邮政编码：100717
http://www.sciencep.com

**北京虎彩文化传播有限公司** 印刷

科学出版社发行　各地新华书店经销

\*

2019 年 12 月第 一 版　开本：B5（720×1000）
2019 年 12 月第一次印刷　印张：13 1/4
字数：265 000

定价：99.00 元
（如有印装质量问题，我社负责调换〈虎彩〉）

销售部电话 010-62136230　编辑部电话 010-62143239（BN12）

# 前　言

在煤矿区，煤炭露天开采造成地表大量剥离，导致土地资源大量破坏；煤炭井工开采导致地表大面积沉陷，使原地貌坡度增大，并产生大量裂缝、裂隙，极易造成水肥流失、土壤质量退化、耕地生产力下降、耕地收益降低，甚而良田荒芜，耕地减少使农民对农业生产失去信心。采矿过程中产生的煤矸石和矿井废水等废弃物是具有行业特点的污染源，它们在长期堆放和排放过程中，经雨水及风力等作用，迁移到周围环境中对地表水、地下水和土壤造成污染。煤炭开采对土地的破坏，使许多农民失去赖以生存的土地，加剧了矿区人地矛盾，影响了矿区经济、社会的可持续发展。因此，矿区生态环境问题已不单纯是一个环境问题，而是关系到一个国家经济可持续发展和人类生存质量的根本性问题。本书以煤矿区为研究对象，在对煤矿区主要生态环境问题及其研究进展进行回顾的基础上，针对矿区生态环境评价、煤炭开采对环境的影响、采煤影响区环境治理、采煤影响区生态重建技术与模式进行系统研究，并对矿区景观生态质量和生态效应评价进行相应探索。本书内容主要是作者近年来科研工作的总结，部分研究成果已以学术论文形式发表。

感谢河南理工大学测绘与国土信息工程学院张合兵、郝成元在本书的构思、文字撰写过程中给予的帮助。本书在撰写过程中得到了河南理工大学测绘与国土信息工程学院各位领导及自然地理与资源环境系各位教师的热情支持与帮助，在此表示衷心感谢。感谢河南省高校科技创新团队支持计划项目和河南理工大学科技创新团队支持计划项目"煤矿区土地整治与生态修复"（编号：18IRTSTHN008；T2017-4）的资助。

由于作者学术水平、研究条件和研究时间的局限，还有许多与本书密切相关的问题未曾涉及或未能做深入研究。另外，本书所涉及的某些问题带有探讨性质，其方法和结论有待进一步检验和完善。因此，本书难免存在不足之处，敬请广大读者批评指正。

马守臣

2019 年 3 月

# 目　　录

# 第一章 煤矿区主要生态环境问题及其研究进展

## 第一节 中国煤矿区主要生态环境问题

矿区的生态环境问题是伴随矿区的开发建设而产生的，矿区生态环境问题的产生是一个多环节、多因素的复杂过程。多环节是指环境问题形成于煤炭开采、加工、储运和燃烧使用的全过程；多因素是指环境问题的形成与技术、资金、管理方式、政策导向和思想观念等多种因素相关。

### 一、对土地资源的破坏

煤炭开采对土地资源的破坏类型主要有土地挖损、土地沉陷和土地压占 3 种。中国人多地少，而土地资源的破坏加剧了中国的人地矛盾。

#### （一）土地挖损

露天采煤是把煤层上方的表土和岩层剥离之后进行的，因此，对土地损毁的最主要形式表现为直接挖损。露天开采彻底改变了土壤养分的初始条件，并且增大了养分流失的机会。直接挖损形成的采空区，对土地的破坏非常严重，不经复垦的土地将毫无使用价值。

#### （二）土地沉陷

中国煤炭产量的 95%采用井工开采，煤矿沉陷地是采煤损毁土地的主要表现形式。土地沉陷是由于煤炭开采形成一定的地下采空区，导致上覆岩层的应力平衡被打破而产生变形，逐步沉降形成地表洼陷地带。

#### （三）土地压占

煤炭工业的压占土地包括两类：一是露天采矿剥离表层土堆积而形成的外排土场；二是井工采煤由井下运到地面的矸石和洗煤厂将精煤洗出后排弃的矸石堆积而压占的土地。

### 二、植被破坏

煤矿区森林植被的破坏主要是由矿山工业广场的建设、矸石堆放、开山修路、地面沉陷与露天采矿剥离引起的。土壤既是供给植物生长发育所需的水、肥、气、热的主要源泉，也是营养元素循环、更新的场所。矿区的建设和生产改变了土地养分的初始条件，从而使植被生长量下降。植物作为生态系统的生产者，它的破坏使矿区土地及其邻近地区的生物生存条件破坏，生物量减少，生态系统的结构受损、功能及稳定性下降，引起水土流失和沙漠化。

## 三、水资源污染和破坏

煤炭开采过程中，为保证安全而进行的人为疏干排水和采动形成的导水裂隙对煤系含水层的自然疏干，共同破坏和污染了地下水资源。与此同时，大量未经处理的含有煤粉、岩粉和其他污染物的矿井废水外排，又影响到矿区及其周边环境。煤矿区水体污染的主要形式有两类：一是煤矸石淋滤对地表水、地下水的污染；二是矿井废水、选煤废水等排放量大且成分非常复杂，含有大量的悬浮物、重金属和放射性物质，这些废水的排放对矿区及周边河流、湖泊水域造成严重的污染，抑制了水生生物的生长和繁殖，进而影响到矿区生态系统健康和人类及动植物的生存。

## 四、大气污染

矿区地面矸石山自燃及煤炭的利用释放出大量的 $SO_2$、$CO$ 等有毒有害气体，严重污染大气环境，影响了植物的生长发育，危害了周边居民的身体健康。另外，煤炭运输过程产生的粉尘中还含有很多对人体有害的元素，一旦被吸入人体，会导致各种疾病的发生。

## 五、土壤污染

煤矸石和矿井废水中含有大量的硫铁矿和重金属元素，在长期堆放和排放过程中，污染物经雨水及风力等迁移到周围环境中对周围土壤造成污染，从而影响农业生产和农产品质量。土壤环境遭到破坏将影响土壤水分、养分循环过程和植物的生长，从而导致区域生物多样性丧失、生态系统退化、景观受到破坏、农作物减产等。此外，这些重金属元素还将沿食物链最后进入人体，引起急、慢性中毒，造成肝、肾、肺、骨等组织的损坏，甚至致癌、致畸、致死。

## 六、水土流失和土地沙漠化

煤矿建设和生产要开挖地表，弃土弃渣，破坏土地和植被，从而减少了地面植被的覆盖。植被覆盖率的减少改变了地表径流和地表的糙度，使土壤抗蚀指数降低，使水土流失和土地沙化、干化加剧。土地流失导致下游河湖的淤积、土壤营养元素的损失，造成地力衰退。中西部地区是中国能源的重要输出地区，由于降水稀少，植被稀疏，土地沙漠化现象十分严重。随着中国煤炭开采西移，这些地区的水土流失和沙漠化问题将更为突出。

## 七、景观破坏

地下开采在地表形成盆地、裂缝、塌陷坑后，原有的地表形态发生变化。特别是在平原地区，当采出的矿层厚度较大时，将使原有的平原地貌变为一种特殊的丘陵地貌。矿区地形、地貌的变化，将影响植被的生长发育，破坏自然景观。露天开采形成的采空区、排土场和尾矿不但占用大量土地，还不可避免地覆盖植物或填充水体，破坏自然景观。矸石风化、自燃产生的粉尘和有毒有害气体，严重污染大气和周边环境，损害自然景观。

# 第二节　中国煤炭开采对环境影响的研究进展与启示

煤炭资源的大规模开采，一方面满足了中国经济建设的需要，另一方面严重破坏了矿区的土地资源和生态环境。为了解决矿区环境问题和恢复矿区土地生态功能，实现矿区土地的可持续利用，很多学者在煤炭开采对土壤、水资源、植被、景观的影响等方面进行了大量研究，并取得了大量成果。

## 一、煤炭开采对土壤的影响

采煤沉陷将会破坏土壤结构、改变土壤的理化性质。探索沉陷区土壤理化性状的时空变化，厘清煤炭开采对土壤理化性状的影响是进行矿区生态恢复的前提。采煤沉陷已造成中国东部平原矿区土地大面积积水，使西部矿区水土流失和土地荒漠化加剧。王健等（2006）发现，干旱、半干旱风沙采煤沉陷区与非沉陷区相比，沉陷沙丘物理性黏粒含量明显减少，土壤容重显著减小。何金军等（2007）的研究表明，采煤沉陷对黄土丘陵区土壤含水量影响最大，其次是物理性砂粒含量，沉陷区土壤物理性砂粒含量增加，最后是土壤密度和孔隙度。张欣等（2009）研究了毛乌素沙地补连塔土壤含水量对采煤沉陷的响应，结果表明，沉陷造成土壤非毛管孔隙增多，促进了土壤水分垂直蒸发；沉陷错落面和沉陷裂缝（隙）的发育促进了土壤水分侧向蒸发。在煤矿区，井工开采使地表产生大面积沉陷并产生裂缝，沉陷区耕地在沉陷扰动、雨水、风力等因素的综合作用下，水土流失严重，导致耕地质量下降、土壤退化。栗丽等（2010）的研究表明，采煤沉陷破坏了土壤结构，促进了土壤淋溶侵蚀，使土壤理化性质，如容重、持水量、有机质、碱解氮、速效磷和物理性黏粒含量随沉陷年限的增加而逐渐减少，土壤毛管孔隙度则随沉陷年限的增加而减小，而非毛管孔隙度则增加。陈龙乾等（1999）对沉陷区不同下沉位置的土壤进行了分析，结果表明沉陷坡地上中坡土壤有砂质化的趋势，而下坡和坡底则积聚了上中坡侵蚀下移的细颗粒土壤物质。此外，范书凯等（2007）对韩王矿沉陷区林地的研究表明，采煤沉陷对脲酶和磷酸酶活性的影响比较大，对蔗糖酶、过氧化氢酶、多酚氧化酶、脱氢酶活性的影响不明显。

采矿过程中产生的煤矸石和矿井废水等废弃物是具有行业特点的污染源。煤矸石中含有 Pb、Zn、Cr 及 Cd 等重金属元素，在长期堆放过程中释放出来，并经雨水及风力等作用迁移至土壤中，造成污染。矿井废水中普遍含有以煤粉和岩粉形成的悬浮物和重金属元素等有毒、有害物质，有的矿井废水还呈现出高矿化度或酸性。这些矿井废水的排放将对矿区周围土壤造成严重的酸污染和重金属污染。酸性矿井废水不但污染农田土壤，还会增强农作物对重金属的吸收。高矿化度的矿井废水还容易造成土壤的盐碱化，引起土壤性能改变。含有大量悬浮物的矿井废水渗入土壤后会堵塞孔隙，改变土壤结构等。王丽等（2011）对神府 3 个煤矿区周围土壤的 Cu、Cd、Cr、Mn、Ni 含量进行了分析，结果表明长期的煤炭开采活动已导致周围土壤受到不同程度重金属污染。马守臣等（2012）对焦作市煤矿区农田土壤中重金属含量进行分析表明，矿井废水灌溉的农田、煤矸石周围的农田中重金属污染综合指数均达到重度污染水平。矿区废弃物的排放在影响土壤质量的同时对作物生理特性也产生了严重影响（马守臣等，2013）。张明亮等（2007）对煤矸石堆周边土壤重金属污染的分析表明，矸石山周边表层土壤中 Zn、Pb、Cr 和 Cu 的含量较高，且土壤重金属含量随着距煤矸石堆的距离增加而呈明显的下降趋势。崔龙鹏等（2004）对淮南矿区煤矸石堆积造成的土壤重金属污染的研究表明，土壤中重金属含量呈现随开采历史及堆积煤矸石风化时间的推移而递减的趋势，且 Co、Cu、Zn、Ni、Pb 表现出相对较强的迁移性。以上研究揭示了煤炭开采对土壤理化特性影响的时空变化规律，给煤矿区的土地复垦和环境治理提供了重要的理论依据。

**二、煤炭开采对水资源的影响**

当煤层开采后，覆岩失去支撑，引起采空区顶板岩层的变形和沉陷，从而导致上部含水层结构的破坏，并降低地下水位。煤层开采使上覆岩层不断发生冒落，形成冒落带及导水裂隙带，并在地表产生裂隙和沉陷区，造成含水层结构和地下水径流、排泄条件发生变化。对地下水的影响必将导致区域地表水、地下水资源的枯竭，水资源短缺问题加重。为了保护矿区水资源，曹海东（2011）以神东矿区为例，进行了大型缺水矿区水资源开发利用模式的研究。顾大钊（2014）提出的矿井废水井下储存利用的新理念能够避免矿井废水外排蒸发和污染周围环境。曹志国等（2014）针对神东矿区矿井废水外排蒸发损失的问题，相继研发了采空区储水设施、煤矿地下水库和煤矿分布式地下水库的水资源保护和利用技术，形成了以煤矿地下水库为核心的矿区水资源保护和利用技术，实现了矿井废水井下循环利用。除了矿井废水资源化的问题，一些学者还进行了采煤活动对地下含水层及地面水资源影响的研究（肖利萍等，2002）。牛磊等（2014）以焦作矿区为例，研究了采煤前后含水层环境的变化，阐明了采煤活动对地下含水层的影响。郑玉峰等（2015）以鄂尔多斯市为例，研究了煤炭开采对地下水位变化的影响。白喜庆等（2010）以峰峰矿区为例，指出喀斯特地下水在煤矿疏排水和人工开采的影响下，呈现衰减状态下的周期性变化。袁迎菊等（2012）分析了露天矿开采对地下水资源的影响，提出了一种有利于地下水系统恢复的内排作业方案。

采矿过程中产生的煤矸石和矿井废水等矿区废弃物在长期堆放和排放的过程中，污染物经雨水等迁移到周围环境，对地上、地下水资源会造成不同程度的重金属污染和酸污染；对矿区周围的河流湖泊生态功能造成严重影响，导致河流湖泊中鱼类及微生物大量死亡。地下水资源受到污染会严重影响矿区周围居民的用水问题，从而影响居民身体健康。吕新等（2014）以窟野河为例，分析了煤炭开采对该流域水资源量与水质的影响机制，研究结果表明，煤炭开采不仅可以引发地下水位下降，还能使含水层的水进入矿坑，形成高硬度、高矿化度的矿井废水，对周围水资源及土壤造成影响。张金海（2014）以开滦集团赵各庄矿区水环境现状为例，运用模糊综合评价方法确定各因素的评判值，确定了选煤废水、矿井废水和矿区生活污水是该矿区的主要水污染来源及其对水环境的影响程度。此外，也有学者进行了其他方面的一些研究。例如，康娜等（2015）以山西省古交市矿区为例，研究了黄土高原矿区的水环境承载力。蒋晓辉等（2010）以黄河中游窟野河为研究对象，运用数理统计知识和建立黄河水量平衡模型（Yellow River water balance model，YRWBM）的方法，研究了窟野河流域煤炭开采对水循环的影响。马雄德等（2015）以榆神府矿区为例，研究了该矿区不同时期的水体、湿地分布及其面积动态变化规律。

### 三、煤炭开采对植被的影响

采煤沉陷在破坏水土资源的同时，对植物也会产生直接影响，甚至导致植物受损死亡。丁玉龙等（2013）定量分析了沉陷过程中土壤的拉伸和压缩变形对植物根系产生的破断损伤影响。卞正富等（2009）利用野外监测和 TM（thematic mapper）遥感影像数据，建立了计算土壤含水量的遥感信息模型，指出采矿引起的地表裂缝加速了土壤中水分的蒸发，地表拉伸变形容易拉断植物根系，进而影响植物的生长。杨选民等（2000）的研究发现，沉陷区灌木沙蒿的死亡率比非沉陷区高出 16%。赵国平等（2010）对补连塔风沙区植被的调查表明，采煤沉陷直接导致植物的死亡率增大。除对植物根系的直接影响外，开采活动还改变了矿区及周边地区水体、土壤等生境条件，从而对矿区地表植被造成不同程度的影响。对大柳塔煤矿的研究表明，高强度地下开采后，地面出现沉陷、裂缝，破坏了土地的完整性，使地表水渗漏、地下水位下降，土地产生不同程度的沙漠化，进而造成采煤沉陷区植被退化。陈士超等（2009）指出，采矿引起地表沉陷，使肥力从土壤表层向深层渗漏、流失，土壤肥力赋存特征发生了明显改变，因此不利于植物生长和植被恢复。周莹等（2009）对神东矿区 3 种不同地貌下 2 个不同沉陷年份的地表植被进行调查研究,结果表明沉陷后植物群落组成成分较沉陷前增多。

开采活动对植被的影响还表现在植被景观破碎化(胡振琪等,2005)、矿区植被净初级生产力及生态环境状况变化等(侯湖平等,2012)。张思锋等(2010)对神府煤炭开采区受损植被生态补偿评估的研究表明,2004~2008年,神府煤炭开采区草地生态服务功能价值的损失量逐年上升,受损植被应补偿量逐年扩大。廖程浩等(2010)借助3S技术[①]的生态特征识别和空间分析能力,以遥感植被指数为基础,从植被资源的角度研究煤炭开采对矿区周边生态系统产生影响的距离效应,进而探讨矿区生态恢复工作的合理范围,为制定有效的矿区生态保护措施和方案、切实保护矿区的生态环境提供科学依据。此外,植被作为矿区的主要碳汇要素在遭受破坏的同时,存储在其中的碳元素也通过地球生物化学循环被排放到大气中,成为大气的碳源之一。因此,关于采矿对植被碳排放问题的研究不仅是煤矿区生态补偿测算的新环节,而且具有重要的实际意义。侯湖平等(2014)针对煤炭开采对区域农田植被碳库储量的影响研究表明,在整个采煤沉陷区范围内,与不受到煤炭开采的影响相比,采煤沉陷区域农田植被碳库储量减少,煤炭开采对区域农田植被碳库储量的影响属于失碳效应。

### 四、煤炭开采对景观的影响

合理的区域景观格局能够协调社会效益、经济效益、生态效益,保障区域社会经济持续发展,使区域景观具有最佳的效用价值、功能价值、美学价值和生态价值。因此,景观尺度可作为矿区土地质量评价的适宜层次和评价单元。在煤矿区,地表沉陷改变地貌后,植被景观破碎及隔离程度严重,原有的稳定态景观格局被打破,并引发景观生态的变化。因此,从景观尺度上定量地进行矿区环境质量研究,能够揭示以煤炭开采为原动力的矿区土地质量时空变化规律,为矿区土地复垦和生态重建提供依据和参考。

近年来,采矿对景观生态质量的影响逐渐被人们所关注。全占军等(2006)研究发现,煤炭开采造成的地表沉陷使矿区地表植被景观破碎及隔离程度严重。曾磊等(2004)对兖州矿区农田复垦前后景观格局演变过程进行了研究,揭示了矿区农田景观演变的一般规律,提出了复垦农田景观重建方法与重建标准。付梅臣等(2008)对唐山荆各庄矿区不同时期景观指数的研究表明,该矿区景观优势度已经发生了较大变化,原优势景观耕地规模下降;矿区开采使农田景观斑块密度增大,农田景观格局破碎化程度、景观空间异质性程度和多样性增加。吴健生等(2013)采用探索性空间数据分析(exploratory spatial data analysis,ESDA)方法,定量研究露天矿区景观生态风险空间分布特征。结果表明,矿区景观生态风

---

① 3S技术是遥感(remote sensing,RS)技术、地理信息系统(geography information system,GIS)技术和全球定位系统(global positioning systems,GPS)技术的统称。

险空间分布以高风险区域为核心，由高到低呈环形包围特征。对比矿区景观生态风险的空间分布特征可以发现，景观干扰度是高、低风险区域的主要驱动因子；而景观脆弱度则是中等风险区域的驱动因子。这些研究结果可对矿区环境管理和风险决策提供一定的数据支撑和理论依据。

此外，毕如田等（2007）利用 3S 技术对大型露天复垦矿区的景观变化进行了分析。侯湖平等（2012）利用 RS、GIS 技术对徐州市城北矿区景观生态修复进行了研究。李保杰等（2012）应用 GIS 和景观生态学方法，以徐州市九里矿区为例，分析了该区土地利用结构和景观格局变化，结合景观格局优化目标建立了相应的评价指标体系，对矿区复垦的生态效应进行评价。但以上研究对于矿区土地复垦前后的景观格局变化和生态效应、生态系统稳定性的研究相对较少。王仰麟等（1998）指出，只有在微观上创造出适合的生态条件，才能更好地实现生态重建目标。

## 五、研究启示

纵观几十年的研究历程，煤炭开采环境影响研究主要围绕 3 个方面：一是影响类型研究，包括采煤沉陷、露天开采及固体废弃物对环境的影响等；二是影响因素研究，以对水资源、土壤、植被、景观等的影响研究为主；三是与影响效应有关的因素研究，包括污染类型、污染程度等。可见，当前对各环境因子的研究组成了煤炭开采环境影响研究的基础，并由此得出了一般性规律和原理，但这些研究作为制定环境保护、治理与管理策略的依据还远远不够。近年来，煤炭在我国一次性能源结构中煤炭生产与消费一直在 70%左右（雷少刚等，2014）。煤炭开采在中国未来能源发展中仍处于不可或缺的重要地位。因此，煤炭开采环境影响问题会长期存在。今后针对煤炭开采对环境的影响还需要从以下几个方面开展研究。

1) 研究内容还需进一步深入和系统化。当前针对矿区环境问题的研究大多是针对具体的生态问题或某个特定影响区域进行分析的。关于煤炭开采活动对其周边生态系统及影响范围的研究还远远不够。3S 技术具有强大的信息获取、分析和模拟能力，在生态和环境的监测分析领域有不可替代的优势，在煤矿区的生态和环境研究中有广泛应用。虽然利用 RS 技术能遥感反演采矿对植被资源的影响，但针对开采活动对矿区周边生态系统产生影响的距离效应、矿区生态恢复工作的合理范围还缺乏研究。

此外，当前有关煤炭开采的环境影响方面的研究大多是对土壤、植被、水资源等环境单因子影响效应方面的研究，研究内容相对比较表面、简单，没有对各环境因子之间的相互作用进行深入的研究。在实际环境问题中，煤炭对这 3 个方面的影响不是截然分开的。当前缺乏开采条件下植被、水土多环境要素间协同演变关系的研究，尤其煤炭开采对矿区生态系统的综合研究更少。

2）研究空间尺度的细化。现代生态学的研究十分重视生态学研究的尺度，研究尺度不同，所得结论将有差异。基于遥感监测的植被覆盖分析表明，神东矿区植被覆盖近些年有明显好转（吴立新等，2009）。但是，基于现场调查与小尺度理论分析的研究则认为，煤矿开采造成了区域植被的衰减与荒漠化加剧（赵国平等，2010）。导致这些认识差异的原因在于：煤矿开采对生态环境的扰动与水文地质条件具有空间异质性，以及监测尺度有差异。因此，在采煤影响区，分析煤炭开采对环境的影响时，要注重研究的尺度及内容。此外，当前关于煤炭开采环境影响方面的研究多停留在中观尺度，多是一些易于观察的现象。如果扩展到其他研究尺度，又会有什么样的影响效应呢？例如，在煤矿区采煤沉陷和矸石山压占短期内就可局部破坏土壤和植被条件，但如果从更大的研究尺度来看，如整个矿区生态系统，则只有经过长期的影响，其土壤和植被条件才可能会有所改变；如果放到更小的研究尺度来研究，则主要研究土地破坏对土壤微生物系统的组成、微生物群落结构及其作用的影响。因此，关于煤炭开采环境影响的研究不仅要重视那些显而易见的环境影响，还要注重研究尺度的扩展，研究更为宏观或微观的环境影响，尤其在微观尺度方面的分析研究有待加深，这对于解释煤炭开采对环境影响的机理具有重要意义。

3）要注重时间尺度的研究。除了细化研究的空间尺度外，研究的时间尺度不一样，也可能带来不同的研究结果。到目前为止，中国关于煤炭开采对环境影响的研究多以野外试验和调研为主，研究周期相对较短，缺乏长期的、大规模的调查研究。在自然条件下，植物群落的演替，有的以百年计，有的以十年计。对一个采煤沉陷区来说，在沉陷初期，开采扰动使地形变形，短期内就可造成大量植物死亡和植被衰退，而随着时间推移，沉陷区由于汇集周围水肥资源、植被覆盖及植物多样性恢复，其植被甚至优于周边环境。例如，周莹等（2009）对神府-东胜矿区6个矿3种不同地貌下2个不同沉陷年份及对照区地表植被的调查研究表明，经沉陷干扰后，植物群落主要组成成分没有发生明显变化，群落的建群种没有改变；除生态十分脆弱的乌兰木伦矿区外，其余矿区地表沉陷后物种多样性与对照区相比没有显著性差异；沉陷后群落组成成分较沉陷前增多，且沉陷1年区比沉陷当年区物种数量多。

此外，如何将煤炭开采对环境影响的研究成果应用到矿区的生态管理中也是今后研究的重要内容。

# 参 考 文 献

白喜庆，沈智慧，2010. 峰峰矿区保水采煤对策研究[J]. 采矿与安全工程学报，27（3）：389-394.
毕如田，白中科，李华，等，2007. 基于3S技术的大型露天矿区复垦地景观变化分析[J]. 煤炭学报，32（11）：1157-1161.
卞正富，雷少刚，常鲁群，等，2009. 基于遥感影像的荒漠化矿区土壤含水率的影响因素分析[J]. 煤炭学报，34（4）：520-525.

曹海东，2011. 大型缺水矿区水资源开发利用研究[J]. 煤炭科学技术，39（8）：110-113，124.

曹志国，李全生，董斌琦，2014. 神东矿区煤炭开采水资源保护利用技术与应用[J]. 煤炭工程，46（10）：162-164.

陈龙乾，邓喀中，赵志海，等，1999. 开采沉陷对耕地土壤物理特性影响的空间变化规律[J]. 煤炭学报，24（6）：586-590.

陈士超，左合君，胡春元，等，2009. 神东矿区活鸡兔采煤塌陷区土壤肥力特征研究[J]. 内蒙古农业大学学报（自然科学版），30（2）：115-120.

崔龙鹏，白建峰，史永红，等，2004. 采矿活动对煤矿区土壤中重金属污染研究[J]. 土壤学报，41（6）：896-904.

丁玉龙，周跃进，徐平，等，2013. 充填开采控制地表裂缝保护四合木的机理分析[J]. 采矿与安全工程学报，30（6）：868-873.

范书凯，徐华山，赵同谦，2007. 煤矿沉陷区土壤酶活性研究：以林地为例[J]. 能源环境保护，21（6）：20-24.

付梅臣，周锦华，陈秋计，2008. 荆各庄矿区景观协同变化研究[J]. 煤炭学报，33（10）：1131-1136.

顾大钊，2014. "能源金三角"地区煤炭开采水资源保护与利用工程技术[J]. 煤炭工程，46（10）：33-37.

何金军，魏江生，贺晓，等，2007. 采煤塌陷对黄土丘陵区土壤物理特性的影响[J]. 煤炭科学技术，35（12）：92-96.

侯湖平，徐占军，张绍良，等，2014. 煤炭开采对区域农田植被碳库储量的影响评价[J]. 农业工程学报，30（5）：1-9.

侯湖平，张绍良，丁忠义，等，2012. 基于植被净初级生产力的煤矿区生态损失测度研究[J]. 煤炭学报，37（3）：445-451.

胡振琪，杨玲，王广军，2005. 草原露天矿区草地沙化的遥感分析：以霍林河矿区为例[J]. 中国矿业大学学报，34（1）：6-10.

蒋晓辉，谷晓伟，何宏谋，2010. 窟野河流域煤炭开采对水循环的影响研究[J]. 自然资源学报，25（2）：300-307.

康娜，杨永刚，李洪建，等，2015. 黄土高原典型矿区水环境承载力研究[J]. 水土保持通报，35（1）：274-280.

雷少刚，卞正富，2014. 西部干旱区煤炭开采环境影响研究[J]. 生态学报，34（11）：2837-2843.

李保杰，顾和和，纪亚洲，2012. 矿区土地复垦景观格局变化和生态效应[J]. 农业工程学报，28（3）：251-256.

栗丽，王曰鑫，王卫斌，2010. 采煤塌陷对黄土丘陵区坡耕地土壤理化性质的影响[J]. 土壤通报，41（5）：1237-1240.

廖程浩，刘雪华，2010. 阳泉煤炭开采对区域植被影响范围的3S识别[J]. 自然资源学报，25（2）：185-191.

吕新，王双明，杨泽元，等，2014. 神府东胜矿区煤炭开采对水资源的影响机制：以窟野河流域为例[J]. 煤田地质与勘探，42（2）：54-57.

马守臣，马守田，邵云，等，2013. 矿井废水灌溉对小麦生理特性及重金属积累的影响[J]. 应用生态学报，24（11）：3243-3248.

马守臣，邵云，杨金芳，等，2012. 矿粮复合区土壤-作物系统重金属污染风险性评价[J]. 生态环境学报，21（5）：937-941.

马雄德，范立民，张晓团，等，2015. 榆神府矿区水体湿地演化驱动力分析[J]. 煤炭学报，40（5）：1126-1133.

牛磊，陈立，江胜国，等，2014. 采煤对地下含水层的影响研究：以河南焦作矿区为例[J]. 地下水，36（1）：45-47.

全占军，程宏，于云江，等，2006. 煤矿井田区地表沉陷对植被景观的影响：以山西省晋城市东大煤矿为例[J]. 植物生态学报，30（3）：414-420.

王健，高永，魏江生，等，2006. 采煤塌陷对风沙区土壤理化性质影响的研究[J]. 水土保持学报，20（5）：52-55.

王丽，王力，和文祥，等，2011. 神木煤矿区土壤重金属污染特征研究[J]. 生态环境学报，20（8）：1343-1347.

王仰麟，韩荡，1998. 矿区废弃地复垦的景观生态规划与设计[J]. 生态学报，18（5）：455-462.

吴健生，乔娜，彭建，等，2013. 露天矿景观生态风险空间分异[J]. 生态学报，33（12）：3816-3824.

吴立新，马保东，刘善军，2009. 基于SPOT卫星NDVI数据的神东矿区植被覆盖动态变化分析[J]. 煤炭学报，34（9）：1217-1222.

肖利萍，于洋，2002．阜新矿区矿井水资源化混凝实验研究[J]．中国矿业大学学报，31（2）：212-215．

杨选民，丁长印，2000．神府东胜矿区生态环境问题及对策[J]．煤矿环境保护，14（1）：69-72．

袁迎菊，才庆祥，汤万钧，等，2012．露天采矿对生态脆弱区水资源的影响及其对策[J]．煤炭工程（5）：99-100，104．

曾磊，付梅臣，2004．兖州矿区复垦农田景观格局演变过程研究[J]．金属矿山（Z1）：89-93．

张金海，2014．煤矿开采对水环境矿的影响及评价方法研究[J]．矿山测量（3）：27-29．

张明亮，王海霞，2007．煤矿区矸石山周边土壤重金属污染特征与规律[J]．水土保持学报，21（4）：189-192．

张思锋，权希，唐远志，2010．基于HEA方法的神府煤炭开采区受损植被生态补偿评估[J]．资源科学，32（3）：491-498．

张欣，王健，刘彩云，2009．采煤塌陷对土壤水分损失影响及其机理研究[J]．安徽农业科学，37（11）：5058-5062．

赵国平，封斌，徐连秀，等，2010．半干旱风沙区采煤塌陷对植被群落变化影响研究[J]．西北林学院学报，25（1）：52-56．

郑玉峰，王占义，方彪，等，2015．鄂尔多斯市2005-2014年地下水位变化[J]．中国沙漠，35（4）：1036-1040．

周莹，贺晓，徐军，等，2009．半干旱区采煤沉陷对地表植被组成及多样性的影响[J]．生态学报，29（8）：4517-4525．

LEI S G, BIAN Z F, DANIELS J, et al., 2010. Spatio-temporal variation of vegetation in an arid and vulnerable coal mining region[J]. Mining science and technology(China), 20(3): 485-490.

MA S C, ZHANG H B, MA S T, et al., 2015. Effects of mine wastewater irrigation on activities of soil enzymes and physiological properties, heavy metal uptake and grain yield in winter wheat[J]. Ecotoxicology and environmental safety(113): 483-490.

# 第二章　煤炭开采对环境的影响

## 第一节　沉陷裂缝对土壤微生物学特性
## 和植物群落的影响

在中国西北部干旱区，采煤沉陷造成矿区水土流失和土地荒漠化加剧（张彪等，2004；范英宏等，2003）。研究表明，采煤沉陷破坏了土壤结构，促进了土壤淋溶侵蚀，土壤中有机质及碱解氮的含量等随沉陷年限的增加而逐渐减少，使土壤质量逐年下降（栗丽等，2010b）。在中国西部煤矿区，井工开采在导致地表大面积沉陷的同时，还产生大量裂缝（隙），极易造成土壤水分和养分流失（马迎宾等，2014；何金军等，2007；陈龙乾等，1999）。其中，沉陷裂缝（隙）对土壤环境的影响非常大，尤其在沉陷非稳定期，沉陷裂缝（隙）是影响土壤水分运移的主要因素。研究表明，采煤沉陷使土壤非毛管孔隙增多，促进土壤水分垂直蒸发，而沉陷裂缝（隙）则促进土壤水分侧向蒸发（张欣等，2009）。采煤沉陷在破坏水土资源的同时，对植物也产生直接影响，甚至导致植物受损死亡（赵国平等，2010）。此外，土壤结构遭到破坏还将影响到土壤水分、养分的循环过程，从而影响植物生长，并导致植被退化（马超等，2013；Lei et al.，2010）。对于植被退化机理，陈士超等（2009）指出，井工开采造成地表沉陷，使土壤表层中养分向深层渗漏、流失，导致表层土壤肥力下降，从而影响植物生长。丁玉龙等（2013）也指出，地表沉陷和裂缝使植物根系断裂，并造成根区范围的土壤保水性能下降，导致植物的生长发育受阻。此外，井工开采造成地表沉陷和裂缝，破坏了土地的完整性，使地表水渗漏、地下水位下降，进而造成采煤沉陷区植被退化（叶瑶等，2015；全占军等，2006）。

神府-东胜矿区地处黄土高原与毛乌素沙地之间的生态环境脆弱地带。近年来，随着采矿规模的不断扩大，煤炭开采造成区域水土资源流失严重，使本就十分脆弱的生态环境进一步恶化（侯新伟等，2006），在采煤沉陷区发育着许多不同长度和宽度、不同分布密度的裂缝（隙）。针对沉陷裂缝对土壤水肥特征的影响已进行了相关研究，但研究主要针对土壤理化特性方面，鲜见对土壤微生物特性和植物特征的研究报道，尤其裂缝对土壤和植物的影响范围缺少必要的研究。鉴于此，本研究以地处毛乌素沙地东南缘的上湾煤矿沉陷区的地表裂缝为研究对象，通过测定和分析裂缝两侧不同范围内土壤微生物特性和植被状况，研究高强度开采地表裂缝对土壤和植物的影响特征，不但可揭示采煤沉陷对植被的影响机理，还可为干旱区、采煤沉陷区的植被恢复提供参考。

## 一、研究区概况、研究方法及数据分析

### (一)研究区概况

研究区是鄂尔多斯盆地腹地的神府-东胜矿区上湾煤矿区。上湾矿位于毛乌素沙地东南缘,为高强度井工开采区域。上湾矿位于鄂尔多斯市伊金霍洛旗乌兰木伦镇,属中温带半干旱气候,干旱、少雨、多风沙;年均降水量为 340~420mm,主要集中于 7~9 月,全年蒸发量为 2 163mm,蒸发量远大于降水量。近年来,大规模的煤炭开采对矿区环境造成了严重破坏,使矿区地表出现了多处大规模下沉和地裂缝群,尤其是采空区的边缘裂缝较大,裂缝宽为 10~60cm,或出现台阶。沉陷区内沟壑起伏,土层较薄,主要为硬梁地。土地利用类型主要是耕地或荒草地。

### (二)研究方法

2014 年 8 月中旬在上湾煤矿采煤沉陷区进行调查与采样,沉陷区宽为 300~500m、长为 1.0~1.5km,沉陷坡度为 5°~10°。在研究区内选择一条长约为 300m、宽为 30~60cm 的沉陷裂缝作为研究对象,裂缝延伸方向垂直于坡向,裂缝形成时间约为 30d。在裂缝两侧距裂缝边缘 40cm、80cm、120cm、160cm 和 200cm 处采集 0~40cm 土壤层土壤和植物样品,并调查植被生物量和盖度,在每一距离范围内分别选取 5 个采样点,每个采样点均设 5 次重复。采集土壤样品前,用小铲除去土壤表层的枯枝落叶。

土壤含水量和碱解氮含量测定:在每个采样点用直径 6cm 的土钻采集土样,采集后立即放入铝盒中密封,带回实验室采用烘干称重法测定土壤含水量,采用碱解扩散法测定土壤碱解氮含量。

微生物量测定:在每个采样点用无菌小铲采集土样,充分混匀后装入无菌自封袋中,放入冰盒带回实验室,置于冰箱中在 4℃环境下保存待用。采样 3d 后,采用平板涂抹计数法测定土壤中细菌、真菌和放线菌的数量(姚槐应等,2006)。

土壤酶活性测定:将每个采样点采集的土样充分混匀后装入无菌自封袋中,放入冰盒立即带回实验室,保存于-20℃冰箱中,3d 后采用比色法测脲酶活性,采用 3,5-二硝基水杨酸比色法测定蔗糖酶活性(姚槐应等,2006)。

植物生物量和含水量测定:在每个采样点分别选取 5 个 1m$^2$ 的样方进行植物样品采集(5 次重复),采集草本植物地上部分,带回实验室烘干测定生物量;并分别采集各采样点同一种植物的 5 个茎叶,放入无菌自封袋中带回实验室,通过烘干称重法测定其含水量。

### (三)数据分析

本节使用 SPSS 19.0 软件对试验数据进行统计分析,并对各处理数据进行显著性检验。

## 二、结果与分析

### （一）地表裂缝对土壤水分和养分的影响

探索沉陷区土壤理化性状的时空变化及煤炭开采对土壤理化性状的影响是进行矿区生态恢复的前提。沉陷裂缝破坏了土壤结构，降水更易渗入地下，从而减少对土壤水的补给。在非降水期间，裂缝会促进土壤水分侧向蒸发，同时还使土壤整体持水能力减弱（全占军等，2006）。这些因素的共同作用造成土壤含水量下降（黎炜等，2011）。地表裂缝不但导致土壤水分流失，还很容易在降水时使土壤中的许多营养元素渗漏，从而造成土壤养分的短缺（赵红梅等，2010）。通过对裂缝两侧土壤含水量和碱解氮含量的分析，结果表明地表裂缝显著影响了周围土壤的水肥特性，距裂缝越近，土壤含水量和碱解氮含量越低（图2-1）。但裂缝对其两侧土壤含水量和碱解氮含量的影响程度不同，在裂缝上侧，距裂缝40cm处的土壤含水量和碱解氮含量（分别为13.4%和28.3mg/kg）与距裂缝200cm处（分别为16.1%和40.4mg/kg）相比，分别降低16.8%和30.0%；在裂缝下侧，距裂缝40cm处的土壤含水量和碱解氮含量（分别为12.5%和24.9mg/kg）与距裂缝200cm处（分别为17.3%和43.1mg/kg）相比，分别降低27.7%和42.2%。裂缝对其两侧土壤含水量和碱解氮含量的影响范围也不同。在裂缝上侧，距裂缝0～120cm的土壤含水量显著下降，在裂缝下侧，距裂缝0～160cm的土壤含水量显著下降。裂缝显著降低了其上、下两侧0～160cm的土壤碱解氮含量，当距裂缝距离超过160cm时则影响不显著。此外，在裂缝两侧0～40cm，裂缝上侧的土壤含水量和碱解氮含量均显著高于裂缝下侧。

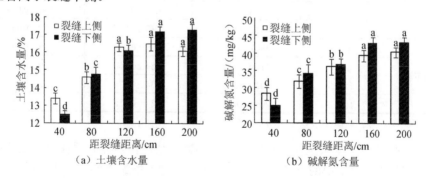

图2-1　地表裂缝两侧不同位置的土壤含水量和碱解氮含量

注：同侧柱上不同字母代表在 $p < 0.05$ 水平有显著差异。

### （二）地表裂缝对土壤微生物数量和土壤酶活性的影响

土壤微生物数量和土壤酶活性是两个重要的土壤微生物特性指标，它们对土壤环境变化非常敏感，能够较早地反映土壤质量变化（Chander et al., 1998；Dilly et al.，1998）。利用土壤微生物特性作为土壤质量的生物指标来评价土壤环境质量已逐渐成为研究热点（Harris，2003；Schloter et al.，2003）。土壤中主要微生物的数量变化与土壤理化性质密切相关。土壤结构、水分状况和养分状况等对土壤微生物（包括细菌、真菌、放线菌等）均有重要影响（方辉等，2007）。地表裂缝通过改变土壤水肥特性，也影响了土壤中微生物数量，距裂缝越近，土壤中微生物数量越少。地表裂缝对其两侧微生物影响程度不同，在裂缝上侧，距裂缝 40cm 处土壤中细菌、真菌和放线菌数量（分别为 $114.5\times10^5$CFU/g、$0.54\times10^5$CFU/g 和 $1.56\times10^5$CFU/g）与距裂缝 160cm 处相比，分别减少 40.6%、52.2%和 28.8%；在裂缝下侧，距裂缝 40cm 处土壤中细菌、真菌和放线菌数量（分别为 $90.3\times10^5$CFU/g、$0.39\times10^5$CFU/g 和 $1.18\times10^5$CFU/g）与距裂缝 160cm 处相比，分别减少 55.9%、70.2%和 60.4%。地表裂缝对其两侧微生物的影响范围也不同，在裂缝上侧，裂缝对 0～80cm 土壤中真菌有显著影响，对 0～120cm 土壤的细菌和放线菌有显著影响，超过 120cm 则影响不显著；在裂缝下侧，裂缝对细菌、真菌和放线菌的影响范围均为 0～120cm，超过 120cm 则影响不显著（表 2-1）。此外，在裂缝两侧 0～80cm，微生物数量也有不同表现。裂缝上侧各采样点微生物数量均大于裂缝下侧相应位置。

表 2-1　裂缝两侧不同位置的土壤微生物数量

| 位置 | 距裂缝距离/cm | 微生物数量/（$10^5$ CFU/g） | | |
| --- | --- | --- | --- | --- |
| | | 细菌 | 真菌 | 放线菌 |
| 裂缝上侧 | 40 | 114.5±3.6c | 0.54±0.05b | 1.56±0.06b |
| | 80 | 133.4±2.7b | 1.04±0.06a | 1.62±0.06b |
| | 120 | 190.1±2.3a | 1.14±0.07a | 2.17±0.07a |
| | 160 | 192.6±3.2a | 1.13±0.08a | 2.19±0.05a |
| 裂缝下侧 | 40 | 90.3±2.1d | 0.39±0.04c | 1.18±0.04c |
| | 80 | 110.4±1.8c | 0.84±0.06b | 1.39±0.04b |
| | 120 | 203.1±3.6a | 1.34±0.07a | 2.78±0.10a |
| | 160 | 204.6±4.0a | 1.31±0.05a | 2.98±0.11a |

注：同一列不同字母代表在 $p<0.05$ 水平有显著差异。

土壤酶是由土壤微生物和植物根系分泌物及动植物残体分解释放产生的高分子生物催化剂。土壤中的一切生化过程都是在各种土壤酶类参与下进行的。因此，土壤酶活性可作为衡量土壤肥力和土壤质量的指标（周丽霞等，2007）。其中，蔗糖酶和脲酶活性分别用来反映土壤中有机碳和氮素的转化和供应情况（王凯等，2015）。土壤酶主要来源于土壤中的微生物，土壤水肥特性和微生物数量发生变化必然会影响到土壤酶活性（Fierer et al.，2003）。刘梦云等（2006）的研究也表明，土壤中蔗糖酶和脲酶活性均与碱解氮含量呈极显著正相关关系。地表裂缝通过影响土壤水肥和微生物特性对土壤酶活性也产生显著的抑制作用，距裂缝越近，土壤中脲酶和蔗糖酶受到的抑制作用越强（图 2-2）。在裂缝上侧，距裂缝 40cm 处土壤脲酶和蔗糖酶活性［分别为 0.38mL/(g·d) 和 1.24mL/(g·d)］与距裂缝 200cm 处相比，分别显著降低 28.3% 和 68.1%；在裂缝下侧，距裂缝 40cm 处，土壤脲酶和蔗糖酶活性［分别为 0.30mL/(g·d) 和 0.63mL/(g·d)］与距裂缝 200cm 处相比，分别降低 55.2% 和 87.5%。但在裂缝两侧，各土壤酶活性均有不同表现。在距裂缝两侧 0～40cm，裂缝上侧土壤脲酶和蔗糖酶活性均高于裂缝下侧，当距裂缝距离超过 80cm 时则表现相反。在裂缝上侧，当距裂缝距离超过 120cm 时，裂缝对脲酶活性影响不显著，当距裂缝距离超过 160cm 时，裂缝对蔗糖酶活性影响不显著；在裂缝下侧，当距裂缝距离超过 160cm 时，裂缝对脲酶和蔗糖酶活性影响不显著（图 2-2）。

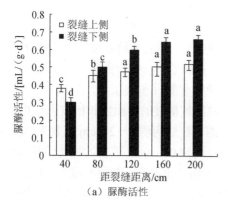 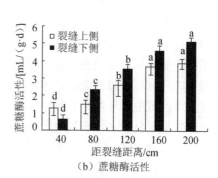

（a）脲酶活性　　　　　　　　　　（b）蔗糖酶活性

图 2-2　地表裂缝两侧不同位置的土壤中脲酶和蔗糖酶的活性

注：同侧柱上不同字母代表在 $p<0.05$ 水平有显著差异。

（三）地表裂缝对植物含水量的影响

采煤沉陷在破坏水土资源的同时，也会对植物产生直接影响，甚至导致植物受损死亡。因此，分析采煤沉陷对植物的影响机理可为沉陷区植被恢复提供理论依据。水是植物体中主要的组成成分，土壤中的营养物质必须先溶于水后，才能被植物吸收并在体内运转。水还能维持细胞和组织的紧张度，以利于各种代谢的正常进行。水还作为反应物，参加植物体内很多生物化学过程（潘瑞炽，2008）。因此，植物含水量可反映植物体的生理状况，当植物体缺水时，可影响植物体内的各项生理活动，轻则影响植物生长发育，重则导致植物死亡。植物含水量与土壤含水量紧密相关，裂缝导致其周围土壤含水量下降，必将影响到植物的水分吸收和植物含水量。在采煤沉陷区，通过在裂缝两侧不同位置分别采集同一种植物的茎叶测定其含水量，发现地表裂缝降低了植物对土壤水分的吸收，在距裂缝 0～160cm 植物含水量显著下降。距裂缝越近，植物含水量越低。在裂缝上侧和下侧，距裂缝 40cm 处植物含水量（分别为 65.1% 和 66.1%）与距裂缝 200cm 处（分别为 71.1%和 69.2%）相比，分别降低 8.4%和 4.5%；当距裂缝距离超过 160cm 时，裂缝则对植物含水量影响不显著（表 2-2）。

表 2-2　地表裂缝两侧不同位置的植物含水量　　　　单位：%

| 位置 | 距裂缝距离/cm | | | | |
| --- | --- | --- | --- | --- | --- |
| | 40 | 80 | 120 | 160 | 200 |
| 裂缝上侧 | 65.1±1.2b | 66.5±1.3b | 67.1±1.0b | 70.8±0.9a | 71.1±1.1a |
| 裂缝下侧 | 66.1±0.8b | 66.2±0.6b | 66.7±1.2b | 69.1±1.2a | 69.2±1.4a |

注：同一行不同字母代表在 $p<0.05$ 水平有显著差异。

（四）地表裂缝对生物量和盖度的影响

分析煤炭开采对植物群落组成特征的影响，不但可为煤矿区的植被保护提供理论依据，还对矿区的生态建设具有重要的指导意义。地表裂缝通过干扰土壤理化特性和植物对土壤水分的吸收，进而抑制植物生长和生产。生物量是衡量草地生产力水平的重要指标，也是指示生态系统变化的重要参数（董晓玉等，2010）。盖度是区域生态环境质量最直观的体现，既能够反映区域植被的异质性和植被生长状况，也可指示区域生态环境（王希义等，2015）。地表裂缝两侧 0～200cm 植物生物量和盖度测定结果显示，地表裂缝显著影响了裂缝两侧 0～80cm 植物的生物量和盖度，距离裂缝超过 120cm 时，裂缝对草本植物的生物量和盖度影响则不显著（图 2-3）。此外，裂缝对其两侧的生物量和盖度影响程度不同，在 0～40cm 处，裂缝上侧植物的生物量和盖度（分别为 85.2g/m² 和 9.0%）显著高于裂缝下侧（分别为 65.3g/m² 和 7.2%），当超过 80cm 时则表现相反。

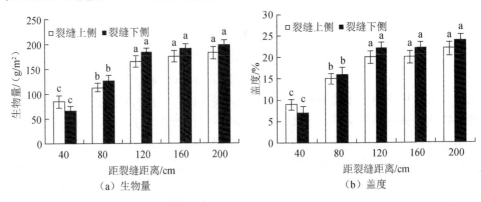

图 2-3　地表裂缝两侧不同位置的生物量和盖度

注：同侧柱上不同字母代表在 $p<0.05$ 水平有显著差异。

三、结论

1）地表裂缝（长约 300m、宽 30～60cm）不但破坏了土壤结构，还导致土壤水分和养分流失，但裂缝仅对其两侧 0～120cm 土壤含水量和碱解氮含量有显著影响。与距裂缝 200cm 处相比，裂缝上侧和下侧 40cm 处土壤含水量分别降低 16.8%和 27.7%，裂缝上侧和下侧 40cm 处碱解氮含量分别降低 30.0%和42.2%。

2）地表裂缝对其两侧土壤微生物数量和土壤酶活性的影响范围分别为 0～80cm 和 0～160cm，并且距裂缝越近，土壤微生物学特性受裂缝影响程度越大。与距裂缝 200cm 处相比，裂缝上侧 40cm 处土壤脲酶和蔗糖酶活性分别降低 28.3%和 68.1%。在裂缝下侧，与距裂缝 200cm 处相比，距裂缝 40cm 处土壤脲酶和蔗糖酶活性分别降低 55.2%和 87.5%。

3）地表裂缝影响其两侧植物对土壤水分的吸收，距裂缝越近，植物茎叶含水量越低；当距裂缝距离超过 120cm 时，植物含水量受裂缝影响不显著。与距裂缝 200cm 处相比，在裂缝上侧和下侧 40cm 处植物含水量分别降低 8.4%和 4.5%。

4）地表裂缝通过干扰土壤理化特性和植物对水分的吸收，进而影响到植物生长和生产，造成裂缝两侧 0～80cm 生物量和盖度显著减少，但超过 120cm 时影响不显著。

## 第二节　沉陷裂缝对农田土壤特性和小麦生长的影响

井工开采导致地表大面积沉陷，使原地貌坡度增大，并产生大量裂缝、裂隙，对矿区的生态环境造成极大的破坏（匡文龙等，2007）。沉陷区耕地在沉陷扰动和雨水、风力等因素的综合作用下，极易造成水肥流失，从而导致土壤质量退化（胡振琪等，2014）。同时，沉陷区地表凹凸不平，裂缝、裂隙遍布，不但导致土壤水分蒸发面积、蒸发强度增大，还使耕地的灌溉能力丧失、抗旱生产能力大大削弱，严重影响了耕地的生产力。此外，煤炭开采还会破坏土壤含水层，造成潜水位下降、水井干涸、地表植被死亡等一系列环境问题（匡文龙等，2007）。因此，研究采煤沉陷对土壤特性及作物生产的影响，对于矿区土地复垦和整治具有重要的现实意义和理论价值。

近年来，针对采煤沉陷区损毁耕地进行了大量研究，这些研究主要集中在采煤沉陷对土壤理化性质（栗丽等，2010a；陈龙乾等，1999；夏玉成等，2010）、地表植被（周莹等，2009；全占军等，2006）、耕地质量（卞正富，2004；笪建原等，2005）的影响及受损农田的修复技术等方面（栗丽等，2010b）。虽有针对沉陷裂缝的形成机理（武强等，2003）及其对土壤水分影响的研究（赵红梅等，2010；张欣等，2009；魏江生等，2006；张发旺等，2007），但对沉陷裂缝区周围土壤特性的时空变异及对植物的影响却鲜有报道。土壤的理化特性具有高度的空间异质性，在不同的空间尺度，其所受影响是不相同的。从微观角度来讲，沉陷裂缝或裂隙都将影响到土壤特性的空间变异。在沉陷区由于采煤塌陷而形成诸如塌陷坑、塌陷洞、裂缝/裂隙等新的微地貌，也使土壤空间结构发生了相应改变。影响土壤特性的空间因素发生变化，必然使其周围土壤的理化特性产生空间变异（赵红梅等，2010）。沉陷区土壤中裂缝与空隙的增多，将导致土壤水分蒸发面积、蒸发强度的增大（张欣等，2009）。沉陷裂缝对土壤水分的扰动不但会影响到土壤的其他特性（如微生物学特性），还会影响到植物的生长。因此，加强这方面的研究将有利于全面认识、评价采矿活动对区域环境的影响。

本节以焦作煤业集团赵固二矿的沉陷区农田为研究对象，对沉陷裂缝周围不同位置的土壤理化特性、生物学特性及其对作物生长的影响进行对比研究，旨在揭示沉陷裂缝对土壤特性影响的空间变化规律及其环境效应，进而为沉陷区土地复垦治理及耕地生产力的提升提供理论依据。

## 一、研究区概况、研究方法及数据分析

### （一）研究区概况

试验选取焦作煤业集团赵固二矿采煤沉陷区为研究区。赵固二矿位于太行山南麓，焦作煤田东部，行政区划隶属新乡辉县市管辖。试验区属温带大陆性季风气候，年平均气温为 14℃，年平均降水量为 603～713mm，蒸发量为 2 039mm。近年来，大规模的煤炭开采对当地的耕地造成了严重破坏，已形成沉陷区的面积约为 40hm$^2$，其中稳定的沉陷积水区的面积约为 30hm$^2$，动态沉陷区的面积约为 10hm$^2$。在动态沉陷区内，多处耕地已出现了地表下沉、塌陷坑和地裂缝（隙）群等新的微地貌，导致土壤水分和养分严重流失，形成严重的跑水、跑肥、跑土的"三跑田"，不仅影响了土壤环境质量，还严重影响了区域的农业生产。

试验于 2014 年 2～6 月在赵固二矿的沉陷区耕地进行。试验土壤为黏壤土，试验作物为冬小麦（百农矮抗 58）。播种前深耕，玉米秸秆全量还田，基施 N、P、K 复合肥（N、P、K 比例为 15：15：15）750kg/hm$^2$，小麦种植密度为 180 万株 /hm$^2$，常规大田管理。

### （二）研究方法

为了研究沉陷裂缝对作物的影响，在沉陷区选择一条垂直裂缝发育比较明显、长约 45m、宽 5～10cm、深约 200cm 的裂缝作为研究对象，裂缝形成时间约为 20d。在距裂缝边缘 30cm、60cm、90cm 和 120cm 处分别采集土壤和植物样品，并测定土壤理化特性和作物的生理、生态特征。在距离裂缝边缘不同距离处采样设置 6 次重复，其中裂缝两侧相同距离处各 3 次。

分别在小麦的拔节期和开花期，在每个样点用直径 6cm 的土钻采集距地面 0～60cm 土层的土样，分别按 0～30cm、30～60cm 进行取样，立即放入铝盒中密封，带回实验室待测。

　　土壤含水量、碱解氮含量和土壤呼吸速率的测定：用烘干称重法测定土壤含水量，用碱解扩散法测定土壤碱解氮含量。在每个样点用 EGM-4 便携式土壤呼吸仪（由美国 PP System 公司生产）测定土壤呼吸速率，每个样点设置 3 次重复。

　　土壤酶活性的测定：在距裂缝边缘 30cm、60cm、90cm 和 120cm 处分别采集 0～30cm 土壤样品，所采土壤样品充分混匀后装入无菌自封袋中，放入冰盒立即带回实验室，保存于-20℃的冰箱中，用于酶活性指标的分析。脲酶采用比色法测定；蔗糖酶采用 3,5-二硝基水杨酸比色法测定（姚槐应等，2006）。每个样点设置 3 次重复。

　　光合速率和叶绿素含量测定：小麦叶片净光合速率采用 LI-6400 便携式光合测定系统（由美国 LI-COR 公司生产）于上午 9：00～11：00 进行测定。同一植株叶片的叶绿素含量用 SPAD-502 叶绿素计（由日本 Minolta 公司生产）测定。每个样点设置 3 次重复。

　　产量及产量性状的测定：于小麦成熟期在每个样点随机取 1m 双行进行测产，设置 3 次重复，用小型谷物脱粒机进行脱粒，风干后称重计产。同时每个样点随机取 30 棵植株，进行室内考种，调查小麦的株高、单茎重、穗粒数、结实小穗数、不孕小穗数和千粒重。

（三）数据分析

　　本节使用 SPSS 19.0 软件对试验数据进行统计分析，并对各处理数据进行显著性检验。

## 二、结果与分析

（一）沉陷裂缝对土壤水肥特性的影响

　　采煤沉陷形成的地表裂缝，不但破坏土壤结构，还极易导致土壤水肥的流失，从而改变土壤的理化性质。不同时期测得裂缝区周围土壤的含水量和碱解氮含量变化见图 2-4。在冬小麦拔节期（该时期距裂缝形成约 20d），在距裂缝不同位置的土壤碱解氮含量没有显著变化。但沉陷裂缝显著影响了土壤含水量，距沉陷裂缝越近，土壤含水量越低。在 0～30cm 土层，当距裂缝距离超过 90cm 时，沉陷裂缝对土壤含水量影响不显著；在 30～60cm 土层，当距裂缝距离超过 90cm 时，沉陷裂缝对土壤含水量影响不显著。到开花期，在 0～30cm 土层，沉陷裂缝导致裂缝周围 0～90cm 土壤含水量和碱解氮含量均随距裂缝距离减小显著降低。当距裂缝距离超过 90cm 时，沉陷裂缝对土壤含水量影响不显著。沉陷裂缝对土壤碱解氮含量影响较大，当距裂缝距离超过 120cm 时，沉陷裂缝才对碱解氮含量影响不显著。在 30～60cm 土层，当距裂缝距离超过 60cm 时，沉陷裂缝对土壤含水量和碱解氮含量影响不显著。

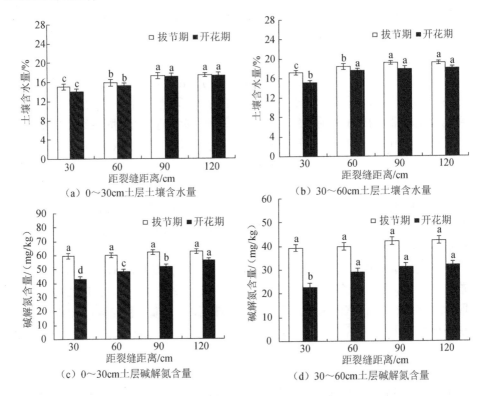

（a）0～30cm土层土壤含水量　　　　（b）30～60cm土层土壤含水量

（c）0～30cm土层碱解氮含量　　　　（d）30～60cm土层碱解氮含量

图 2-4　沉陷裂缝对土壤含水量和碱解氮含量的影响

注：同侧柱上不同字母代表在 $p<0.05$ 水平有显著差异。

（二）沉陷裂缝对土壤微生物学特性的影响

土壤微生物学特性（包括土壤微生物量、土壤酶活性及土壤呼吸等）对土壤环境的变化非常敏感。其中，土壤呼吸包括土壤微生物呼吸、植物根系呼吸及土壤中含碳物质化学氧化过程。土壤呼吸作为土壤生物活性指标，在一定程度上反映了土壤的生物学特性和土壤物质代谢强度，以及土壤养分转化和供应能力。沉陷裂缝抑制了土壤呼吸速率，在两个测试时期（拔节期、开花期），裂缝对周围土壤呼吸速率抑制作用表现较为一致，随着距裂缝距离的增加，裂缝对土壤呼吸的抑制作用呈降低趋势，当距裂缝距离超过 90cm 时，抑制作用不再显著（图 2-5）。

在土壤的各类酶中，土壤脲酶和蔗糖酶活性可分别用来反映土壤中氮素和碳素的转化和供应强度，是表征土壤生物化学活性的重要酶。从图 2-6 可以看出，沉陷裂缝对土壤脲酶和蔗糖酶均有显著影响，在距裂缝 30cm 处对土壤酶活性抑制作用最大，随着距裂缝距离的增加这种抑制作用逐渐减小。但在不同时期，各土壤酶活性有不同的表现。在冬小麦拔节期，在距裂缝 30cm 处，脲酶活性最低，

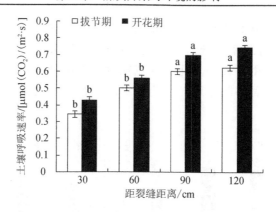

图 2-5　沉陷裂缝对土壤呼吸的影响

注：同侧柱上不同字母代表在 $p < 0.05$ 水平有显著差异。

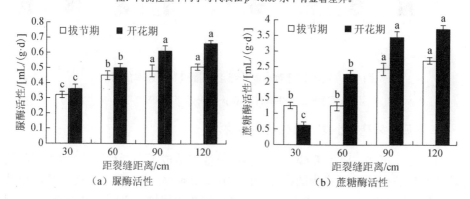

（a）脲酶活性　　　　　　　　　　（b）蔗糖酶活性

图 2-6　沉陷裂缝对土壤酶活性的影响

注：同侧柱上不同字母代表在 $p < 0.05$ 水平有显著差异。

显著低于距裂缝 60～120cm 的土壤脲酶活性，而在 90～120cm 的土壤脲酶活性差异不显著。在距裂缝 30cm 和 60cm 处的蔗糖酶活性差异不显著，但均显著低于 90cm、120cm 处的蔗糖酶活性。在开花期，各酶活性表现较一致，距裂缝 30cm 处，各酶活性均最低，在距裂缝 30～60cm 各酶活性均显著低于 90～120cm。当距裂缝距离超过 90cm 时，土壤各酶活性差异不显著。

（三）沉陷裂缝对小麦叶绿素含量和光合速率的影响

沉陷裂缝通过对土壤理化和微生物学特性的干扰，影响植物对土壤中水分和矿物营养的吸收，进而影响地上部分的生理特性。植物叶片叶绿素含量和光合速率是植物的两个重要的生理特性，通过对两个时期（拔节期和开花期）小麦叶片叶绿素含量的测定可知，距裂缝越近，叶绿素含量越低。距裂缝 30cm 处，小麦叶片的叶绿素含量均最低，当距裂缝距离超过 60cm 时，叶绿素含量差异不再显著（图 2-7）。小麦的光合速率在不同时期则有不同表现。

在拔节期，沉陷裂缝对距裂缝 30cm 处小麦的光合速率有显著抑制作用，在 30cm 处小麦的光合速率最低，当距裂缝距离超过 30cm 时，沉陷裂缝对小麦光合速率的抑制作用不显著。而到开花期时，沉陷裂缝对距裂缝 0～90cm 小麦的光合速率有显著抑制作用，当距裂缝距离超过 90cm 时，小麦的光合速率差异不再显著。

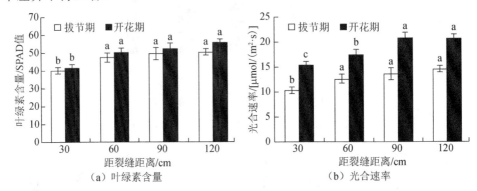

图 2-7　沉陷裂缝对小麦叶绿素含量和光合速率的影响

注：同侧柱上不同字母代表在 $p<0.05$ 水平有显著差异。

（四）沉陷裂缝对小麦产量性状的影响

由表 2-3 可知，沉陷裂缝对小麦各产量性状造成了不同程度的影响。沉陷裂缝显著抑制了 0～90cm 小麦的株高、单茎重和穗粒数，增加了小麦的不孕小穗数。距裂缝越远，小麦的株高、单茎重、不孕小穗数和穗粒数受到的影响越小，当距裂缝距离超过 90cm 时，沉陷裂缝对小麦的株高、单茎重、不孕小穗数和穗粒数的影响不显著。沉陷裂缝对小麦的千粒重没有显著影响，但沉陷裂缝显著影响了小麦的穗数，最终导致了作物产量的下降。距裂缝越近，小麦穗数和产量下降幅度越大，与距裂缝 120cm 处小麦的穗数和产量相比，距裂缝边缘 30cm 处的小麦穗数和产量分别降低了 43.7%和 53.3%。

表 2-3　距沉陷裂缝不同位置的小麦产量性状

| 距裂缝距离/cm | 株高/cm | 穗数/(10⁴/hm²) | 单茎重/g | 不孕小穗数/个 | 穗粒数/粒 | 千粒重/g | 产量/(kg/m²) |
|---|---|---|---|---|---|---|---|
| 30 | 65.1±1.2c | 249.4±9.2d | 1.12±0.08c | 2.1±0.10a | 26.4±1.1c | 36.8±1.1a | 0.21±0.02d |
| 60 | 70.2±1.4b | 306.8±4.3c | 1.56±0.06b | 1.9±0.08b | 30.2±1.8b | 37.1±1.3a | 0.36±0.02c |
| 90 | 73.8±1.1a | 396.4±5.2b | 1.72±0.05a | 0.7±0.03c | 34.5±1.4a | 37.3±0.9a | 0.39±0.03b |
| 120 | 74.5±1.1a | 442.8±8.7a | 1.76±0.03a | 0.6±0.10c | 35.3±1.4a | 36.8±0.6a | 0.45±0.04a |

注：同行不同小写字母表示在 $p<0.05$ 水平有差异显著。

## 三、讨论

### （一）沉陷裂缝对土壤水肥特性的影响

土壤裂缝对土体中的水分、溶质运输过程具有十分重要的影响。土壤水分是土壤特性的重要参数之一，处于不断的变化和运动中。采煤沉陷造成地表出现不同宽度和密度的裂缝（隙），使降水入渗的补给水源更易渗入地下，从而减少了对土壤水的补给。在非降水期间，地裂缝的存在增加了土壤层与外界的接触面积，促进了土壤水分侧向蒸发，加剧了土壤的水分损失。补给水减少而蒸发量增加，必然导致土壤含水量的减少（全占军等，2006）。同时，土壤中的垂向裂缝（隙）还使土壤整体持水能力减弱。这些因素的共同作用造成土壤含水量不同程度的下降（黎炜等，2011）。本节对裂缝区不同空间位置的土壤含水量进行了研究，结果表明沉陷裂缝造成裂缝区 0～90cm 土壤含水量显著降低，当距裂缝距离超过 90cm 时，土壤含水量差别不显著。

土壤养分的变化和土壤水分的迁移有很大关系。在采煤沉陷区，由于地表形成了许多裂缝（隙），在降水时土壤中许多营养元素很容易随地表径流沿着裂缝（隙）渗漏，从而造成土壤养分的短缺，导致矿区土壤环境恶化和质量下降，严重影响农作物的生长（赵红梅等，2010）。土壤水分、养分的流失，还造成沉陷区土壤的水分和养分分布极不均匀。本节通过对裂缝区不同位置的土壤碱解氮含量的检测表明，在裂缝形成初期（冬小麦拔节期），由于该时期缺少降水，土壤中碱解氮含量变化不大。到冬小麦开花期时，沉陷裂缝造成裂缝区周围土壤碱解氮含量显著降低，距离裂缝越近，土壤碱解氮含量越低。但当距裂缝距离超过 120cm 时，沉陷裂缝对土壤碱解氮含量影响不显著。

### （二）沉陷裂缝对土壤微生物学特性的影响

沉陷裂缝（隙）导致沉陷区土壤水分蒸发增强和养分渗漏流失加剧，从而造成土壤生态质量下降。土壤微生物学特性对土壤生态质量的变化非常敏感，因此常被用于评价土壤养分供应能力及土壤质量，而其季节变化可反映养分供应与植物需求的耦合关系（周丽霞等，2007）。在不同的土壤微生物学特性指标中，土壤呼吸速率对土壤水分和养分状况非常敏感（Singh et al.，1977；郑永红等，2014）。我们对裂缝区周围土壤呼吸速率的研究表明，沉陷裂缝在降低土壤水、氮含量的同时，也显著降低了土壤呼吸速率。

土壤酶对环境因素的变化非常敏感，并具有较好的时效性特点。土壤酶在很大程度上来源于土壤微生物，而土壤的结构、水分状况和养分状况等对土壤微生物均有重要影响（Fierer et al.，2003）。土壤理化特性和微生物数量发生变化，必然导致土壤酶活性的定向改变。刘梦云等（2006）对土壤酶活性特征的研究表明，土壤蔗糖酶和脲酶活性均与碱解氮呈极显著正相关关系。我们对裂缝区周围土壤中蔗糖酶和脲酶的研究也证明这一点，沉陷裂缝显著降低了土壤含水量和碱解氮含量，从而影响到了土壤酶的活性，因此，土壤中蔗糖酶和脲酶活性也显著降低。

（三）沉陷裂缝对小麦叶绿素含量和光合速率的影响

作物种植对土壤质量、耕地的地形要求较高，土壤环境遭到破坏将影响到农田水分、养分循环过程，最终造成作物严重减产（马守臣等，2014）。煤炭地下开采后，地面出现沉陷，破坏了土地的完整性，沉陷形成的裂缝扰乱了原来相对稳定的土壤结构，水肥易沿裂缝渗漏流失，使土壤质量不断下降，加上沉陷区缺乏科学的管理、合理的施肥和灌溉措施，从而使裂缝区周围土壤质量进一步恶化。土壤含水量和养分含量是影响植物生长的关键因素，其含量的高低将直接影响到农作物的生理、生态特性和产量（曹彩云等，2009）。其中，植物叶绿素含量反映作物的氮素水平，而作物的含氮量在一定范围内与土壤含氮量呈正相关关系（关义新等，2000）。本节研究结果表明，裂缝区周围小麦叶片中的叶绿素含量与土壤中碱解氮含量变化趋势一致，即距裂缝越近，土壤中碱解氮含量越低，小麦中的叶绿素含量也越低。

光合作用是植物的重要生命特征之一，它受内部因素和外界环境条件的限制。提高土壤中氮含量不但能显著提高植物叶片中叶绿素含量，还能改善作物光合特性，增加小麦穗粒数和粒重（张秋英等，2005）。植物的光合作用除了与叶片中的叶绿素含量有关，还受土壤条件的限制。水分和氮素营养是植物经常面临的主要环境胁迫因子，这些胁迫将导致植物的光合作用和生长等受到抑制（贺正山等，2010）。

（四）沉陷裂缝对小麦产量性状的影响

在本节中，沉陷裂缝显著影响了土壤中水、氮含量，也影响了植物对水分和养分的吸收，因此，植物的光合作用也受到显著影响。作物的生长、产量形成与其光合产物的积累密切相关，距裂缝越近，小麦的光合作用受到影响越严重，最终影响作物生长和产量性状。因此，小麦的株高、穗数和单茎重都显著降低。光合能力不足，也导致不孕小穗数增加和穗粒数减少，最终造成作物产量下降。

## 四、结论

本节对沉陷裂缝附近土壤含水量和碱解氮含量、微生物学特性和作物生理特性进行了研究，结果表明沉陷裂缝导致土壤水、氮的流失，距沉陷裂缝越近，土壤含水量和碱解氮含量越低。沉陷裂缝通过影响土壤水肥特性也导致土壤微生物特性的改变，进而影响植物的叶绿素含量和光合速率。沉陷裂缝对小麦各产量性状也造成不同程度的影响，最终导致小麦产量显著下降。与距裂缝120cm处小麦相比，距裂缝边缘30cm处小麦产量降低了53.3%。总之，采煤沉陷产生的裂缝（隙），导致周围土壤水分蒸发增强和养分流失加剧，降低了土壤质量，影响了作物的生长，最终导致作物产量显著降低。

## 第三节　沉陷积水对土壤特性和作物产量的影响

中国仅采煤沉陷造成的土地破坏已经超过$4 \times 10^5 hm^2$，且沉陷土地集中分布于中国东部粮食主产区，黄淮海地区沉陷地中有90%以上为高产农业区，华东、华北地区的采煤沉陷地则多集中分布在基本农田保护区（程烨，2004）。采煤沉陷已造成中国东部平原矿区大面积土地积水。而耕地是确保中国社会经济可持续发展的重要资源，在维护国家安全、社会稳定方面具有举足轻重的作用（祝锦霞等，2015）。因此，研究采煤沉陷积水区对周围土壤质量和作物生长的影响，对于指导矿区土地复垦和维护国家粮食安全具有重要的意义。

采煤沉陷对土地的主要破坏特征为坡地、裂缝和积水（胡振琪等，1997）。针对采煤沉陷坡地和裂缝展开的大量研究，主要集中于采煤沉陷坡对土壤理化特性和土壤肥力的影响、对土壤微生物特性的影响、对土壤质量的影响和破坏机理等方面（郄晨龙等，2015；顾和和等，1998；邹慧等，2014；黄翌等，2014）。有的学者对采煤沉陷裂缝对土壤特性、作物生长的影响进行了研究（许传阳等，2015；张延旭等，2015；马迎宾等，2014）。而对采煤沉陷积水的研究，主要集中于对沉陷湿地的水体、底泥与周边土壤的差异、土壤退化进行研究（范廷玉等，2014；刘思等，2011），鲜有关于采煤沉陷积水区对邻近土壤质量和作物产量的影响研究。中国矿粮复合区面积大，随着煤炭的不断开采，耕地损毁的面积越来越大，尤其是高潜水位地区会形成常年积水区或者季节性积水区，造成耕地的绝产或者大幅度减产，给粮食生产带来了极大的损失。本节通过对焦作煤业（集团）有限责任公司（简称焦煤公司）九里山矿的沉陷积水区周边土壤和作物进行原位定点监测，分析沉陷积水区周边不同位置土壤的物理特性、化学特性、微生物学特性及其作物产量的空间分布特征，以期了解采煤沉陷积水区对周边土壤质量的空间变化影响规律及其环境意义，为采煤沉陷区耕地的复垦和生产力的提升提供科学依据。

## 一、研究区概况、研究方法及数据分析

### （一）研究区概况

选取河南煤业化工集团焦煤公司九里山矿采煤沉陷区为研究区域。九里山矿位于焦作市东部18km，坐标为110°23′~113°26′E，39°17′~39°21′N，矿井总面

积为 18.60km$^2$，行政区属焦作市管辖。试验区属于太行山山前平原和冲积、洪积扇的边缘地带，总体地形平坦，海拔为 85～117m，属暖温带典型的大陆性干旱气候，多年平均气温为 15℃，多年平均降水量为 552.45mm，年蒸发量为 1 700～2 000mm。降水量主要集中在 7～9 月，占全年降水量的 61.7%。该矿区从 1981 年开始投产，已造成沉陷区面积 481.53hm$^2$。

（二）研究方法

试验于 2015 年 6～9 月在九里山矿的采煤沉陷积水区周边农田进行，该积水区自 2010 年 6 月开始出现，为季节性积水区，深度为 2～5.5m。试验土壤的类型为黏壤土，试验作物为夏玉米。

在研究区域内围绕积水区共设置 4 个水平采样剖面，每个水平采样剖面设置 5 个采样点，并利用手持式 GPS 定位仪记录每个采样的位置，采样点之间的距离为 2m。采样前除去表层土上植物的残体等杂质。土壤样品的采集深度为 0～20cm，每个采样点设置 3 次重复，将采集的土壤样品混合均匀，按照四分法取土 1kg，并将其装入无菌自封袋。土壤样品经自然风干，去除根系、枯落物等杂物，研磨，过 1mm 和 0.25mm 筛，以供测定。在玉米不同生育期，进行株高和干物质测定。在玉米成熟期对产量特征进行测定。

土壤含水量的测定：在每个样点采集深度为 0～20cm 的土样，立即放入铝盒中密封，带回实验室，用烘干称重法测定土壤含水量。

土壤 pH 的测定：电位法。

土壤有机碳的测定：重铬酸钾容量法。

土壤全氮的测定：凯氏定氮法。

土壤酶活性的测定：蔗糖酶采用 3,5-二硝基水杨酸比色法，脲酶采用比色法。每个样点测试 3 次重复。

株高的测定：每个水平采样剖面选 10 株长势一致的植株进行挂牌标记，分别在拔节期、抽雄期、乳熟期和成熟期测定株高。

地上部分干物质量的测定：每个水平采样剖面选 3 株长势一致的植株，于 105℃杀青 60min，然后在 80℃烘干至恒重，测定其质量。测定时间分别在拔节期、抽雄期、乳熟期和成熟期。

夏玉米产量及其穗部性状测定：收获期测定玉米产量。每个水平采样剖面选取 20 穗进行穗部性状调查，包括穗长、穗粗、穗行数、穗粒数、百粒重、穗粒重和产量。

（三）数据分析

运用 SPSS 19.0 进行数据统计分析，利用单因素方差分析进行显著性检验，采用最小显著差法进行多重比较。

## 二、结果与分析

### (一)采煤沉陷积水区周边土壤特性的分布特征

在高潜水位地区,煤炭开采造成的地表沉陷,会形成以采煤工作面为中心的沉陷积水区。积水将使耕地丧失全部生产力,同时也会对积水区周边土壤的特性产生影响,加剧积水区周边土壤的退化。由表 2-4 可知,采煤沉陷积水区周边不同位置的土壤特性表现出明显差异($p < 0.05$)。土壤含水量在 $W_0$、$W_2$、$W_4$、$W_6$、$W_8$、$W_{10}$ 和 CK 间均表现出明显差异,随着距积水区距离的增加,含水量逐渐减小,但各处理组的含水量均显著高于 CK 对照组。土壤 pH 在 $W_0$、$W_2$、$W_4$、$W_6$、$W_8$、$W_{10}$ 和 CK 对照组表现出明显差异,距积水区越近,土壤 pH 越大,$W_6$ 处达到最小,而 $W_8$、$W_{10}$ 的土壤 pH 又呈现上升趋势,但均高于 CK 对照组。$W_0$ 的土壤有机碳含量、土壤全氮含量、蔗糖酶活性、脲酶活性均为最小值,并显著低于 CK 对照组。$W_2$、$W_4$、$W_6$、$W_8$ 的土壤有机碳含量呈现逐渐减小的趋势,$W_8$ 处达到最低,$W_{10}$ 处又有所增加,但均显著低于 CK 对照组。蔗糖酶活性与土壤有机碳含量表现出相同的规律性,$W_2$、$W_4$、$W_6$、$W_8$ 的蔗糖酶活性呈现逐渐减小的趋势,$W_8$ 处达到最低,$W_{10}$ 处又有所增加,但均显著低于 CK 对照组。土壤全氮含量和脲酶活性表现出一致的规律性,$W_2$、$W_4$、$W_6$ 处的土壤全氮含量、脲酶活性呈现逐渐减小的趋势,$W_6$ 处达到最低,$W_8$、$W_{10}$ 处的土壤全氮含量、脲酶活性又呈现上升趋势,但均显著低于 CK 对照组。

**表 2-4 采煤沉陷积水区周边土壤特性**

| 组别 | 含水量/% | pH | 有机碳含量 /(g/kg) | 全氮含量/(g/kg) | 蔗糖酶活性 /(mL/g·d) | 脲酶活性 /(mL/g·d) |
|---|---|---|---|---|---|---|
| $W_0$ | 29.909±0.307a | 8.673±0.021a | 7.988±0.166f | 1.309±0.014d | 12.205±0.056f | 0.607±0.010e |
| $W_2$ | 20.442±0.234b | 8.443±0.012b | 11.571±0.399b | 1.539±0.009b | 17.332±0.273b | 0.880±0.007b |
| $W_4$ | 19.864±0.148c | 8.427±0.012bc | 11.172±0.000c | 1.528±0.010b | 16.757±0.055c | 0.871±0.010b |
| $W_6$ | 19.205±0.315d | 8.367±0.012e | 10.507±0.230d | 1.408±0.016c | 15.859±0.201d | 0.788±0.023d |
| $W_8$ | 17.142±0.157e | 8.381±0.006d | 9.312±0.230e | 1.419±0.005c | 14.165±0.084e | 0.817±0.010c |
| $W_{10}$ | 16.844±0.321f | 8.389±0.012d | 9.425±0.051e | 1.424±0.021c | 14.316±0.102e | 0.828±0.009c |
| CK | 16.073±0.128g | 8.083±0.015f | 15.061±0.093a | 1.819±0.020a | 19.865±0.204a | 1.006±0.011a |

注:数据为均值±标准差,同一列数据后不同字母代表各组间有显著性差异($p < 0.05$);$W_0$、$W_2$、$W_4$、$W_6$、$W_8$、$W_{10}$ 分别表示距离采煤沉陷积水区 0m、2m、4m、6m、8m、10m,为处理组;CK 为正常农田,为对照组。

### (二)采煤沉陷积水区对玉米各生育期株高和地上部干物质量的影响

由图 2-8 可以看出,采煤沉陷积水区对周边不同位置夏玉米株高的影响程度差异较大。在夏玉米拔节期,沉陷积水区对夏玉米株高均有显著影响,$W_4$、$W_6$、$W_8$ 的株高显著低于 CK 对照组,比 CK 对照组低了 40.14%~55.57%。$W_4$、$W_6$ 的株高无显

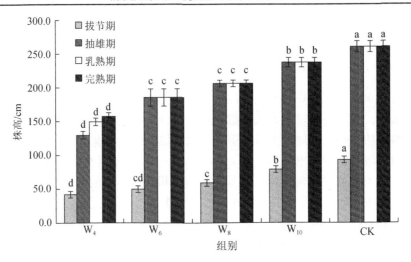

图 2-8　采煤沉陷积水区对不同生育期夏玉米株高的影响

注：相同图例柱状图上不同小写字母表示处理间在 $p < 0.05$ 水平差异显著。

著差异，$W_6$、$W_8$ 的株高也无显著差异。当进入抽雄期后，夏玉米以生殖生长为主，其植株株高无明显增加。$W_4$ 的植株在整个生育期都显著低于 CK 对照组，分别比 CK 对照组低了 55.57%、50.64%、42.88%、40.14%。$W_6$、$W_8$、$W_{10}$ 的植株株高自抽雄期后没有明显变化。在夏玉米抽雄期、乳熟期和完熟期，$W_6$、$W_8$、$W_{10}$ 的株高显著低于 CK 对照组，比 CK 对照组低了 9.10%～28.98%。在距离沉陷积水区较近的 $W_0$、$W_2$ 处进行播种后，出苗的有效株数较少，且生长速度极慢，当大部分植株进入拔节期时，$W_0$、$W_2$ 处的植株没有成活，故不对 $W_0$、$W_2$ 处的夏玉米植株进行统计分析。

　　由图 2-9 可以看出，采煤沉陷积水区对不同位置不同生育期夏玉米地上部干物质量的影响程度差异较大。在夏玉米拔节期，$W_4$、$W_6$、$W_8$、$W_{10}$ 的地上部干物质量显著低于 CK 对照组，比 CK 对照组低了 40.35%～66.22%，$W_4$ 与 $W_6$、$W_6$ 与 $W_8$ 之间均无显著差异。在夏玉米抽雄期，$W_4$、$W_6$、$W_8$、$W_{10}$ 的地上部干物质量显著低于 CK 对照组，比 CK 对照组低了 25.39%～52.15%，$W_6$ 与 $W_8$ 之间无显著差异。在夏玉米乳熟期和完熟期，沉陷积水区对地上部干物质量的影响表现出相似的规律性，距积水区的距离越近，对地上部干物质量的影响越大，均有显著影响并显著低于 CK 对照组。夏玉米地上部干物质量在乳熟期和完熟期分别比 CK 对照组低了 23.45%～45.89%、15.82%～41.28%。

（三）采煤沉陷积水区对玉米产量及其构成因素的影响

　　由表 2-5 可知，采煤沉陷积水区对周边不同位置的作物产量具有显著影响，而对产量构成因素具有不同程度的影响。玉米产量、穗长、穗粗、穗行数、穗粒数、百粒重和穗粒重随着距水域距离的增加而呈现增加的趋势，即随着距积水区距离的增加，玉米产量及其构成因素受到的影响呈现减小趋势，且均低于

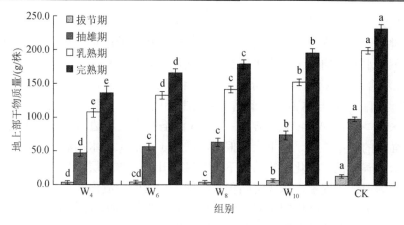

图 2-9　采煤沉陷积水区对不同生育期夏玉米地上部干物质量的影响

注：相同图例柱状图上不同小写字母表示处理间在 $p<0.05$ 水平差异显著。

CK 对照组。$W_0$、$W_2$ 和 $W_4$ 处绝收，即减产 100%。$W_6$、$W_8$ 的穗长显著低于 CK 对照组，降低了 8.40%～29.54%，$W_{10}$ 的穗长与对照无显著差异。$W_6$、$W_8$ 的穗粗显著低于 CK 对照组，降低了 5.12%～9.22%。$W_6$、$W_8$、$W_{10}$ 的穗行数显著低于 CK 对照组，降低了 1.86%～7.96%，$W_6$、$W_8$ 的穗粗和穗行数无显著差异。$W_6$、$W_8$、$W_{10}$ 的穗粒数、百粒重和穗粒重均显著低于 CK 对照组，分别降低了 16.75%～44.92%、12.51%～28.22% 和 27.21%～60.47%，$W_6$、$W_8$、$W_{10}$ 的穗粒数、百粒重和穗粒重均存在明显差异。采煤沉陷积水区不同位置的玉米产量显著降低，$W_6$、$W_8$、$W_{10}$ 的玉米产量分别降低了 60.47%、40.41%、27.21%。由此可见，采煤沉陷积水区影响了不同位置的玉米生长，进而减小了玉米的穗长、穗粗、穗行数和百粒重，影响了玉米的单穗质量，最终造成玉米产量的损失。

表 2-5　采煤沉陷积水区对玉米产量及其构成因素的影响

| 组别 | 穗长/cm | 穗粗/cm | 穗行数/行 | 穗粒重/g | 穗粒数/粒 | 百粒重/g | 产量/（kg/hm²） |
|---|---|---|---|---|---|---|---|
| $W_4$ | 0d | 0d | 0d | 0e | 0e | 0e | 0e |
| $W_6$ | 12.33±0.51c | 4.43±0.12c | 14.89±0.07c | 58.97±5.71d | 328.37±33.52d | 17.96±0.20d | 3 537.93±342.48d |
| $W_8$ | 16.03±0.45b | 4.63±0.15bc | 14.81±0.07c | 88.89±2.97c | 437.16±20.48c | 20.35±0.58c | 5 333.58±178.47c |
| $W_{10}$ | 17.13±0.40a | 4.69±0.09ab | 15.79±0.18b | 108.59±3.19b | 496.33±21.31b | 21.89±0.36b | 6 515.14±191.67b |
| CK | 17.50±0.36a | 4.88±0.05a | 16.09±0.16a | 149.18±6.63a | 596.19±20.07a | 25.02±0.27a | 8 951.00±397.93a |

注：同一列不同字母代表显著性差异（$p<0.05$）。

## 三、讨论

煤炭开采会引起地形和地貌的变化，改变原有的地表径流方向等水文条件，导致高潜水位地区地下潜水位相对上升，出现地表常年积水或者季节性积水的现象（渠俊峰等，2013）。伴随着采煤沉陷的景观破坏，土壤的物理、化学和生物特性都将受到影响，并且在沉陷区的不同位置影响不同。土壤含水量是影响植物生长的关键因素，土壤含水量的高低，直接影响农作物的产量。高潜水位采煤沉陷地受地下潜水的影响，土壤含水量的空间变化总趋势为距常年积水塌陷坑的距离越远，土壤含水量越小，土壤含水量与距常年积水塌陷坑的距离呈负相关关系（麦霞梅等，2011）。这与本节中对沉陷水域周围不同位置土壤含水量的研究相一致，即 $W_0 > W_2 > W_4 > W_6 > W_8 > W_{10}$。而采煤沉陷积水区周边的土壤由于受到地下水、地面水的双重胁迫，地下水位偏高，增加了表层土壤水的蒸发数量，地下水中硫酸盐、碳酸钠、氯化物等随地下水大量上升到土壤表层，呈现出土壤盐分含量高、土壤板结等现象，造成沉陷积水区周边土壤的盐渍化（笪建原等，2005）。本节对采煤沉陷积水区周围不同位置土壤 pH 的研究表明，研究区土壤 pH 显著高于 CK 对照组，研究区土壤呈现出盐渍化的状况。

采煤沉陷加速耕地土壤侵蚀和水土流失，沉陷耕地上中坡的土壤有机质和养分受到不同程度的侵蚀，沉陷坡底积聚了大量的上中坡侵蚀下移的土壤有机质和养分（陈龙乾等，1999）。土壤有机质和全氮含量呈现从沉陷水域周边向外围递减的趋势，这可能是因为受采煤活动的影响形成了坡地地形，使靠近沉陷水域的地势低，外围地势高。这一微地形导致土壤中有机质、全氮随地表水分运动向沉陷区底部汇集（俞海防等，2010）。土壤有机碳、全氮距水域越近，其含量越大，沉陷坡地在坡底表现出了聚集效应：土壤有机碳含量、全氮含量分别在 $W_8$、$W_6$ 处出现拐点。距沉陷积水区越近，其含量越小，沉陷坡地在坡脚表现出了侵蚀效应。

土壤养分是土壤微生物的碳源和氮源，土壤酶在一定程度上又来源于微生物的种类和数量，土壤酶活性大小是土壤肥力的重要标志。蔗糖酶与土壤有机质呈极显著正相关关系，脲酶与全氮呈极显著正相关关系（韩富贵等，2014）。土壤含水量大，导致嫌气过程，土壤质地黏重，通气性差，微生物和酶的活动受到抑制（徐玲等，2009）。因此本节研究中土壤蔗糖酶活性和有机碳含量表现出相同的规律性，而土壤脲酶活性和全氮含量表现出一致的规律。土壤在长期的干湿交替过程中，易造成土壤表层有机质的流失（葛刚等，2010），并有利于土壤脱氮过程的进行（Smith et al.，1979）。因此，$W_0$ 处的土壤含水量最高，土壤有机碳和全氮的含量最低，导致土壤蔗糖酶和脲酶的活性最小，并显著低于 CK 对照组。

煤炭开采后形成的沉陷盆地显著影响土壤的特性，使土壤的结构遭到破坏，在高潜水位地区，地下水水位相对较高，沉陷水域周围的土壤处于沉陷斜坡地带，受地下水和侧渗水的双重影响，造成研究区土壤通气不良，对农作物的根系生长造成了严重的影响。含水量过高，土壤中严重缺氧，抑制了土壤微生物的代谢活动，使有机质难以分解，土壤供肥能力显著下降。土壤在淹水条件下，其水分达到饱和状态，根系停止生长，时间过长会造成植株死亡（Zaidi et al.，2004）。土壤含水量是植物生长的关键因素。土壤盐分的增多造成其溶液浓度的增加，渗透压不断提高，植物从土壤中吸收水分能力减小，从而缺水。如果土壤溶液的渗透压大于植物细胞内的渗透压，植物就不能吸收土壤中的水分，发生"生理干旱"而死亡。在土壤含水量相同的条件下，盐分含量越高，土壤越黏重，则土壤的有效性越低。而在盐渍土上生长的植株一般比较矮小，叶面积也小，使叶绿素相对浓缩。因此，研究区 $W_0$、$W_2$ 处的夏玉米植株都没有成活。随着距积水区距离的增加，土壤含水量呈现下降趋势，土壤的通气性逐渐得到改善，$W_4$、$W_6$、$W_8$、$W_{10}$ 处的植株株高随着距积水区距离的增加而增高。土壤含水量过高会导致植株的根系活力下降（Vasellati et al.，2011），抑制植株对养分和水分的吸收，引起叶片气孔关闭，影响叶片的生长及其光合作用（Bragina et al.，2004），从而减少植株的干物质积累（余卫东等，2014）。因此，研究区中夏玉米植株的株高、地上部干物质量与土壤含水量呈负相关关系，并显著低于 CK 对照组。

夏玉米的生长对土壤的含水量、含盐量和养分反应较为敏感，距沉陷积水区越近，其植株株高和地上部干物质量的下降幅度越大，其营养生长和生殖生长受到抑制，最终造成籽粒产量下降。沉陷积水区对 $W_6$、$W_8$、$W_{10}$ 处的有效株数没有显著影响，夏玉米在生殖生长阶段受到抑制，降低了夏玉米的百粒重，穗长、穗粗及穗粒数的减小，使夏玉米单穗质量受到显著影响，最后引起产量的显著减少，并显著低于 CK 对照组。最终，造成沉陷积水区周围不同位置夏玉米产量的显著差异。

## 四、结论

1）高潜水位矿区采煤沉陷造成的积水区域对周边土壤的特性产生了显著影响，该土壤受地下水和侧渗水的双重胁迫，导致土壤含水量、pH 显著高于 CK 对照组，分别增加了 4.80%～86.08%、3.51%～7.30%。沉陷坡底积聚了大量的上中坡侵蚀下移的土壤有机碳和养分。土壤有机碳含量和全氮含量呈现从沉陷积水区周边向外围逐渐递减的趋势，土壤有机碳、全氮距水域越近，其含量越大，沉陷坡地在坡底表现出了沉积效应；土壤有机碳、全氮含量分别在 W8、W6 处分别出现拐点，距沉陷积水区越近，其含量越小，沉陷坡地在坡脚表现出了侵蚀效应。土壤有机碳含量、全氮含量显著低于 CK 对照组，分别减少了 23.17%～46.96%、15.39%～28.04%。蔗糖酶活性、脲酶活性显著低于 CK 对照组，分别减少了 12.75%～38.56%、12.52%～39.66%。W0 处于水陆交界地，长期处于干湿交替的过程，盐渍化状况较严重，其土壤有机碳含量、全氮含量和酶活性显著低于 CK 对照组。

2）采煤沉陷积水区改变了土壤的水肥特性，影响了夏玉米植株株高的生长及地上部干物质量的积累。$W_4$ 处的有机碳、全氮、蔗糖酶活性和脲酶活性显著高于 $W_6$ 处，但由于受含水量、pH 的影响，$W_4$ 处的夏玉米植株株高、地上部干物质量显著低于 $W_6$ 处。

3）采煤沉陷积水区周围土壤抑制了夏玉米的营养生长和生殖生长。采煤沉陷积水区不同位置的玉米产量显著降低，随着距积水区距离的增加，玉米产量及其构成因素受到的影响呈现减小趋势，且均低于 CK 对照组。$W_0$、$W_2$ 和 $W_4$ 处绝收，即减产 100%。$W_6$、$W_8$、$W_{10}$ 处的玉米产量分别降低了 60.47%、40.41%、27.21%。

本节对采煤沉陷积水区周围不同位置的土壤特性、不同生育时期夏玉米的株高和地上部干物质量、夏玉米的产量及其构成因素进行了初步研究。由于采煤沉陷积水区对作物生长的影响与气象条件、作物品种等因素有关，而本节仅统计分析了 1 年的试验数据，有关采煤沉陷积水区对周围土壤作物产量的影响需要进一步的试验研究。

## 第四节　矿井废水灌溉对土壤酶活性、小麦生理特性及重金属污染风险的影响

中国煤矿业主要集中在水资源短缺的半干旱、干旱的华北、东北和中原地区，而这些区域同时也是中国的粮食主产区，仅矿粮复合区面积就占区域耕地总面积的 40% 左右。随着采矿业的不断发展，这些矿粮复合区的农业灌溉用水不断被矿区工业和生活用水所挤占。为了缓解农业用水的紧张形势，越来越多的矿井废水被用于农业灌溉。但是，矿井废水中普遍含有由煤粉和岩粉形成的悬浮物及重金属等有毒、有害物质，有的矿井废水还呈现出高矿化度或酸性。在矿井废水灌溉弥补农业用水不足的同时，其所带来的生态和食品安全问题也逐渐引起人们的重视。虽然有些矿区矿井废水经过了净化处理，但仍然存在少量的污染物，长期用于农业灌溉也会给土壤环境带来一定的风险。当前针对矿井废水用于农业灌溉安全性的研究鲜见报道。虽然近年来针对污水灌溉安全性展开了大量的研究，但是研究内容主要局限于城市生活污水和工业废水灌溉及其对土壤和农作物造成的影响方面（邵孝侯等，2008；张彦等，2006；Emongor et al.，2004）。

此外，在煤矿区排放量和累计存量最大的工业废物——煤矸石中含有大量重金属元素和硫化物。在长期堆积过程中，煤矸石中的硫化物氧化或在微生物作用下极易形成 $H_2SO_4$ 等酸性物质，从而使煤矸石山表面风化物呈酸性。在雨季，煤矸石山中的重金属元素和酸性物质极易随雨水流入农田而污染土壤。近年来重金属污染因其化学行为和生态效应的复杂性及对人类健康危害的严重性，在矿区已引起广泛的关注（董霁红等，2010；李海霞等，2008；Boularbah et al.，2006），并促使人们对重金属污染问题进行研究，但已有研究主要集中在矿区土壤环境质量评价及其生物有效性等方面（Chen et al.，2007；Lin et al.，2005；胡振琪等，2003；Cherry et al.，2001）。因此，在这些矿粮复合区开展矿井废水灌溉生态安全性研究，对于开发利用矿井废水资源、保障矿区粮食和食品生产安全意义重大。本节采用盆栽试验，对矿井废水灌溉的土壤酶活性、小麦的生理特征和重金属积累情况进行研究，并对矿井废水灌溉作物的生态风险进行分析，以期为科学、安全地利用矿井废水资源提供理论依据。

## 一、研究区概况、研究方法及数据分析

### （一）研究区概况、供试材料与试验设计

本节研究在河南省新乡市中国农业科学院农田灌溉研究所遮雨棚下，采用盆栽试验，试验品种为'郑麦 9023'，于 2010 年 10 月～2011 年 6 月进行。每盆（$\phi 30 \times h40cm$）装干土 15kg，盆栽用土取自该研究所附近农田耕层土壤（0～20cm），土壤 pH 为 7.6，土壤有机质含量为 13.33g/kg，全氮含量为 1.13g/kg，碱解氮含量为 217mg/kg，有效磷含量为 9.19mg/kg，有效钾含量为 213.10mg/kg。设 3 个矿井废水灌溉处理：煤矸石淋溶水灌溉（$T_1$ 处理组）、洗煤废水灌溉（$T_2$ 处理组）和经沉淀处理的洗煤废水灌溉（$T_3$ 处理组）。矿井废水取自焦作市中马矿，其中，洗煤废水直接从洗煤池出水口取水，经沉淀处理的洗煤废水从二级沉淀池出水口取水，煤矸石淋溶水的煤矸石山取自该煤矿长期堆积的煤矸石山脚下，煤矸石山经浸泡 3h 后取水。以井水灌溉作为对照（CK 对照组），每个处理重复 8 盆（4 盆用于破坏性取样，4 盆用来测产），每盆点播 30 粒种子，于三叶期每盆定苗 12 株。返青前各处理均浇灌井水，使土壤含水量保持在 60%～75%田间持水量。于返青期开始进行矿井废水灌溉处理，每周浇灌一次矿井废水，每次每盆浇矿井废水约 750mL，一周内其他时间当土壤含水量低于 60%田间持水量时，浇灌对照井水使土壤含水量始终保持在 60%～75%田间持水量。

表 2-6 为试验土壤中 4 种重金属的含量及河南省的土壤元素背景值。与河南省的土壤元素背景值比较，试验土壤中除 Zn 以外，Pb、Cr、Cu 含量的实测值均低于河南省的土壤元素背景值。与《土壤环境质量标准》（GB 15618—1995）二级标准比较，试验土壤中 Zn、Pb、Cr、Cu 含量的实测值均低于《土壤环境质量标准》二级标准。试验灌溉所用水水质见表 2-7，3 组矿井废水均呈酸性，Cr 和 Pb 含量超过农灌标准。

### 表 2-6　试验土壤重金属元素背景值　　　　　　　单位：mg/kg

| 项目 | Zn | Pb | Cr | Cu |
|---|---|---|---|---|
| 河南省的土壤元素背景值 | ≤74.2 | ≤19.6 | ≤63.8 | ≤19.7 |
| 《土壤环境质量标准》二级标准 | ≤200 | ≤250 | ≤150 | ≤50 |
| 试验土壤实测值 | 180.15 | 13.2 | 14.6 | 13.84 |

### 表 2-7　灌溉用水的水质

| 组别 | pH | Zn/(mg/kg) | Pb/(mg/kg) | Cr/(mg/kg) | Cu/(mg/kg) |
|---|---|---|---|---|---|
| CK 对照组 | 7.8 | 1.06 | 0.10 | 0.03 | 0.21 |
| $T_1$ 处理组 | 5.2 | 1.19 | 0.51 | 0.61 | 0.37 |

| 组别 | pH | Zn/(mg/kg) | Pb/(mg/kg) | Cr/(mg/kg) | Cu/(mg/kg) |
|---|---|---|---|---|---|
| T₂ 处理组 | 5.8 | 0.98 | 0.35 | 0.57 | 0.32 |
| T₃ 处理组 | 6.0 | 0.77 | 0.30 | 0.39 | 0.29 |
| 农灌标准 | 5.5～8.5 | 2 | 0.20 | 0.1 | 1 |

（二）测定指标及方法

净光合速率：在拔节期、开花期选取晴朗的上午 9：00～11：00 采用美国 LI-6400 便携式光合测定系统分别测定倒二叶、旗叶的光合速率，每个处理组重复 6 次。

小麦根系活力：于拔节期、灌浆期每个处理组随机取 4 株小麦的根系（在破坏取样盆中取样，每盆取 1 株），采用氯化三苯基四氮唑（TTC）法测定各处理小麦根系活力。

土壤酶活性：采用苯酚钠比色法测定土壤脲酶活性，采用 3,5-二硝基水杨酸比色法测定土壤蔗糖酶活性，采用 $KMnO_4$ 滴定法测定过氧化氢酶活性（杨红飞等，2007）。

成熟期收获后测定各处理小麦的穗粒重、穗粒数、千粒重、生物产量和籽粒产量等指标，并测定籽粒中重金属 Zn、Pb、Cr、Cu 的含量。

（三）重金属污染评价方法

采用单项污染指数和综合污染指数法（内梅罗综合污染指数法）对小麦籽粒中重金属污染进行风险评价。

单项污染指数法，计算公式：

$$I_j = C_j / C_0 \tag{2-1}$$

式中，$I_j$ 为污染物 $i$ 单因子指数；$C_j$ 为污染物 $i$ 的实测浓度（mg/kg）；$C_0$ 为污染物 $i$ 的评价标准（mg/kg）。依据评价标准，$I_j \leq 1$ 表示未受污染；$1 < I_j \leq 2$ 表示轻度污染；$2 < I_j \leq 3$ 表示中度污染；$I_j > 3$ 表示重度污染。

综合污染指数法，计算公式：

$$I_{综} = \sqrt{\left( I_{j\max}^2 + I_{j\mathrm{mean}}^2 \right) / 2} \tag{2-2}$$

式中，$I_{综}$ 为某检测点综合污染指数；$I_{j\max}$ 为污染物在作物中的最大污染指数；$I_{j\mathrm{mean}}$ 为作物各污染指数平均值。评价标准为，$I_{综} \leq 0.7$ 表示未受污染；$0.7 < I_{综} \leq 1.0$ 达到警戒水平；$1.0 < I_{综} \leq 2.0$ 表示轻度污染；$2.0 < I_{综} \leq 3.0$ 表示中度污染；$I_{综} > 3.0$ 表示重度污染。

（四）数据分析

本节使用 SPSS 19.0 软件对试验数据进行统计分析，并对各处理数据进行显著性检验。

## 二、结果与分析

### （一）矿井废水灌溉对土壤酶活性的影响

土壤中许多复杂的生化反应、有机质的分解转化、腐殖质的合成、土壤养分的固定与释放及各种氧化还原反应都是由土壤酶类参与催化的。土壤酶活性在一定程度上可以反映土壤被污染的程度。对各处理土壤酶（脲酶、蔗糖酶和过氧化氢酶）活性的检测表明，在拔节期，$T_1$ 处理组、$T_2$ 处理组和 $T_3$ 处理组的土壤脲酶活性与 CK 对照组相比差异不显著；$T_1$ 处理组的蔗糖酶活性显著低于 CK 对照组（$p<0.05$），$T_2$ 处理组和 $T_3$ 处理组的蔗糖酶活性与 CK 对照组差异不显著；$T_1$ 处理组的过氧化氢酶活性显著低于 CK 对照组，$T_2$ 处理组和 $T_3$ 处理组的过氧化氢酶活性与 CK 对照组差异不显著。到开花期，$T_1$ 处理组、$T_2$ 处理组和 $T_3$ 处理组的土壤脲酶、蔗糖酶和过氧化氢酶活性均显著低于 CK 对照组（$p<0.05$）（图 2-10）。

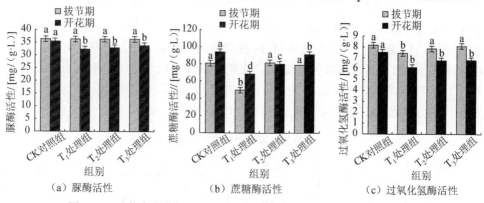

图 2-10　矿井废水灌溉对土壤脲酶、蔗糖酶和过氧化氢酶活性的影响

注：相同图例柱状图上不同小写字母表示处理间在 $p<0.05$ 水平差异显著。

### （二）矿井废水灌溉对净光合速率和根系活力的影响

在拔节期，$T_2$ 处理组和 $T_3$ 处理组小麦的光合速率与 CK 对照组相比没有显著差异，$T_1$ 处理组小麦的光合速率与 CK 对照组相比显著下降。到开花期时 $T_1$ 处理组、$T_2$ 处理组和 $T_3$ 处理组小麦的光合速率与 CK 对照组相比均显著下降。其中，$T_1$ 处理组小麦的光合速率还显著小于 $T_2$ 处理组和 $T_3$ 处理组（图 2-11）。可见，矿井废水长期用于灌溉能对小麦的光合功能起到显著抑制作用。3 个矿井废水灌溉处理均对小麦的根系活力有显著影响，在 2 个测试时期（拔节期和灌浆期）$T_1$ 处理组、$T_2$ 处理组和 $T_3$ 处理组的小麦根系活力均显著小于 CK 对照组（图 2-11），这说明矿井废水灌溉对小麦根系活力起抑制作用。

### （三）矿井废水灌溉对小麦产量性状的影响

矿井废水灌溉对小麦的产量性状均有不同程度的影响。$T_1$ 处理组和 $T_2$ 处理组

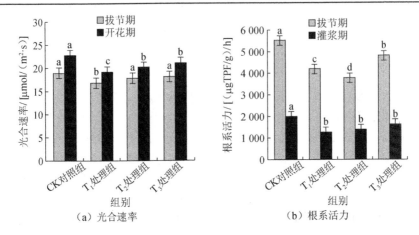

图 2-11　矿井废水灌溉对小麦根系活力和光合速率的影响

注：相同图例柱状图上不同小写字母表示处理间在 $p < 0.05$ 水平差异显著。

的千粒重与 CK 对照组相比显著下降。T$_3$ 处理组的千粒重与 CK 对照组相比没有显著差异。T$_1$ 处理组、T$_2$ 处理组和 T$_3$ 处理组的穗粒数、生物产量和籽粒产量与 CK 对照组相比均显著下降（表 2-8）。生物产量及籽粒产量大小依次为 CK 对照组 > T$_3$ 处理组 > T$_2$ 处理组 > T$_1$ 处理组，其中 T$_1$ 处理组、T$_2$ 处理组和 T$_3$ 处理组的籽粒产量分别比 CK 对照组下降 17.81%、15.42% 和 9.76%。

表 2-8　矿井废水灌溉对小麦产量性状的影响

| 组别 | 穗粒数/粒 | 千粒重/g | 生物产量/（g/盆） | 籽粒产量/（g/盆） |
|---|---|---|---|---|
| CK 对照组 | 39.47a | 51.20a | 69.52a | 33.40a |
| T$_1$ 处理组 | 32.13c | 49.72b | 50.91d | 27.45d |
| T$_2$ 处理组 | 29.53d | 47.13c | 54.33c | 28.25c |
| T$_3$ 处理组 | 36.87b | 53.67a | 63.45b | 30.14b |

注：表中同一列的不同字母代表 $p < 0.05$ 水平差异显著。

（四）矿井废水灌溉对小麦籽粒中重金属含量的影响

通过各处理组小麦籽粒中的重金属含量的测定可知，3 个矿井废水灌溉处理的小麦籽粒中 Zn、Pb、Cr、Cu 的含量均显著高于 CK 对照组（表 2-9）。可见，矿井废水灌溉促进了重金属元素在植物体内积累。为了提高农产品安全性，保障人们身体健康，中国对各重金属元素在小麦籽粒中的限量做了明确规定，限量标准见表 2-9。CK 对照组和 T$_3$ 处理小麦籽粒中 Cu 含量低于限量标准，T$_1$ 处理组和 T$_2$ 处理组的 Cu 含量高于限量标准。CK 对照组和 3 个矿井废水处理小麦籽粒中 Cr、Pb 和 Zn 的含量均高于限量标准。以该限量标准，采用单项污染指数和综合污染指数法对各处理小麦籽粒中重金属风险进行评价，Cr 含量在 CK 对照组中达到轻度水平、在 T$_2$ 处理组和 T$_3$ 处理组中达到中度污染水平，在 T$_1$ 处理组中达到重度污水平。Cu 含量在 CK 对照组和 T₃ 处理组中未达到污染水平，在 T₁ 处理组和 T₂ 处理组中达到轻度污染水平。Pb 和 Zn 含量在 CK 对照组中分别达到轻度、中度污染水平，在 3 个矿井废水处理小麦籽粒中均达到重度污染水平。从综合污染指数评价来看，CK 对照组小麦籽粒综合污染指数等级为轻度，3 个矿井废水处理小麦籽粒的综合污染指数等级均达到重度污染水平。

表 2-9 小麦籽粒中重金属污染评估结果

| 组别 | 单项污染指数 | | | | | 综合污染指数 | |
|---|---|---|---|---|---|---|---|
| | 元素 | Zn | Pb | Cr | Cu | 指数值 | 污染等级 |
| | 限量标准/（mg/kg） | 50 | 0.4 | 1.0 | 10 | | |
| CK 对照组 | 实测值/（mg/kg） | 116.35c | 0.53c | 1.90d | 7.88c | 1.98 | 轻度 |
| | 指数值 | 2.33 | 1.33 | 1.90 | 0.79 | | |
| | 污染等级 | 中度 | 轻度 | 轻度 | 未污染 | | |
| T₁ 处理组 | 实测值/（mg/kg） | 195.05a | 2.27a | 3.5b | 10.25a | 4.73 | 重度 |
| | 指数值 | 3.90 | 5.68 | 3.5 | 1.03 | | |
| | 等级 | 重度 | 重度 | 重度 | 轻度 | | |
| T₂ 处理组 | 实测值/（mg/kg） | 181.65b | 2.65a | 4.15a | 10.57a | 5.42 | 重度 |
| | 指数值 | 3.63 | 6.63 | 4.15 | 1.06 | | |
| | 等级 | 重度 | 重度 | 中度 | 轻度 | | |
| T₃ 处理组 | 实测值/（mg/kg） | 200.25a | 1.51b | 2.98c | 9.37b | 3.51 | 重度 |
| | 指数值 | 4.01 | 3.78 | 2.98 | 0.94 | | |
| | 等级 | 重度 | 重度 | 中度 | 未污染 | | |

注：表中同一行的不同字母代表 $p < 0.05$ 水平差异显著。

## 三、讨论

### （一）矿井废水灌溉对土壤酶活性的影响

土壤酶作为土壤的组成部分，参与土壤系统中诸多重要代谢过程，在土壤系统的物质和能量转运过程中起着重要作用（Zornoza et al.，2006）。土壤酶活性易受环境中物理、化学和生物作用的影响（Bruins et al.，2000）。因此，土壤酶活性被广泛用作评价土壤健康和被污染程度的生物指标（孟庆峰等，2012）。在本节的 3 种矿井废水中，Cr 和 Pb 含量远超出国家灌溉标准，长期进行矿井废水灌溉，将造成 Cr 和 Pb 在土壤中积累，造成土壤重金属污染。土壤重金属可螯合土壤蛋白质或者与酶发生络合反应（Moreno et al.，2003），因此，土壤受到重金属污染也将影响土壤酶活性（Zhang et al.，2004；Oconnor et al.，2003）。在土壤各种生物酶中，过氧化氢酶与土壤有机质的转化速度有密切关系；蔗糖酶活性能反映土壤呼吸强度；脲酶活性能反映土壤有机氮转化状况（杨红飞等，2007）。本节对各处理组土壤脲酶、蔗糖酶和过氧化氢酶活性的检测表明，长期进行矿井废水灌溉，显著降低了土壤脲酶、蔗糖酶和过氧化氢酶的活性。此外，在本节研究的矿井废水中，除了 Cr 和 Pb 超出农业灌溉标准，pH 也低于 CK 对照组。研究表明，除重金属污染程度，土壤酶活性还与土壤酸度存在一定的相关性（Malley et al.，2006），低的 pH 可增强重金属的毒性，从而使矿井废水灌溉对土壤酶活性的影响更为复杂。

（二）矿井废水灌溉对小麦生理特性的影响

在本节研究中 3 种类型的矿井废水中 Cr 和 Pb 的含量均超出农灌标准，如果长期用于农作物灌溉，必然会对土壤-作物系统造成重金属污染。作物的生长发育对土壤环境条件非常敏感，土壤受到污染时，会影响到作物水分代谢、光合作用、呼吸作用、氮素代谢等生理生化过程（Gallego et al.，1996），从而影响作物的生长发育。当土壤受到重金属污染时，植物的根系首遭其害，然后蔓延至地上部分。研究表明，当植物受到重金属污染时，根系的活力将显著下降，尤其是当这些过量的重金属元素发生协同作用时，对植物生长危害更大（陈素华等，2003）。因此，根系活力可在矿井废水灌溉早期阶段作为判断作物是否受到矿井废水影响的一个重要指标。本节的研究表明，矿井废水灌溉对小麦根系活力起抑制作用，在矿井废水灌溉早期（拔节期）$T_1$ 处理组、$T_2$ 处理组和 $T_3$ 处理组的小麦根系活力已经显著小于 CK 对照组（$p<0.05$）。光合速率在矿井废水灌溉早期没有受到显著影响，但随着生育期推进，开花期时 3 种矿井废水处理组小麦的光合速率与 CK 对照组相比显著下降。矿井废水灌溉对作物生理特性的影响最终影响其产量形成，到成熟期时，3 种矿井废水处理组的穗粒数、生物产量和籽粒产量与 CK 对照组相比均显著下降。对 3 种矿井废水处理组小麦的生理和产量因素进行综合分析表明，$T_1$ 处理组对小麦产生的阻碍作用最大，其次为 $T_2$ 处理组，$T_3$ 处理组对小麦的影响最小。$T_1$ 处理组对小麦产生最大阻碍作用的主要原因：一是因为 $T_1$ 处理组中各项重金属含量均高于 $T_2$ 处理组和 $T_3$ 处理组，矿井废水中重金属含量越高，在土壤中积累量就越高，对小麦产生的阻碍作用就越大。二是 $T_1$ 处理组的矿井废水呈酸性，且 pH 低于国家规定的标准。研究表明，随着土壤 pH 的降低，土壤重金属的有效性增加（Lombi et al.，2003）。因此，长期用酸性矿井废水进行灌溉，将导致土壤 pH 下降，增强重金属对作物的毒性。

（三）矿井废水灌溉对小麦中重金属含量的影响

当土壤受到重金属污染时，重金属元素随着根系的吸收而进入作物体内，从而影响农产品的食品安全。研究表明，在污水灌溉条件下，重金属在作物体内的残留量因部位不同而有差异（冯绍元等，2002）。本节通过对各处理组小麦籽粒中的重金属含量进行测定表明，在 3 个矿井废水灌溉处理组的小麦籽粒中 Zn、Pb、Cr、Cu 的含量均显著高于 CK 对照组。土壤中重金属元素的迁移、转化及在植物体内的累积量，除了与土壤中重金属的含量有关，还与其在土壤中的存在形态有很大关系（陈俊等，2007；Ahumada et al.，1999）。土壤中重金属的存在形态受很多因素的影响，pH 是其中重要的因素之一。研究表明，酸性矿井废水排到土壤后，随着土壤 pH 降低，碳酸盐结合态、残渣态重金属含量下降，可交换态和有效态重金属含量提高，从而增强植物对重金属的吸收（Chen et al.，2010，2007；Boularbah et al.，2006）。本节 3 种矿井废水除重金属元素 Cr 和 Pb 超出农业灌溉标准，还呈酸性。因此，尽管在试验土壤和矿井废水中 Zn 和 Cu 的含量低于国家规定的标准，但是长期使用酸性矿井废水灌溉，导致土壤 pH 下降，提高了土壤里 Zn、Cu 的可交换态和有效态含量，从而增强了植物对 Zn 和 Cu 的吸收量。因此，植物体中的 Zn 和 Cu 含量均显著高于 CK 对照组。

此外，土壤中微生物学特性对土壤 pH 和重金属含量非常敏感。土壤微生物几乎参与了土壤生态系统一切生物和生物化学过程，具有维持和调控土壤生态系统、物质循环过程，缓冲和净化土壤污染等多方面的功能（张彦等，2006）。当呈酸性和高重金属含量的矿井废水用于农业灌溉时，将会影响到土壤的微生物群落构成（滕应等，2006；Mahummed et al.，2005），最终影响土壤的生态功能和农田水分、养分循环过程，从而降低农田生产力。因此，在后续研究中，将针对矿井废水灌溉对农田土壤微生物学特性如微生物量和种群分布特征展开研究，以期为矿井废水灌溉污染土壤的质量评价、作物安全生产和生物修复提供科学依据。总之，本节研究表明，3 种类型矿井废水长期用于农业灌溉不但对土壤酶活性、作物的生理特性和产量有一定抑制作用，还带来不同程度的重金属污染风险。因此，本节中所利用的 3 种类型矿井废水不适合长期用于农业灌溉，为了保证矿井废水灌溉区域的生态和食品安全，还需要对矿井废水净化处理和安全灌溉技术进行进一步研究。

## 第五节　矿井废水灌溉对土壤特性、小麦光合速率及产量的影响

矿井废水是伴随煤炭开采而产生的地表渗透水、喀斯特水、矿坑水、地下含水层的疏放水，以及生产、洗煤、防尘等用水。矿井废水中普遍含有由煤粉和岩粉形成的悬浮物、重金属、有毒有害物质及放射性元素等，有的矿井废水还呈现出高矿化度或酸性，是一种具有行业特点的污染源（胡文荣，1996）。全国煤炭开采中每年矿井排水量约有 $4.2 \times 10^{10} \text{m}^3$，这是一个相当可观的水资源量。过去很多矿区对矿井废水未经处理就直接排放，对矿区周围土壤、河流和地下水资源造成了严重的酸污染和重金属污染（Lin et al.，2007，2005；Chen et al.，2007）。大部分矿区主要集中在北方干旱地区，农业缺水日趋严重。在这些区域由于矿井废水

在采煤过程中排放量相对稳定，只能通过矿井废水灌溉来弥补农业灌溉用水的不足。这些呈酸性和高重金属含量的矿井废水用于农业灌溉，不但会污染农田土壤，还会增强作物对重金属的吸收，从而影响作物的品质，并通过食物链危害人体健康（Chen et al.，2010，2007；Boularbah et al.，2006）。此外，高矿化度的矿井废水还会造成土壤的盐碱化，引起土壤性能改变；含有大量悬浮物的矿井废水渗入土壤后堵塞孔隙，会改变土壤结构（胡振琪等，2008）。虽然有些矿区矿井废水经过净化处理，但仍然存在少量的污染物，长期用于农业灌溉也会给土壤环境带来一定的风险。土壤环境遭到破坏或受到污染无疑会影响到农田的土壤水分、养分循环过程，最终造成作物减产或作物死亡。煤矿区重金属污染问题已引起广泛的关注。相关研究人员对重金属污染问题进行了大量研究，但当前研究主要集中在对矿区土壤的影响方面（赵青等，2009；崔龙鹏等，2004；胡振琪等，2003）。近年来，虽然许多学者针对矿区污染土壤进行了土壤改良的研究，并取得了明显效果（马守臣等，2011；Riehl et al.，2010；胡振琪等，2009），但对矿区重金属污染农田，尤其矿井废水灌溉污染农田的粮食生产安全问题的研究相对较少。

土壤是生态系统的基质与生物多样性的载体。农田土壤受到污染将严重影响土壤微生物区系、生物种类和微生物过程，进而影响生态系统的结构与功能，并最终影响到作物的生产（Li et al.，2005）。因此，本节以焦作市中马村矿区的矿粮复合区为研究区，通过对土壤酶活性、土壤呼吸及冬小麦形态、生理和产量指标进行测定，对矿区内矿井废水污染农田，以及土壤改良后的土壤特性及作物生产能力进行研究，研究结果对科学治理矿区污染土壤，确保矿区农田生态安全、粮食生产安全具有重要理论和实践意义。

## 一、研究区概况、研究方法及数据分析

### （一）研究区概况

试验田位于焦作煤业集团中马村矿区矿井废水出水口附近。该试验田长期进行矿井废水灌溉，矿井废水类型主要是经沉淀处理洗煤废水。试验田土壤为砂壤土，土壤 pH 为 5.78，有机质含量为 1.21%，全氮含量为 0.77g/kg，全磷含量为 1.25g/kg，全钾含量为 12.71g/kg，碱解氮含量为 45.41mg/kg，有效磷含量为 8.23mg/kg，有效钾含量为 76.05mg/kg。牛粪 pH 为 6.52，有机质含量为 15.61%，全氮含量为 3.36g/kg，全磷含量为 1.44g/kg，全钾含量为 1.11g/kg，碱解氮含量为 397.12mg/kg，有效磷含量为 31.82mg/kg，有效钾含量为 406.10mg/kg。试验共设 2 个处理组。其中，$T_1$ 处理组：长期进行矿井洗煤废水灌溉；$T_2$ 处理组：长期进行矿井洗煤废水灌溉，试验期间增施牛粪 8m³/亩（1 亩≈666.7m²），改良土壤；选择矿区附近井水灌溉农田作为对照组（CK 对照组）。每处理重复 3 次，其他田

间管理措施一致。冬小麦于 2009 年 10 月 7 日播种，各处理组每亩施磷酸二铵（N 含量为 18%，$P_2O_5$ 含量为 46%）40kg，所有肥料在播种时作为底肥一次施入。

（二）研究方法

在小麦开花期，每小区从中心到边缘沿直线布置 5 个采样点，每个采样点按 10cm、20cm、30cm 分层采集，每层各采取土样 0.5kg，装入无菌自封袋。土样于室内自然风干、研磨、过 1mm 筛，供土壤酶活性指标分析。在开花期测定各组小麦的株高、叶面积、叶绿素含量、光合速率、土壤呼吸。

叶面积（量取三片叶：倒一叶、倒二叶、倒三叶）计算公式：小麦叶面积=长×宽×经验系数（0.83）。选取生长一致的旗叶，用 SPAD 叶绿素仪测定叶绿素含量，每叶片中部测定 10 次，取平均值。在小麦开花期晴天上午 10:00～11:00 用 LI-6400 便携式光合测定仪测定各处理的光合速率。采用 LI-6400 便携式光合测定仪连接 6400-09 土壤叶室测定各处理土壤呼吸速率。

土壤蔗糖酶活性采用 3,5-二硝基水杨酸比色法测定；脲酶活性用苯酚钠比色法测定（姚槐应等，2006）。

在小麦成熟期，测得各处理组穗数、产量、穗粒重，计算收获指数。

（三）数据分析

本节使用 SPSS 19.0 软件对试验数据进行统计分析，并对各处理数据进行显著性检验。

## 二、结果与分析

（一）矿井废水灌溉对土壤酶活性的影响

土壤中许多复杂的生化反应、团粒结构和有机质的分解转化、腐殖质的合成、土壤养分的固定与释放，以及各种氧化还原反应都是由土壤酶类参与催化的。而土壤脲酶、蔗糖酶活性可分别用来表征土壤中有机氮、碳素的转化状况。因此，土壤酶也可作为表征土壤肥力的指标。从图 2-12 和图 2-13 可知，不同处理的土壤酶活性在垂直分布上呈现一定的规律。随着土壤深度的增加，同一处理的土壤酶活性递减，10cm 处最高，20cm 处次之，30cm 处最低。对各处理组各土壤层的土壤酶（脲酶和蔗糖酶）活性的检测表明：与 CK 对照组相比，$T_1$ 处理组显著减少了各个土壤层次的各类酶活性；但通过增施牛粪进行土壤改良后，与 $T_1$ 处理组相比，$T_2$ 处理组各个土壤层次的各类酶活性显著提高。

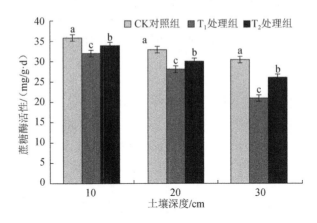

图 2-12　不同处理组土壤蔗糖酶活性

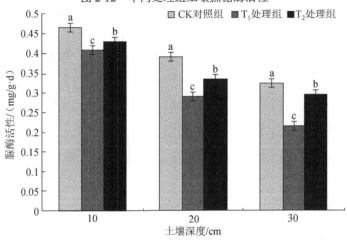

图 2-13　不同处理组土壤脲酶活性

注：相同图例柱状图上不同小写字母表示处理间在 $p < 0.05$ 水平差异显著。

（二）矿井废水灌溉对土壤呼吸速率的影响

土壤的呼吸强度是反映土壤环境对胁迫反应的重要指标，也是反映土壤质量、肥力及土壤微生物活性的重要指标，其高低对耕地生产力有较大的影响。对各处理组单位面积上的土壤呼吸速率进行测定表明，进行矿井废水灌溉处理组（$T_1$ 处理组）的土壤呼吸速率显著低于 CK 对照组（图 2-14）。这表明长期进行矿井废水灌溉严重影响了土壤质量，土壤生物数量和活性降低，从而导致土壤呼吸速率下降。增施牛粪在一定程度上改良了土壤质量和肥力，因此，$T_2$ 处理组的土壤呼吸速率和 $T_1$ 处理组相比显著提高，$T_2$ 处理组土壤呼吸速率比 $T_1$ 处理组高 63.5%。但 $T_2$ 处理组的土壤呼吸速率仍显著低于 CK 对照组。

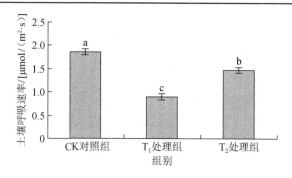

图 2-14　不同处理的土壤呼吸速率

注：不同小写字母表示处理间在 $p < 0.05$ 水平差异显著。

（三）矿井废水灌溉对小麦株高、叶面积、叶绿素含量和光合速率的影响

作物的生长发育对土壤环境条件非常敏感。在开花期，通过对各处理组的小麦株高、叶面积进行测定发现，矿井废水长期灌溉 $T_1$ 处理组小麦的株高、叶面积都显著小于 CK 对照组。$T_2$ 处理组因为增施牛粪，改良了土壤，所以作物的株高、叶面积显著高于 $T_1$ 处理组。叶片叶绿素含量和光合速率是反映植物生理特性的两个重要指标。矿井废水长期灌溉农田，使小麦生长受到胁迫，叶片叶绿素含量降低，叶片光合速率下降。$T_1$ 处理组小麦的叶绿素含量和光合速率都显著小于 CK 对照组（表 2-10），而增施牛粪改善了小麦的生理状况，因而，$T_2$ 处理组小麦的叶绿素含量和光合速率显著高于 $T_1$ 处理组。

表 2-10　不同处理组小麦株高、叶面积、叶绿素含量和光合速率

| 组别 | 株高/cm | 叶面积/cm$^2$ | 叶绿素含量/SPAD 值 | 光合速率/ [μmol/ (m$^2$ · s)] |
|---|---|---|---|---|
| CK 对照组 | 74.68a | 98.67a | 49.98a | 24.25a |
| $T_1$ 处理组 | 55.96c | 63.66c | 43.38b | 18.8c |
| $T_2$ 处理组 | 70.56b | 88.03b | 52.56a | 22.88b |

注：同一列中不同的字母分别表示在 $p < 0.05$ 水平上差异显著。

（四）矿井废水灌溉对收获期小麦产量的影响

在长期矿井废水灌溉条件下，土壤质量受到显著影响，最终也影响到小麦的生产力。通过对各处理组小麦的产量及其相关性状进行比较，$T_1$ 处理组小麦的产量及其相关性状受到显著影响，$T_1$ 处理组小麦穗数、穗粒重、产量和收获指数均显著低于 CK 对照组。但在增施牛粪对土壤进行改良后，小麦产量性状得到显著改善，$T_2$ 处理组的穗数、穗粒重、产量和收获指数均显著高于 $T_1$ 处理组（表 2-11）。但与 CK 对照组相比，$T_2$ 处理组除穗粒重外，其他各产量性状均显著减小。由此可见，增施牛粪一定程度上能缓解矿井废水灌溉对作物造成的生长胁迫，从而提高小麦的产量。

表 2-11　不同处理小麦主要产量性状

| 组别 | 穗数/（$10^4/hm^2$） | 穗粒重/g | 产量/（$kg/hm^2$） | 收获指数/% |
|---|---|---|---|---|
| CK 对照组 | 535.33a | 1.19a | 8 854.00a | 43.51a |
| $T_1$ 处理组 | 461.00c | 0.98b | 6 747.07c | 38.10c |
| $T_2$ 处理组 | 509.67b | 1.17a | 8 376.00b | 42.20b |

注：同一行中不同的字母分别表示在 $p < 0.05$ 水平上差异显著。

## 三、结论

本节选择牛粪为土壤改良剂，对矿井废水灌溉的土壤进行改良，研究结果表明，改良后的土壤特性显著改善，并对小麦的生长发育和产量有重要影响。

1）土壤酶活性能较好地反映土壤健康状况。对各处理组土壤 10cm、20cm、30cm 处的蔗糖酶和脲酶的活性测定表明，2 个处理组都显著低于 CK 对照组，但是 $T_2$ 处理组的酶活性又显著高于 $T_1$ 处理组。

2）对各处理组的土壤呼吸速率的测定表明，长期矿井废水灌溉处理（$T_1$ 处理组）显著降低了土壤呼吸速率，但添加牛粪增加了土壤肥力，从而显著提高了 $T_2$ 处理组的土壤呼吸速率。

3）长期矿井废水灌溉处理（$T_1$ 处理组）显著降低了小麦的株高、叶面积、叶片叶绿素含量和光合速率。$T_2$ 处理组由于改良了土壤，小麦的株高、叶面积、叶绿素含量和光合速率显著高于 $T_1$ 处理组。

4）长期进行矿井水灌溉显著影响了小麦的各产量性状，因此，$T_1$ 处理组小麦的穗数、穗粒重、产量和收获指数均显著低于 CK 对照组；增施牛粪进行土壤改良后小麦的各产量性状达到显著改善，$T_2$ 处理组的穗粒重、穗数、产量、收获指数显著高于 $T_1$ 处理组。

## 参 考 文 献

卞正富，2004. 矿区开采沉陷农用土地质量空间变化研究[J]. 中国矿业大学学报，33（2）：213-218.

曹彩云，郑春莲，李科江，等，2009. 长期定位施肥对夏玉米光合特性及产量的影响研究[J]. 中国生态农业学报，17（6）：1074-1079.

陈俊，范元宏，孙如梦，等，2007. 新河污灌区土壤中重金属的形态分布和生物有效性研究[J]. 环境科学学报，27（5）：831-837.

陈龙乾，邓喀中，徐善宽，等，1999. 开采沉陷对耕地土壤化学特性影响的空间变化规律[J]. 土壤侵蚀与水土保持学报，5（3）：81-86.

陈士超，左合君，胡春元，等，2009. 神东矿区活鸡兔采煤塌陷区土壤肥力特征研究[J]. 内蒙古农业大学学报（自然科学版），30（2）：115-120.

陈素华，孙铁珩，周启星，2003. 重金属复合污染对小麦种子根活力的影响[J]. 应用生态学报，14（4）：577-580.

程烨，2004. 基本农田保护与采矿塌陷控制[J]. 中国土地科学，18（3）：9-12.

崔龙鹏，白建峰，史永红，等，2004. 采矿活动对煤矿区土壤重金属污染研究[J]. 土壤学报，41（6）：896-904.

笪建原，张绍良，王辉，等，2005. 高潜水位矿区耕地质量演变规律研究：以徐州矿区为例[J]. 中国矿业大学学报，34（3）：383-389．

丁玉龙，周跃进，徐平，等，2013．充填开采控制地表裂缝保护四合木的机理分析[J]．采矿与安全工程学报，
　　30（6）：868-873．

董霁红，于敏，程伟，等，2010．矿区复垦土壤种植小麦的重金属安全性[J]．农业工程学报，26（12）：280-286．

董晓玉，傅华，李旭东，等，2010．放牧与围封对黄土高原典型草原植物生物量及其碳氮磷贮量的影响[J]．草业
　　学报，19（2）：175-182．

范廷玉，严家平，王顺，等，2014．采煤沉陷水域底泥及周边土壤性质差异分析及其环境意义[J]．煤炭学报，
　　39（10）：2075-2082．

范英宏，陆兆华，程建龙，等，2003．中国煤矿区主要生态环境问题及生态重建技术[J]．生态学报，23（10）：2144-2152．

方辉，王翠红，辛晓云，等，2007．平朔安太堡矿区复垦地土壤微生物与土壤性质关系的研究[J]．安全与环境学
　　报，7（6）：74-76．

冯绍元，邵洪波，黄冠华，2002．重金属在小麦作物体中残留特征的田间试验研究[J]．农业工程学报，18（4）：
　　113-115．

葛刚，徐燕花，赵磊，等，2010．鄱阳湖典型湿地土壤有机质及氮素空间分布特征[J]．长江流域资源与环境，
　　19（6）：619-622．

顾和和，胡振琪，刘德辉，等，1998．高潜水位地区开采沉陷对耕地的破坏机理研究[J]．煤炭学报，23（5）：522-524．

关义新，林葆，凌碧莹，2000．光氮互作对玉米叶片光合色素及其荧光特性与能量转换的影响[J]．植物营养与肥
　　料学报，6（2）：152-158．

韩福贵，王理德，王芳琳，等，2014．石羊河流域下游退耕地土壤酶活性及土壤肥力因子的相关性[J]．土壤通报，
　　45（6）：1396-1401．

何金军，魏江生，贺晓，等，2007．采煤塌陷对黄土丘陵区土壤物理特性的影响[J]．煤炭科学技术，35（12）：
　　92-96．

贺正山，蔡志全，蔡传涛，2010．不同水分和施氮量对催吐萝芙木光合特性和生长的影响[J]．中国生态农业学报，
　　18（4）：758-764．

侯新伟，张发旺，韩占涛，等，2006．神府-东胜矿区生态环境脆弱性成因分析[J]．干旱区资源与环境，20（3）：
　　54-57．

胡文容，1996．煤矿矿井水处理技术[M]．上海：同济大学出版社．

胡振琪，等，2008．土地复垦与生态重建[M]．北京：中国矿业大学出版社．

胡振琪，胡峰，李久海，等，1997．华东平原地区采煤沉陷对耕地的破坏特征[J]．煤矿环境保护，11（3）：6-10．

胡振琪，龙精华，王新静，2014．论煤矿区生态环境的自修复、自然修复和人工修复[J]．煤炭学报，39（8）：1751-1757．

胡振琪，戚家忠，司继涛，2003．不同复垦时间的粉煤灰充填复垦土壤重金属污染与评价[J]．农业工程学报，
　　19（2）：217-218．

胡振琪，张明亮，马保国，等，2009．粉煤灰防治煤矸石酸性与重金属复合污染[J]．煤炭学报，34（1）：79-83．

黄翌，汪云甲，王猛，等，2014．黄土高原山地采煤沉陷对土壤侵蚀的影响[J]．农业工程学报，30（1）：228-235．

匡文龙，邓义芳，2007．采煤塌陷地区土地生态环境的影响与防治研究[J]．中国安全科学学报，17（1）：116-120．

黎炜，陈龙乾，周天建，2011．我国采煤沉陷地土壤质量研究进展[J]．煤炭科学与技术，39（5）：125-128．

李海霞，胡振琪，李宁，等，2008．淮南某废弃矿区污染场的土壤重金属污染风险评价[J]．煤炭学报，33（4）：
　　423-426．

栗丽，洪坚平，谢英荷，等，2010a．生物菌肥对采煤塌陷复垦土壤生物活性及盆栽油菜产量和品质的影响[J]．中
　　国生态农业学报，18（5）：939-944．

栗丽，王曰鑫，王卫斌，2010b．采煤塌陷对黄土丘陵区坡耕地土壤理化性质的影响[J]．土壤通报，41（5）：1237-1240．

刘梦云，常庆瑞，齐雁冰，等，2006．宁南山区不同土地利用方式土壤酶活性特征研究[J]．中国生态农业学报，
　　14（3）：67-70．

刘思，孟庆俊，2011．潘南潘北矿塌陷湿地土壤退化评价[J]．中国环境监测，27（5）：6-10．

马超，张晓克，郭增长，等，2013．半干旱山区采矿扰动植被指数时空变化规律[J]．环境科学研究，26（7）：750-758．

马守臣，吕鹏，李春喜，等，2011．不同改良措施对煤矸石污染土壤上大豆生长的影响[J]．生态与农村环境学报，
　　27（5）：101-103．

马守臣, 张合兵, 马守田, 等, 2014. 不同耕作措施对采煤沉陷区坡耕地玉米产量和水分利用效率的影响[J]. 生态与农村环境学报, 30 (2): 201-205.

马迎宾, 黄雅茹, 王淮亮, 等, 2014. 采煤塌陷裂缝对降雨后坡面土壤水分的影响[J]. 土壤学报, 51 (3): 497-504.

麦霞梅, 赵艳玲, 龚毕凯, 等, 2011. 东滩煤矿高潜水位采煤塌陷地土壤含水量变化规律研究[J]. 中国煤炭, 37 (3): 48-51.

孟庆峰, 杨劲松, 姚荣江, 等, 2012. 单一及复合重金属污染对土壤酶活性的影响[J]. 生态环境学报, 21 (3): 545-550.

潘瑞炽, 2008. 植物生理学[M]. 6版. 北京: 高等教育出版社.

郄晨龙, 卞正富, 杨德军, 等, 2015. 鄂尔多斯煤田高强度井工煤矿开采对土壤物理性质的扰动[J]. 煤炭学报, 40 (6): 1448-1456.

渠俊峰, 张绍良, 李钢, 等, 2013. 高潜水位采煤沉陷区有机碳库演替特征研究[J]. 金属矿山, 42 (11): 150-153.

全占军, 程宏, 于云江, 等, 2006. 煤矿井田区地表沉陷对植被景观的影响: 以山西省晋城市东大煤矿为例[J]. 植物生态学报, 30 (3): 414-420.

邵孝侯, 廖林仙, 李洪良, 2008. 生活污水灌溉小白菜的盆栽试验研究[J]. 农业工程学报, 24 (1): 89-93.

滕应, 骆永明, 李振高, 2006. 污染土壤的微生物多样性研究[J]. 土壤学报, 43 (6): 1018-1026.

王凯, 张亮, 刘锋, 等, 2015. 阜新露天煤矿排土场边坡土壤质量分异特征[J]. 中国环境科学, 35 (7): 2119-2128.

王希义, 徐海量, 潘存德, 等, 2015. 塔里木河下游地下水埋深与建群植物盖度之间的耦合模型研究[J]. 干旱区资源与环境, 29 (12): 104-108.

魏江生, 贺晓, 胡春元, 等, 2006. 干旱半干旱地区采煤塌陷对沙质土壤水分特性的影响[J]. 干旱区资源与环境, 20 (5): 84-88.

武强, 姜振泉, 李云龙, 2003. 山西断陷盆地地裂缝灾害研究[M]. 北京: 地质出版社.

夏玉成, 冀伟珍, 孙学阳, 等, 2010. 渭北煤田井工开采对土壤理化性质的影响[J]. 西安科技大学学报, 30 (6): 677-681.

徐玲, 陈益平, 刘石泉, 等, 2009. 南洞庭湖区湿地土壤有机质及氮素空间分布特征[J]. 湖南农业大学学报 (自然科学版), 35 (1): 48-50.

许传阳, 马守臣, 张合兵, 等, 2015. 煤矿沉陷区沉陷裂缝对土壤特性和作物生长的影响[J]. 中国生态农业学报, 23 (5): 597-604.

杨红飞, 严密, 姚婧, 等, 2007. 铜、锌污染对油菜生长和土壤酶活性的影响[J]. 应用生态学报, 18 (7): 1484-1490.

姚槐应, 黄昌勇, 等, 2006. 土壤微生物生态学及其实验技术[M]. 北京: 科学出版社.

叶瑶, 全占军, 肖能文, 等, 2015. 采煤塌陷对地表植物群落特征的影响[J]. 环境科学研究, 28 (5): 736-744.

余卫东, 冯利平, 盛绍学, 等, 2014. 黄淮地区涝渍胁迫影响夏玉米生长及产量[J]. 农业工程学报, 30 (13): 127-136.

俞海防, 高良敏, 李玉, 等, 2010. 淮南潘三矿采煤塌陷区土壤的养分分布特征[J]. 贵州农业科学, 40 (12): 143-145.

张彪, 李岱青, 高古喜, 等, 2004. 我国煤炭资源开采与转运的生态环境问题及对策[J]. 环境科学研究, 17 (6): 35-38.

张发旺, 赵红梅, 宋亚新, 等, 2007. 神府东胜矿区采煤塌陷对水环境影响效应研究[J]. 地球学报, 28 (6): 521-527.

张秋英, 李发东, 刘孟雨, 2005. 冬小麦叶片叶绿素含量及光合速率变化规律的研究[J]. 中国生态农业学报, 13 (3): 95-98.

张欣, 王健, 刘彩云, 2009. 采煤塌陷对土壤水分损失影响及其机理研究[J]. 安徽农业科学, 37 (11): 5058-5062.

张延旭, 毕银丽, 陈书琳, 等, 2015. 半干旱风沙区采煤后裂缝发育对土壤水分的影响[J]. 环境科学与技术, 38 (3): 11-14.

张彦, 张惠文, 苏振成, 等, 2006. 污水灌溉对土壤重金属含量、酶活性和微生物类群分布的影响[J]. 安全与环境学报, 6 (6): 44-50.

赵国平, 封斌, 徐连秀, 等, 2010. 半干旱风沙区采煤塌陷对植被群落变化影响研究[J]. 西北林学院学报, 25 (1): 52-56.

赵红梅, 张发旺, 宋亚新, 等, 2010. 大柳塔采煤塌陷区土壤含水量的空间变异特征分析[J]. 地球信息科学学报, 12 (6): 753-760.

赵青，刘志斌，冯吉燕，2009. 矿区农田土壤的重金属污染[J]. 辽宁工程技术大学学报（自然科学版），28（S2）：181-183.

郑永红，张治国，胡友彪，等，2014. 煤矿复垦重构土壤呼吸季节变化特征及其环境影响因子[J]. 煤炭学报，39（11）：2300-2306.

周丽霞，丁明懋，2007. 土壤微生物学特性对土壤健康的指示作用[J]. 生物多样性，15（2）：162-171.

周莹，贺晓，徐军，等，2009. 半干旱区采煤沉陷对地表植被组成及多样性的影响[J]. 生态学报，29（8）：4517-4525.

祝锦霞，徐保根，章琳云，2015. 基于半方差函数与级别的耕地质量监测样点优化布设方法[J]. 农业工程学报，31（19）：254-261.

邹慧，毕银丽，朱郴韦，等，2014. 采煤沉陷对沙地土壤水分分布的影响[J]. 中国矿业大学学报，43（3）：496-501.

AHUMADA I, MENDOZA J, NAVARRETE E, et al., 1999. Sequential extraction of heavy metals in soils irrigated with wastewater[J]. Communications in soil science and plant analysis, 30: 1507-1519.

BOULARBAH A, SCHWARTZ C, BITTON G, et al, 2006. Heavy metal contamination from mining sites in South Morocco: 2. Assessment of metal accumulation and toxicity in plants[J]. Chemosphere, 63(5): 811-817.

BRAGINA T V, PONOMAREVA Y V, DROZDOVA I S, et al., 2004. Photosynthesis and dark respiration in leaves of different ages of partly flooded maize seedlings[J]. Russian journal of plant physiology, 51 (3):342-347.

BRUINS M R, KAPIL S, OEHME F W, 2000. Microbial resistance to metals in the environment[J]. Ecotoxicology and environmental safety, 45 (3): 198-207.

CHANDER K, GOYAL S, NANDAL D P, et al., 1998, Soil organic matter, microbial biomass and enzyme activities in a tropical agroforestry system[J]. Biology and fertility of soils, 27(2): 168-172.

CHEN A, LIN C, LU W, et al., 2007. Well water contaminated by acidic mine water from the Dabaoshan Mine, South China: chemistry and toxicity[J]. Chemosphere, 70(2): 248-255.

CHEN A, LIN C, LU W, et al., 2010. Chemical dynamics of acidity and heavy metals in a mine water-polluted soil during decontamination using clean water[J]. Journal of hazardous materials, 175(1): 638-645.

CHERRY D S, CURRIE R J, SOUCEK D J, et al., 2001. An integrative assessment of a watershed impacted by abandoned mined land discharges[J]. Environmental pollution, 111 (3): 377-388.

DILLY O, MUNCH J C, 1998. Ratios between estimates of microbial biomass content and microbial activity in soils[J]. Biology and fertility of soils, 27(4): 374-379.

EMONGOR V E, RAMOLEMANA G M, 2004. Treated sewage effluent (water) potential to be used for horticultural production in Botswana[J]. Physics and chemistry of the earth, 29(15): 1101-1108.

FIERER N, SCHIMEL J P, HPLDEN P A, 2003. Variations in microbial community composition through two soil depth profiles [J]. Soil biology and biochemistry, 35 (1): 167-176.

GALLEGO S M, BENAVIDES M P, TOMARO M L, 1996. Effect of heavy metal ion excess on sunflower leaves: evidence for involvement of oxidative stress[J]. Plant science, 121 (21): 151-159.

HARRIS J A, 2003. Measurements of the soil microbial community for estimating the success of restoration[J]. European journal of soil science, 54 (4): 801-808.

HARRIS J A, 2010. Measurements of the soil microbial community for estimating the success of restoration[J]. European journal of soil science, 54(4): 801-808.

LEI S G, BIAN Z F, DANIEL J, et al., 2010. Spatio-temporal variation of vegetation in an arid and vulnerable coal mining region[J]. International journal of mining science and technology,20(3): 485-490.

LI Z W, LI L Q, PAN G X, et al., 2005. Bioavailability of Cd in a soil-rice system in China: soil type versus genotype effects[J]. Plant and soil, 271 (1-2): 165-273.

LIN C, LU W, WU Y, 2005. Agricultural soils irrigated with acidic mine water: acidity, heavy metals, and crop contamination[J]. Australian journal of soil research, 43 (7): 819-826.

LIN C, WU Y, LU W, et al., 2007. Water chemistry and ecotoxicity of an acid mine drainage-affected stream in subtropical China during a major flood event[J]. Journal of hazardous materials, 142(1-2): 199-207.

LOMBI E, HAMON R E, MCGRATH S P, et al., 2003. Lability of Cd, Cu, and Zn in polluted soils treated with lime, beringite, and red mud and identification of a non-labile colloidal fraction of metals using isotopic techniques[J]. Environmental science and technology, 37 (5): 979-984.

MAHUMMED A, XU J M, LI Z J, et al., 2005. Effects of lead and cadmium nitrate on biomass and substrate utilization pattern of soil microbial communities[J]. Chemosphere, 60 (4): 508-514.

MALLEY C, NAIR J, HO G, 2006. Impact of heavy metals on enzymatic activity of substrate and on composting worms Eisenia fetida[J]. Bioresource technology, 97 (13): 1498-1502.

MORENO J L, GARCÍA C, HERNÁNDEZ T, 2003. Toxic effect of cadmium and nickel on soil enzymes and the influence of adding sewage sludge[J]. European journal of soil science, 54(2): 377-386.

OCONNOR C S, LEEP N W, EDWARDS R, et al., 2003. The combined use of electrokinetic remediation and phytoremediation to decontaminate metal-polluted soils: a laboratory-scale feasibility study[J]. Environmental monitoring and assessment, 84(1-2):141-158.

RIEHL A, ELSASS F, DUPLAY J, et al., 2010. Changes in soil properties in a fluvisol (calcaric) amended with coal fly ash[J]. Geoderma, 155(1): 67-74.

SCHLOTER M, DILLY O, MUNCH J C, 2003. Indicators for evaluating soil quality[J]. Agriculture, ecosystems and environment, 98(1-3): 255-262.

SINGH J S, GUPTA S R, 1977. Plant decomposition and soil respiration in terrestrial ecosystems[J]. Botany review, 43 (4): 449-528.

SMITH C M, TIEDJE J M, 1979. Phases of denitrification following oxygen depletion in soil[J]. Soil biology and biochemistry, 11 (3): 261-267.

VASELLATI V, OESTERHELD M, MEDAN D, et al., 2011. Effects of flooding and drought on the anatomy of Paspalum dilatatum[J]. Annals of botany, 88 (3): 355-360.

ZAIDI P H, RAFIQUE S, RAI P K, et al., 2004. Tolerance to excess moisture in maize (Zea may L): susceptible crop stages and identification of tolerant genotypes[J]. Field crops research, 90 (2): 189-202.

ZHANG G S, JIA X M, AOHANG M X, et al., 2004. Soil enzyme activity as pre-warning indicators for heavy metal contamination of brown earth in Shandong Province[J]. Plant nutrition and fertilizer science, 10(3) : 272-276.

ZORNOZA R, GUERRERO C, MATAIX-SOLERA J, et al., 2006. Assessing air-drying and rewetting pretreatment effect on some soil enzyme activities under Mediterranean conditions[J]. Soil biology and biochemistry(38): 2125-2134.

# 第三章　矿区生态环境评价

矿区生态系统是以矿产资源开发利用为主导的自然、经济与社会复合生态系统，是由资源、环境、人口、经济和科技组成的相互联系、相互依存和相互作用的有机整体（王广成等，2006）。矿产资源的开发利用对矿区的生态环境造成了严重的破坏，生态环境质量的急剧下降又制约了区域经济的发展。生态系统的健康和相对稳定是人类赖以生存和发展的必要条件，维护与保持生态系统健康，促进生态系统的良性循环，是经济、社会和环境可持续发展的根本保证。因此，在矿区发展过程中为了协调生态环境和经济、社会的关系，确保矿区生态系统的稳定和谐与矿区的可持续发展，必须对矿区生态系统进行管理。生态系统健康是生态系统服务的基础，是生态系统管理和环境管理追求的目标（张宏锋等，2003）。随着社会经济的快速发展，矿业开发对环境质量、生态安全、粮食安全、社会安全等各个方面的影响将不断扩大、增强。将生态系统健康理论与矿区可持续发展研究相结合，可为矿区生态系统管理提供一个新视角，有望成为保证矿区稳定、协调与可持续发展目标实现的新手段。

## 第一节　矿粮复合区农田生态系统健康评价

矿粮复合区是指煤炭资源和耕地资源分布的复合区域，即地表为耕地资源，地下埋藏有煤炭资源的区域，广义而言还包括煤炭开采可能影响到的耕作区域，如煤矸石中重金属随地表径流影响到的农田区域等（胡振琪等，2006）。矿粮复合区拥有两项特殊且重要的功能：粮食生产及输出与煤炭资源生产及输出。矿粮复合区不仅在地区经济发展中具有重要作用，而且在中国粮食安全、能源安全战略体系中占有重要地位，关系到国家的粮食安全、能源安全、环境安全、生态安全及社会安全，其可持续发展在中国社会、经济发展及环境保护等方面居于重要的战略地位。

矿粮复合区面积占中国耕地总面积的40%以上，粮食产量占全国粮食总产量的45%（付梅臣等，2008）。在矿粮复合区，采矿活动造成大面积的地表沉陷，使煤矿区良田荒芜、耕地减少。同时，煤矸石粉尘飞扬，矿井废水、废气渗溢，也严重污染了农田。因此，矿粮复合区是一个极其脆弱的人为生态系统。随着经济的快速发展，矿业开发对矿区生态环境、粮食生产、社会稳定等各个方面的影响也将不断增强。矿粮复合区生态系统的健康状况直接关系到区域能源和粮食生产的可持续发展，以及社会的稳定和团结。随着人们对粮食安全、环境和食品质量的重视程度日益提高，矿粮复合区生态系统的健康状况越来越受到人们的重视。当前有关生态系统健康方面的研究，多集中在湖泊、草原、农田、湿地、森林等单个生态系统的类型上（彭建等，2007；吴建国等，2005；李琪等，2003；崔保山等，2002）。对矿粮复合区这一特殊但广泛存在的复合生态系统健康的研究缺乏。因此，对矿粮复合区生态系统的健康状况进行研究，关系到国家的粮食安全、能源安全、生态安全及社会安全，具有重要的战略意义。

## 一、生态系统健康概念与特征

生态系统健康学既是一门学科，也是一种生态系统状态。中外学者基于各自不同的学科背景和研究实践，对其概念的界定提出了不同的看法，但仍未达成共识。目前比较广为接受的是国际生态系统健康学会的定义，即生态系统健康是研究生态系统管理的、预防性的、诊断的和预兆的特征，以及生态系统健康与人类健康之间关系的一门系统的科学（曾德慧，1999）。基于生态系统观和人类发展观等相关理论，一个健康的生态系统应当具备下述几项特征（肖风劲等，2002；王小艺等，2001）。

1）具有能够从人为或自然的正常扰动中恢复的能力。

2）具有在投入缺失的情况下自我维持稳定的能力。

3）不会对相邻生态系统造成压力。

4）稳定、可持续、有弹性、无失调的症状。

5）应包括经济学健康、社会学健康和人类健康。

## 二、生态系统健康评价

### （一）生态系统健康评价的范畴

生态系统健康评价的范畴包括以下4个方面（王广成等，2006；张宏锋等，2003）。

#### 1. 生态学范畴

生态学范畴的研究着眼于生态系统的自然特性，探讨系统结构、功能和环境与生物间的相互作用，主要包括物质循环、能量流动、生物多样性、有毒物质的循环与隔离、生物栖息地的多样性。

#### 2. 社会经济范畴

社会经济范畴关注生态系统与人类发展的关系。健康的生态系统必须能够不同程度地推动经济发展和社会进步。人类对经济的片面追求行为胁迫生态系统，造成生态系统承载力下降，从而引发作物减产、矿山灾害等，直接影响着经济发展水平。

### 3. 人类健康范畴

人类健康范畴关注生态系统健康与人类健康之间的关系。生态系统在人类经济发展的胁迫下，以土地荒漠化、海面升高、食物链富集等影响人类的健康。

### 4. 社会公共政策范畴

社会公共政策是处理自然系统和人类活动的中介，有效协调二者关系的政策是生态系统维持健康稳定的保证。

### （二）生态系统健康评价的标准

评价必须以相关标准作为依据。基于不同的理论角度、思维方式、生态环境特性，对生态系统健康评价的标准也不尽相同，但8个指标获得了普遍认同，并以前3个指标为重点。这8个指标具体如下（王广成等，2006；李春阳等，2006）。

1）活力（vigor）。即生态系统的能量输入和营养循环容量，以系统活动、新陈代谢或初级生产力为具体测度指标。在一定范围内随着系统能量输入的增加，物质循环加快，活力也随之变高。

2）组织结构（organization）。是指生态系统结构的复杂特性，以系统组分的数量、多样性和物种之间的共生、竞争等相互作用的复杂性为具体指标。一般认为组织结构越复杂，系统就越健康。

3）恢复力（resilience）。是指生态系统在外界压力消失的情况下逐步恢复的能力，以自然干扰的恢复速率和生态系统对自然干扰的抵抗力为具体指标，一般认为不受胁迫的生态系统较受胁迫的生态系统恢复力要强。

4）生态系统服务功能的维持（maintenance of ecosystem services）。其具体指标一般是指对人类有益的方面，如有毒化学物质的消解、水土流失的减少、土地的永续利用、水的净化等。具体指标的质和量在受胁迫的生态系统中呈现减少的态势。

5）管理选择（management options）。健康的生态系统具备向人类提供自然景观、清洁空气、饮用水、可更新资源等系列用途和管理功能，而受胁迫的生态系统则不再具备多种用途和管理功能，只有部分功能得以发挥。

6）外部输入减少（reduced subsides）。所有人为管理的生态系统均依赖外部输入，而健康的生态系统的自我维持能力较少取决于外部输入。

7）对邻近系统的破坏（damage to neighboring systems）。健康生态系统的自我演化不会破坏相邻的系统，而不健康的生态系统则会破坏相邻的系统，如污灌对农田的巨大破坏。

8）对人类健康的影响（human health effects）。生态系统对人类健康的影响是综合的、多途径的，甚至起决定作用，因此人类的健康水平能够反映且度量生态系统的健康程度。

（三）生态系统健康评价方法

生态系统健康评价的方法很多，主要有指示物种法、指标评价法、风险评估法、能量分析法。这些方法适用于不同生态系统类型的评价（孔红梅等，2002；王小艺等，2001；Jorgensen et al.，1995），详细比较见表 3-1。

表 3-1　生态系统健康评价方法

| 项目 | 指示物种法 | 指标评价法 | 风险评估法 | 能量分析法 |
|---|---|---|---|---|
| 特点 | 系统内不同物种能够指示生态系统不同结构功能特征的健康程度，反映其承载力和恢复能力；但并未考虑社会、经济和人类健康的因素 | 指标体系是受科学性和完整性约束而成的相互关联、相互制约的一系列指标集合，具有目的性、理论性、科学性、实用性和系统性 | 评价危害生态系统健康的不良事件发生的概率，以及在不同概率下不良事件所造成的后果的严重性 | 从能量角度，在整体上对生态系统状态进行衡量 |
| 应用范围 | 自然生态系统：森林生态系统、草地生态系统、荒漠生态系统、水生生态系统等 | 复合生态系统：流域生态系统健康、区域生态系统健康、全球生态系统健康等 | 多针对人类健康，主要评估化学污染物进入食物链后可能对人类造成的影响 | 辅助应用于自然生态系统、复合生态系统的评价中 |
| 评价方法 | 分为单物种和多物种。单物种是指选取对生态系统健康最为敏感的指示物种；多物种是指选择能够指示生态系统结构和功能不同特征的指示生物，建立多物种健康评价体系 | 依据选取原则，以数量可观、多层次、类型多样的观测数据和评价指标为基础，构建科学的指标体系，全方位地综合评价 | 估算外界压力对胁迫系统可能产生的影响，进而估算压力对胁迫系统可能产生损害的风险，如生产力降低、物种多样性或其他生态系统功能的损失 | 结构活化能与生态缓冲量能够体现生态系统的组织水平，且能随着生态系统的发展与稳定而升高，据此来开展评价 |

指标评价法，又称指标体系法，得益于选取的指标涵盖广泛，如生态系统的结构、过程和功能，经济发展水平、景观格局和土地利用等指标，加之生态系统复杂性增加，指标评价法目前为研究者所青睐，从而为决策者提供了全面且综合的生态系统健康评价信息。

指标评价法中历史最长、认知度最高的是 Costanza 根据生态系统可持续能力的特征、基于上述生态系统健康评价的前 3 个标准而提出的整个生态系统健康指数公式：

$$HI=V \times O \times R \tag{3-1}$$

式中，HI 为生态系统健康指数，为度量系统可持续性的关键指标；$V$ 为系统活力；$O$ 为系统组织结构指数，用 0～1 的数值表示系统组织的相对程度；$R$ 为系统恢复力指数，用 0～1 的数值表示系统恢复力的相对程度。

较早且完备的生态系统健康评价指标体系是 1992 年由联合国环境规划署召集，在日内瓦建立的海洋生态系统健康评价指标体系（孔红梅等，2002）。

中国在生态系统健康评价方面的研究起步较晚。据发表的文献来看，大多侧重于生态系统健康相关概念及其评价理论方法的概况介绍与研究综述；从 2002年开始出现有关生态系统健康评价的个案分析，但多为湖泊、森林等自然生态系统的类型健康评价（彭建等，2007）。矿粮复合区是一个极其脆弱的人为生态系统。一方面，随着社会经济的快速发展，矿业开发对环境质量、生态安全、粮食安全、社会安全等各个方面的影响将不断扩大、增强，且这一影响将在矿粮复合区表现得更为集中和明显；另一方面，随着人们对粮食质量和食品安全的重视程度日益提高，矿粮复合区生态系统的健康状况越来越受到人们的重视，但目前该类系统研究缺乏。对矿粮复合区的农田生态系统的健康状况进行评价研究，可为煤矿区的环境治理和农业的可持续生产提供重要的理论依据。

### 三、矿粮复合区生态系统的特点

#### （一）矿区生态系统的特点

矿区并没有一个统一的确切概念，通常从狭义和广义两个角度来对其进行定义（王广成等，2006）。狭义的概念是指采矿业扰动到的地域空间，即矿产资源在开采规划时所对应和影响的地表范围，具有空间的有限性和连续性；广义的概念是以矿物开采、加工为主导产业发展起来，从而使人口聚集在一起的特殊社区，是一种地理范围的社会群体所在的区域，具有空间的有限性和不连续性。陈玉和等（2000）将矿区定义为，矿区是以矿物开采、加工为主导产业发展起来并走上工业化道路的一类社区，是矿业社区的简称。在综合上述概念的基础上，本章将矿区定义为，由矿物开采、加工活动形成的，以矿产资源的生产作业区和办公区为主，从业者及其家属生活区为辅，并辐射一定区域范围的自然、经济与社会的复合生态系统。

#### 1. 矿产资源特性决定性

矿产资源特性决定了矿区的地理位置、规模和投资回报。矿产资源的不均衡性使人们必须依据矿产资源的分布位置来确定矿区的地理位置，而不能够随意规划其方位；其数量有限性限制了矿区的规模；其赋存状态的复杂特性使从业者必须考虑矿体变化万千的位置、深浅、分布形态、伴生或共生物质，以规避矿产资源勘探作业和开采作业中存在的高危险性。

#### 2. 重工业性

矿区的主导产业就是矿产资源的开采业。开采过程需要综合运用多门类、各系统的工程技术和知识，属于劳动密集型、资金密集型和知识密集型产业，工业性极强，对人力、物力、财力的需求巨大。

### 3. 开放性、不稳定性和强依赖性

矿区生态系统具有开放性，它时刻与外界进行着动态交换，使其自身结构和功能不断变化发展。矿区生态系统为维持系统稳定性，必须从相邻或相关的生态系统中获取物质和能量，而不能像自然生态系统那样自我维持稳定、良好的物质循环。

### 4. 对环境的破坏性

矿区开采对环境的破坏是多途径的，主要有大气污染、水污染、土壤污染、土地破坏、生物多样性减少等对自然生态系统的损害，这些损害也直接或间接地胁迫了人类生态系统的健康状态。

## （二）农业生态系统的特点

农业生态系统是指在人类活动的干预下，农业生物与其环境之间相互作用形成的一个有机整体（陈声明等，2008）。狭义的农业生态系统是指传统的狭义农业，即种植业；广义的农业生态系统是农业生物系统（农业植物、动物、微生物）、农业环境系统（气候、降水量、温度、光照、土壤等）和人工调节控制系统（施肥量、选种育种、土壤改良、合理灌溉等）3 个子系统有机组合而成的大农业系统。农业生态系统也是复合生态系统的有机组成部分，并且是一个社会、经济、自然复合生态系统。

农田生态系统是指人类在以作物为中心的农田中，利用生物和非生物环境之间及生物种群之间的相互关系，通过合理的生态结构和高效生态机能，进行能量转化和物质循环，并按人类社会需要进行物质生产的综合体。它是农业生态系统中的一个主要亚系统，是一种被人类驯化了的生态系统，是人类为满足生存需要，干预自然生态系统，依靠土地资源，利用农作物的生长繁殖来获得物质产品而形成的人工生态系统。该系统是由农作物及其周围环境构成的物质转化和能量流动系统，是在自然生态系统的基础之上叠加了人类的经济活动而形成的更高层次上的自然与经济的统一体，具有自然和社会的双重属性。农田生态系统与自然生态系统的本质区别在于自然演替的进程被人为截断，人为干预的设定目标是获得更多的有益于人类自身的净产出。农田生态系统不仅受自然规律的制约，还受人类活动的影响；不仅受自然生态规律的支配，还受社会经济规律的支配。农田生态系统主要有以下几个特点。

### 1. 人为调节性

农田生态系统是典型的人工生态系统，自然生态系统经过人工干预，改变了原有的复杂生物群落，只保留一种或者数种符合人类需要的优势群落，以获取符

合人类期望的收获，这一过程需要人类持续不断地管理、投入、保护、增值。人类是农田生态系统的参加者、改造者，同时也是运转成果的享用者。

2. 群落结构单一性

农田生态系统群落和别的生态系统相比，生物群落相对单一。经过人类长期选育，优势群落往往只有一种，伴生生物种类也较少，如杂草、昆虫、鼠类、鸟类、土壤微生物等，多数为人类尽力消灭的对象。

3. 高经济性和低抗逆性

农田生态系统的物种是人工选择和培育的结果，物种较为单一，使农田的抗逆性较低，结构简单，系统稳定性差，抵御自然灾害的能力弱。同时，农田生态系统的净生产力很高，正常情况下系统输出价值大于输入价值，以满足人们生存和经济效益的需求。

4. 开放性

农田生态系统必须是一个完全开放的系统，人们收获了该系统产出的大部分有机物，因此必须开展施肥、灌溉等一系列补充营养成分的措施，采用有效的耕作方式，使系统有合理的作物组分，以平衡系统的输入输出，防止出现地力下降、系统生产力降低等现象。

（三）矿粮复合区农田生态系统的特点

矿粮复合区农田生态系统是复合生态系统的一种，从这一理论出发，可将矿粮复合区农田生态系统分为社会亚系统、经济亚系统和自然亚系统。社会亚系统是指将矿区居民放在核心位置，系统向矿区居民提供基础的居住设施、医疗设施、教育设施和就业机会，居民向系统提供智力和劳动力保障。经济亚系统通过开采煤炭资源支撑了地方经济发展，同时满足了各行各业对能源的需求和国民经济的需要；农产品的收获带来的经济价值，虽然远低于煤炭经济价值，但是农产品的主要功能在于保障人民基本生活，以及保障经济安全。自然亚系统包含非生物因子（大气、土壤、水、岩石等）、野生动物或家畜、野生植物或人工栽种的作物、微生物等。矿粮复合区农田生态系统是矿区和农田的复合区域，完全兼有矿区子系统和农田子系统的上述特点，如强依赖性、开放性、高经济性、人为调节性等。

（四）矿粮复合区农田生态系统健康

李春阳等（2006）将农田生态系统健康定义为，没有病痛反应、稳定并且可持续发展，即在自然和人为扰动下农田生态系统随着时间的推进，有活力并且能维持其组织结构及自主性，在外界胁迫下容易恢复。彭涛等（2004）将农田生态系统健康定义为，农田有着合理的作物组分、有效的农作方式，能够高效持续地为人类提供健康有益的生活、生产来源，并和谐地融为自然生态系统的一部分。

本节在综合农田生态系统健康定义的基础上，将矿粮复合区农田生态系统健康定义为能够自然恢复或者经过人为调节后最大限度地降低煤炭开采带来的损害，并能稳定地恢复和维持生态系统的正常功能，且具备安全、稳定、优质、可持续的粮食生产能力。

矿粮复合区农田生态系统是农田生态系统的一种，所以会相应地拥有上述农田生态系统健康的特征，但矿粮复合区农田生态系统健康还具有以下独有的特点或者基本属性。

1. 土壤健康

土壤不仅是农作物的生长介质，向农作物提供营养物质、水分等适宜生长的条件，更是自然环境要素的重要组成部分。土壤健康是指土壤作为一个动态生命系统具有的维持其功能的持续能力。健康的土壤能维持多样化的土壤生物群落，这些生物群落有助于控制植物病害、害虫以及杂草虫害，有助于与植物的根形成有益的共生关系，促进基本植物养分循环；并通过对土壤持水能力和养分承载容量产生积极影响，改善土壤结构，最终提高作物产量。健康的土壤具备一定厚度、良好功能状态和团粒结构，且养分足量储存、组分合理，能够向动植物、微生物稳定持续地提供生长场所，向人类提供高品质产物，并维持系统的生态平衡。在矿粮复合区土壤是农田生态系统的缓冲带和过滤器，在不超过土壤自身自净容量的前提下，能够起到吸附、降解、分散、中和煤炭开采造成的环境污染物的作用。

若土壤受到污染和破坏，将直接明显地影响作物的生长，造成减产，甚至绝收。作物通过根系吸收和累积有害物质，不但影响粮食品质，还通过食物链在体内富集，严重影响人类身体健康。

2. 水环境健康

采矿过程中产生的煤矸石和矿井废水等废弃物是具有行业特点的污染源。它们在长期堆放和排放过程中，经雨水及风力等，迁移到周围环境中对地表水和地下水造成污染，从而对环境和人体健康造成严重的影响。

3. 大气环境健康

矿区大气污染物的主要来源是露天采矿和井巷开采中的爆破、运输，矿山废弃物的随意堆放，对矿石的冶炼加工等。矿粮复合区农田生态系统的大气环境健康是指该生态系统中大气的烟尘、粉尘等有害物质的含量在可控的范围内，直接经由呼吸系统进入人体的直接危害低，对农田的土壤、作物的生长、灌溉用水造成的间接损害低。

### 4. 系统生产力持续且良好

人类赖以生存的粮食绝大部分是绿色植物和以绿色植物为食的消费者。矿粮复合区农田生态系统生产力虽然面临矿产开采的剧烈扰动带来的压力，但仍应持续稳定地保持良好的系统生产力、系统结构完整、系统功能正常发挥，以抵御胁迫，最大限度地满足人类生存的物质所需和经济发展对矿产资源的需要。

### 5. 科学管理

矿粮复合区农田生态系统是人工生态系统，必须依靠科学管理，通过人为调节，加入其他辅助能量，如化学能（施用化肥）、机械能（大型机械的使用）、电能（电力抽水用以灌溉）等，来保持系统的稳定。

### （五）矿粮复合区农田生态系统健康存在的问题

#### 1. 矿业生产对耕地资源的影响

矿业生产对土地的影响主要表现在以下 4 个方面：一是矿业开采过程中造成大面积的农田地表沉陷，不仅不便于农田大型机械化生产，使耕作效率降低，而且可能引起地面附着物破坏、地表积水影响耕种，或产生裂缝与附加坡度引起土壤侵蚀等不良影响，并且沉陷坑内的长期积水或季节性积水影响土地耕作和植被生长，改变地貌并引发景观生态的变化。二是煤炭开采破坏了土壤结构，加大了盐渍化趋势，降低了土壤肥力；地表的移动、变形改变了地面坡度，且表土层松动后强度有所降低，易发生水土流失；同时地表植被破坏，易引发边坡失稳，加重了滑坡、崩塌、泥石流等地质灾害，加剧了水土流失。三是矿业开采产生的重金属、有机物、放射性物质等，通过水、空气，或者人为移动等多种途径污染土壤，以及露天堆放的煤矸石和粉煤灰经雨水淋溶、冲刷，渗入重金属等有害物质，渗入土壤，改变土壤结构，影响粮食安全。四是矿业开采不仅本身占用了大量耕地，其副产品如煤矸石等也长期压占了大量的耕地资源。

#### 2. 矿业生产对水资源的影响

煤炭生产对水资源的影响主要包括 2 个方面：一是对水资源的浪费。一方面，随着煤炭开采强度和延伸速度的不断加大提高，矿井废水的人为疏干不仅破坏土层结构、降低地下水位，也使矿区的供水处于紧张状态；另一方面，井下排水使蓄水层和隔水层遭到破坏，形成的导水裂隙对煤系含水层的自然疏干，不仅浪费了地下水资源，也破坏了地下水原有的自然平衡，形成以矿井为中心的降落漏斗，大量地下水渗漏，改变了原有补、径、排条件，使地下水向矿坑汇流，减少了地表径流，也致使地下水位下降。二是对水资源的污染，未经处理随意排放的矿井废水汇入河流、用于灌溉，堆积的煤矸石经雨水冲刷、浸淋产生的淋溶水含有酸性物质、有害的重金属离子、溶解的盐类及悬浮未溶解的颗粒状污染物，会引发不同程度的水体污染，当淋溶水引起水体的 pH 小于 5 时，就能消灭或抑制水中微生物的生长，妨碍水体自净，危害水生生物和人类健康。

### 3. 矿业生产对大气的影响

煤矸石长期露天堆放会出现风化、自燃现象，持续地向空气中排放大量有毒、有害气体（如 CO、$SO_2$ 等），严重污染大气环境的同时，产生大量含重金属颗粒的扬尘，不仅使矿区附近的草木枯萎、农业减产，而且使煤矸石山附近居民的呼吸道疾病发病率上升。矿区火电厂产生大量的粉煤灰，粉尘可长期悬浮在大气中，且飘尘的表面积很大，能吸附多种有机毒物，并易进入人体的呼吸道深部，对人体危害极大。矿区来往的大型运输车辆产生的灰尘和排放的大量尾气等都对矿区空气造成污染。

### 4. 矿业生产对粮食生产的影响

粮食是我们赖以生存的物质基础，确保粮食的数量和质量具有重大的生存与战略意义。矿业生产造成的耕地沉陷、压占和损坏都极大地减少了可用耕地面积和质量，进而减少粮食产量；同时，矿业生产对水、土地、大气的污染又通过直接接触和重金属富集直接和间接地威胁粮食生产安全。

### 5. 农田管理不科学

恶化的土壤、水、大气质量不同程度地影响着农田的生产潜力和产品质量，而缺乏相关修复知识、不合理的田间管理则更加大了对矿粮复合区农田生态系统的破坏程度。无序和高剂量的投肥造成大量残余，破坏了土壤团粒结构，使大孔隙减少，土壤板结，通透性差，导致土壤次生盐渍化（黄毅等，2004）。不合理的灌溉在大量浪费宝贵水资源的同时，造成土壤表层盐分积聚；不科学的频繁灌水导致地下水位上升，使土壤矿物度增大，加剧了土壤次生盐渍化。缺乏大型机械进行深翻作业，仅靠人工深翻、客土、排土来降低盐分，劳动生产力低下，生产效率不高。

## 四、焦作市矿粮复合区农田生态系统健康评价

中国煤炭资源与耕地资源分布的复合面积约占中国耕地总面积的 42.7%，其中煤炭保有资源与耕地复合面积占全国耕地总面积的 10.8%。中国 13 个粮食主产省中有 12 个既是煤炭主要生产省，又是人口大省。如果将耕地面积、粮食产量、

人口承载力因素加入予以考量和分析，则河南的矿粮复合区分布面积比例最大，采矿业的发展对粮食安全高产的扰动最为剧烈。河南焦作农业发达，是全国有名的农业高产地区之一，同时，焦作也是以众多煤矿为基础发展起来的煤矿城市，河南煤业化工集团焦煤公司有一百多年的煤炭开采历史。焦作矿区自20世纪90年代步入大规模衰减阶段，除近年在远郊建成的九里山矿、位村矿及古汉山矿，位于城郊区附近的王封、李封、焦东、焦西、朱村、冯营等矿区已陆续关闭，其他如中马、韩王、演马等矿区的矿产资源已濒临枯竭。长期的煤炭开采已对区域的农田生态系统造成严重的影响。

因此，对河南焦作矿粮复合区农田生态系统开展相关研究具有典型性和普遍意义。本节在分析焦作矿粮复合区生态系统健康影响因素的基础上，对该区生态系统健康现状进行评价，研究结果将有助于促进矿粮复合区生态、经济和社会的协调发展，为矿粮复合区生态环境的综合治理提供科学依据。

（一）研究区概况

焦作市地处河南省的西北部，北邻太行山脉，南滨黄河。该区年平均气温为14.9℃，年平均降水量为603~713mm，蒸发量为2 039mm，属于暖温带大陆性季风型气候。焦作矿区大多数煤矿位于山地—平原过渡带，农田土壤多为山地洪水冲积物发育而成的褐色土，地层较薄，颗粒较粗，多为黏质砂土夹砾石。土薄石多，持水力很差，漏水漏肥，致使土壤容易干旱，风蚀沙化严重。区域内土地利用主要为农田和果园，经济效益高的畜牧业未得到充分发展。农田生态系统的耕作制度为一年两熟制（水浇地）或一年一熟制（旱地）。

《山海经》中对焦作丰富的煤炭资源有确切记载，自唐代开始规模挖掘，明清时期布满了民间小煤窑。在长期煤炭开采过程中，采煤占用、破坏的农田及其造成的环境问题非常突出，这不仅严重影响和制约了经济的发展，也引发了一系列社会问题和矛盾，已经严重影响到矿区的持续发展。

（二）研究方法

生态系统健康评价的方法多种多样，复杂的生态系统较常采用多指标体系综合评价方法，主要有综合加权法、DSS评判法、理想点法、向量排序法和新兴的全排列多边形图示指标法。本节采用全排列多边形图示指标法（吴琼等，2005）。

该方法的核心：设共有 $n$ 个指标，并将这些指标原始值进行标准化，得到标准化后的值，依据指标性质、特点、国家标准和政府政策选定指标的上限值、下限值和临界值，以上限值为半径构建一个中心 $n$ 边形，各指标标准化值的连线组成了一个不规则的中心 $n$ 边形，该 $n$ 边形的顶点是 $n$ 个指标的一个首尾相接的全排列，$n$ 个指标构成 $(n-1)!/2$ 个不同的不规则的中心 $n$ 边形，评价的结果即综合指数是所有这些不规则中心多边形面积的均值与中心多边形面积的比值。

全排列多边形图示指标法的指标标准化值采用双曲线标准化函数来实现：

$$F(x)=a/(bx+c) \tag{3-2}$$

令 $F(x)$ 满足：当 $x$ 分别等于上限值 $U$、下限值 $L$ 和临界值 $T$ 时，$F(x)$ 分别等于 1、−1、0，则可得

$$F(x) = (U-L)(x-T) / [(U+L-2T)x+UT+LT-2UL] \tag{3-3}$$

由 $F(x)$ 的性质可知，标准化函数 $F(x)$ 把位于区间 $[L,U]$ 的指标值映射到区间 $[-1,+1]$。

对第 $i$ 个指标，标准化计算公式为

$$S_i = (U_i-L_i)(x_i-T_i)/[(U_i+L_i-2T_i)x_i+U_iT_i+L_iT_i-2U_iL_i] \tag{3-4}$$

以 $n$ 个指标为基础，可以得到一个中心正 $n$ 边形，$n$ 边形的 $n$ 个顶点为 $S_i=1$ 时的值，中心点为 $S_i=-1$ 时的值，中心点到顶点的线段为各指标标准化值所在区间 $[-1,+1]$，而 $S_i=0$ 时构成的多边形为指标的临界区。临界区的内部区域表示各指标的标准化值在临界值以下，其值为负；外部区域表示各指标的标准化值在临界值以上，其值为正（图 3-1）。

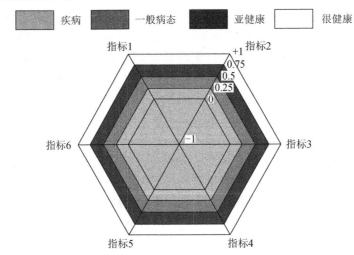

图 3-1　全排列多边形图示指标法示意图

全排列多边形图示指标法综合指数的计算公式为

$$S = \frac{\sum (S_i+1)(S_j+1)}{2n(n-1)} \tag{3-5}$$

式中，$S_i$、$S_j$ 为第 $i$、$j$ 个单项指标值，$\sum (S_i+1)(S_j+1)$ 为各指标所有可能两两组合乘积的总和。

全排列多边形图示指标法的特点：每个指标都有上限值、下限值和临界值；只要确定与决策相关的上限值、下限值和临界值即可，减少了主观随意性。指标

上限值可以根据研究区的最高目标确定，代表区域生态系统的最佳健康状态；指标下限值可根据相应指标的最小值确定，代表区域生态系统的疾病状态；临界值可参考国内相关研究和国家相关规定的标准，也可根据研究区域的规划目标和当地情况适当调整。

（三）矿粮复合区农田生态系统健康评价指标体系建立

1. 评价指标体系的建立原则

构建科学且实用的指标体系的根本目的，就是要把复杂的矿粮复合区农田生态系统健康评价的目标转化为可以被度量、计算和比较的数字或者数据，以便为制定矿粮复合区建设的总体规划和方针政策提供一些定量化的依据。如何正确、合理地选择指标是构建一个系统、高效的指标体系的核心。根据矿粮复合区生态系统的特性，所建立的评价指标体系或所选取的指标应具有以下特性。

1）系统性。系统被定义为由相互作用和相互依赖的若干组成部分组合起来的具有某种特定功能的有机整体，它本身又是一个更大系统的组成部分。在评价对象系统，即矿粮复合区农田生态系统时，不仅要考虑系统内部相互作用和依赖的指标，使各指标之间的联系有机、有序，还要考虑对象系统和社会、生态、环境、经济、人类健康和社会体制系统等之间的紧密联系。

2）客观性。指标体系必须能够客观和真实地体现矿粮复合区农田生态系统健康的科学内涵和基本特征，客观描述系统发展演变的状态，详尽阐述矿区子系统和农田子系统指标之间的相互联系，并能较好地测度指标体系的主要目标的实现程度，尤其是要体现出系统性、持续经济效益、环境的可持续发展及食品健康。

3）可操作性。指标概念明确，获取应相对容易，并且能够被定量测度，数据量充足，无论在时间上还是在空间上，都应具有可比性。同时设计的指标体系应贯彻定性与定量相结合的原则，即以定性分析为基础，还要做进一步的量化处理。

4）突出性和独立性。指标的选择应当区分主次、轻重，使筛选出的指标足够少，并能够表征出系统中最为主要的成分变量，突出当前带全局性的极其关键的问题；在各项指标意义或者特点上独立性要强，以避免各指标之间存在包容和重叠的现象。

5）动态性。时间、空间和系统结构一直处于动态变化中，选取的指标应对这些变化具有较高灵敏度，这样才能在较长的一个时期具有参考价值。

6）相对稳定性。因为矿粮复合区生态系统将长期存在，所以选取的指标应当在相当长的一个时期内具有其存在的意义，短期的问题不应被纳入考虑范围。

7）政令性。指标体系的设计要能够体现出中国矿区安全生产、保护农田、保护环境的方针政策，以便通过合理的评价来协助和引导政府、企业。

2. 评价指标体系的指标选取

Rapport 认为生态系统健康可以通过活力、组织结构和恢复力 3 个特征来进行定义（李春阳等，2006）。活力表示生态系统的功能，可根据新陈代谢或初级生产力等来测度；组织结构是根据系统组分间相互作用的多样性及数量来评价的；恢复力也称作抵抗力，是指系统在胁迫下维持其结构和功能的能力，可根据结构和功能的维持程度和时间来测度（马克明等，2001）。

根据矿粮复合区农田生态系统健康的内涵和指标筛选原则，通过对矿粮复合区农田生态系统自然环境、社会、经济的分析，在借鉴前人选取的指标基础上，结合矿粮复合区农田生态系统作为一个典型、脆弱的人工生态系统的特点，选取相应指标。这些指标体现了矿粮复合区农田生态系统对结构、经济、环境、生产力、可持续性、社会和恢复力等的要求。

3. 评价指标体系的主要指标说明

矿粮复合区农田生态系统健康评价主要指标的内涵和采用的评价标准如下。

1）森林覆盖率。该指标是地区森林保有量和绿化水平最清楚与直观的映射。数据主要依据 2008 年结束的第七次全国森林资源清查,评价标准依据国家林业局 2007 年 3 月 15 日公布的《国家森林城市评价标准》中对北方城市（以秦岭淮河为界）的要求。计算公式为

$$森林覆盖率(\%)=(森林总面积/土地总面积)\times100\%$$

2）土壤供肥能力。参照 1996 年 3 月 1 日开始实施的《土壤环境质量标准》（GB 15618—1995）。依据《土壤环境质量标准》对土壤类型的划定，一般农田和蔬菜地等属于Ⅱ类土壤，矿产附近的农田土壤属于Ⅲ类土壤，分别适用二级标准和三级标准。土壤供肥能力的上限值和下限值将根据指标需要，分别参照二级标准和三级标准。土壤供肥能力的确定采用内梅罗污染指数法的多因子综合评价法（肖振林，2010）。

3）土壤供水能力。土壤供水能力指标以降水满足率综合地下水位来测度，以地下水埋深来表示。

4）土壤重金属含量。参照《土壤环境质量标准》的土壤重金属污染评价标准二级标准。土壤重金属含量依然采用内梅罗污染指数法的多因子综合评价法（肖振林，2010）。

5）人均水资源。人均水资源指标能够侧面反映地区降水量丰沛程度、人口数量与居民需求量的满足程度，间接显示环境保护的成果。

6）人均耕地面积。人均耕地面积能够直接反映农产品数量满足人民生活需要的程度。

7）GDP 增长率和人均 GDP。GDP 指国内生产总值，是度量国家或地区经济

的最优指标。GDP 增长率是构成 GDP 各组分增长率的合成体现，其值为正，则该国家或地区经济向好发展；其值为负，则该国家或地区经济遭遇困境。人均 GDP 同样也是度量国家或地区经济发展状况的重要指标，但侧重于衡量每个公民对经济的贡献或创造的价值，能够更加客观和直观地反映公民的生活水平和经济密度。二者的评价周期多为一年，计算公式分别为

$$GDP\ 增长率=[(本期\ GDP-上期\ GDP)/上期\ GDP]\times100\%$$

$$人均\ GDP=GDP/总人口$$

8）全员工效。在采矿业，全员工效是衡量矿区煤炭开采经营成果的极其重要的指标，是煤炭企业生产效率和运营水平的全面反映。

$$全员工效=产品生产总量/全部职工数$$

9）万元 GDP 能耗。万元 GDP 能耗又被称作单位 GDP 能耗，意指每生产万元 GDP 所耗费掉的能源，以吨标准煤量来表示。该指标直接反映了工业生产的能源利用效率，侧面展示了企业的能源利用水平和市场竞争力。能耗越低代表资源利用率越高，即以较少的资源消耗得到了较高的产出。

10）人口自然增长率和人口密度。人口自然增长率和人口密度反映矿区和农田系统承载的人口压力。

11）平均受教育年限。平均受教育年限反映该区域人口总体的平均受教育情况，是劳动力素质的反映，是科学开采和科学种田的重要衡量指标。

12）空气质量达标率。空气质量达标率是评价区域环境空气质量优良天数与全年总天数的比值。该指标参照《环境空气质量标准》（GB 3095—1996）和《煤炭工业污染物排放标准》（GB 20426—2006）。依据《环境空气质量标准》对环境空气质量的划定，农村地区属于Ⅱ类区，特定工业区属于Ⅲ类区，分别适用二级标准和三级标准。空气质量达标率的上限值和下限值将根据指标需要，分别参照二级标准和三级标准。《煤炭工业污染物排放标准》则规定了煤炭工业地面生产系统大气污染物排放限值和无组织排放限值。

13）地表水达标率。地表水达标率直接反映了地表水的质量状况。该指标参照 1992 年 10 月 1 日开始实施的《农田灌溉水质标准》（GB 5084—92）。

14）生物丰度指数。生物丰度指数直接反映了生物种类的丰贫程度和生态系统的健康程度。计算公式多采用

$$生物丰度指数=(0.5\times林地面积+0.15\times草地面积+0.3$$

$$\times水域面积+0.05\times其他面积)/区域面积\times100\%$$

15）高新产业占 GDP 比重。高新产业占 GDP 比重指评价区域的高新技术产业值占整个区域总产值的比重，比重大表明当地科技发展水平高。

16）公众对环境的满意度、环境保护支出总额占 GDP 比重、环保知识普及率、失业率和公众环保参与率，多层次、多角度地反映了环境治理经济投入、推行环保措施的力度和生态环境的良好程度。

17）恩格尔系数。该指标是指食品消费支出总额占消费总支出总额的比例，即

恩格尔系数=(食品支出总额/消费总支出总额)×100%

恩格尔系数广泛用于衡量居民生活水平与富裕程度。一般而言，恩格尔系数高的家庭或国家较为贫困。

18）矸石山处置利用率、矿山废水治理利用率和固体废弃物处置利用率。该指标反映了环境保护水平、科技的进步水平、国家监管力度和企业的社会责任感。

19）R&D 经费投入强度。R&D 是 research and development 的英文缩写，R&D 经费投入强度也被称作 R&D 经费支出与 GDP 之比，是衡量研究与开发经费投入力度与规模的重要指标，直接反映了科技实力和技术进步，侧面显示了经济增长潜力和可持续发展能力。

4. 评价指标体系及分级的标准

以矿粮复合区农田生态系统健康评价指标体系的构建原则为依据，按照评价指标体系的构建思路，从矿粮复合区农田生态系统的构成和选取的指标出发，在充分体现矿区子系统、农田子系统特点，各自发展特点及矿粮复合区农田生态系统健康的内涵的基础上，运用生态学理论、系统论，参考土地评价的方法，不仅衡量了承压指标和压力指标，还兼顾了促进生态系统健康的潜力指标，构建了矿粮复合区农田生态系统的指标体系的框架。该指标体系由目标层、准则层、指标层与指标描述层 4 个层次构成了一个有机的整体，见表 3-2。

表 3-2　矿粮复合区农田生态系统健康评价指标体系构成

| 目标层 A | 准则层 B | 指标层 C | 指标描述层 D |
|---|---|---|---|
| 持续、稳定和高效的矿粮复合区农田生态系统 | 活力 | 自然活力（$C_1$） | 森林覆盖率（$D_1$） |
| | | | 土壤供肥能力（$D_2$） |
| | | | 土壤供水能力（$D_3$） |
| | | | 土壤退化度（$D_4$） |
| | | | 土壤重金属含量（$D_5$） |
| | | | 人均水资源（$D_6$） |
| | | | 人均耕地面积（$D_7$） |
| | | 经济活力（$C_2$） | GDP 增长率（$D_8$） |
| | | | 全员工效（$D_9$） |
| | | | 万元 GDP 能耗（$D_{10}$） |
| | | | 单位面积农业产量（$D_{11}$） |
| | | | 单位面积农业产值（$D_{12}$） |
| | | 社会活力（$C_3$） | 人口自然增长率（$D_{13}$） |
| | | | 平均受教育年限（$D_{14}$） |
| | | | 人均可支配收入（$D_{15}$） |

续表

| 目标层 $A$ | 准则层 $B$ | 指标层 $C$ | 指标描述层 $D$ |
|---|---|---|---|
| 持续、稳定和高效的矿粮复合区农田生态系统 | 组织结构 | 自然结构（$C_4$） | 空气质量达标率（$D_{16}$） |
| | | | 地表水达标率（$D_{17}$） |
| | | | 生物丰度指数（$D_{18}$） |
| | | 经济结构（$C_5$） | 人均 GDP（$D_{19}$） |
| | | | 高新产业占 GDP 比重（$D_{20}$） |
| | | 社会结构（$C_6$） | 公众对环境的满意度（$D_{21}$） |
| | | | 恩格尔系数（$D_{22}$） |
| | | | 人口密度（$D_{23}$） |
| | 恢复力 | 自然恢复力（$C_7$） | 矸石山处置利用率（$D_{24}$） |
| | | | 土地复垦率（$D_{25}$） |
| | | | 矿山废水处置利用率（$D_{26}$） |
| | | | 固体废弃物处置利用率（$D_{27}$） |
| | | 经济恢复力（$C_8$） | R&D 经费投入强度（$D_{28}$） |
| | | | 环境保护支出总额占 GDP 比重（$D_{29}$） |
| | | 社会恢复力（$C_9$） | 环保知识普及率（$D_{30}$） |
| | | | 失业率（$D_{31}$） |
| | | | 公众环保参与率（$D_{32}$） |

矿粮复合区农田生态系统健康评价指标分级标准见表 3-3，指标分级标准参照国际、国家、行业标准，并参阅了相关文献（郭秀锐等，2002；官冬杰等，2006），见表 3-4。

表 3-3 矿粮复合区农田生态系统健康评价指标分级标准

| 度量层 | 健康 | 亚健康 | 不健康 |
|---|---|---|---|
| 森林覆盖率/% | ≥45 | 35～45 | ≤35 |
| 土壤供肥能力（综合肥力系数） | ≥1.8 | 0.9～1.8 | ≤0.9 |
| 土壤供水能力/m | 降水满足率≥70%，地下水埋深≤10 | 降水满足率 50%～60%，地下水埋深 10～20 | 降水满足率≤50%，地下水埋深≥20 |
| 土壤重金属含量（综合指数） | 符合或优于Ⅱ级标准，≤2.5 | Ⅲ级标准，2.5～7 | 劣于Ⅲ级标准，≥7 |
| 人均水资源/（m³/年） | ≥3 000 | 1 000～3 000 | ≤1 000 |
| 人均耕地面积/hm² | ≥0.27 | 0.053～0.27 | ≤0.053 |
| GDP 增长率/% | ≥8 | 2～8 | ≤2 |
| 全员工效/（t/人） | ≥200 | 10～200 | ≤10 |
| 万元 GDP 能耗/吨标准煤 | ≤0.85 | 0.85～1.25 | ≥1.25 |
| 单位面积农业产量/（kg/hm²） | ≥4 500 | 3 000～4 500 | ≤3 000 |
| 单位面积农业产值/（元/hm²） | ≥22 500 | 7 500～22 500 | ≤7 500 |

续表

| 度量层 | 健康 | 亚健康 | 不健康 |
|---|---|---|---|
| 人口自然增长率/‰ | ≤8 | 8~9.6 | ≥9.6 |
| 平均受教育年限/年 | ≥12 | 9~12 | ≤9 |
| 人均可支配收入/（元/月） | ≥3 000 | 1 200~3 000 | ≤1 200 |
| 空气质量达标率/% | 符合或优于二级标准的天数占全年天数比重≥90% | 符合或优于二级标准的天数占全年天数比重处于50%~90%，符合三级标准 | 符合或优于二级标准的天数占全年天数比重≤50%，劣于三级标准 |
| 地表水达标率/% | 符合或优于三级标准 | 三级标准 | 劣于三级标准 |
| 生物丰度指数/% | 存在间、套、轮作，≥60 | 两作两熟，20~60 | 一作一熟，≤20 |
| 人均 GDP/万元 | ≥10 | 3~10 | ≤3 |
| 高新产业占 GDP 比重/% | ≥30 | 25~30 | ≤25 |
| 公众对环境的满意度/% | ≥90 | 60~90 | ≤60 |
| 恩格尔系数/% | ≤30 | 30~40 | ≥40 |
| 人口密度/（人/km²） | ≤100 | 100~2 000 | ≥2 000 |
| 矸石山处置利用率/% | ≥90 | 60~90 | ≤60 |
| 土地复垦率/% | ≥90 | 60~90 | ≤60 |
| 矿山废水处置利用率/% | ≥90 | 60~90 | ≤60 |
| 固体废弃物处置利用率/% | ≥90 | 60~90 | ≤60 |
| R&D 经费投入强度/% | ≥4 | 1.5~4 | ≤1.5 |
| 环境保护支出总额占 GDP 比重/% | ≥3 | 1.5~3 | ≤1.5 |
| 环保知识普及率/% | ≥90 | 60~90 | ≤60 |
| 失业率/% | ≤3 | 3.0~3.6 | ≥3.6 |
| 公众环保参与率/% | ≥90 | 60~90 | ≤60 |

### 表 3-4　矿粮复合区农田生态系统健康评价指标分级标准来源

| 指标描述层 | 分级标准来源 |
|---|---|
| 森林覆盖率/% | 《国家森林城市评价指标》（LY/T 2004—2012）；郭秀锐等（2002）；官冬杰等（2006） |
| 土壤供肥能力（综合肥力系数） | 内梅罗污染指数法（董霁红等，2010）；陈乾平等（2008）；《土壤环境质量标准》（GB 15618—1995） |
| 土壤供水能力/m | 彭涛等（2004） |
| 土壤重金属含量（综合指数） | 《土壤环境质量标准》（GB 15618—1995）；内梅罗污染指数法（董霁红等，2010）；肖振林（2010） |
| 人均水资源/（m³/年） | 吴克艺（2009） |
| 人均耕地面积/hm² | 吴克艺（2009） |
| 全员工效/（t/人） | 根据《焦作统计年鉴》（2008~2010 年）计算确定 |

续表

| 指标描述层 | 分级标准来源 |
|---|---|
| 万元 GDP 能耗/吨标准煤 | 官冬杰等（2006） |
| 单位面积农业产量/（kg/hm²） | 根据《焦作统计年鉴》（2008～2010 年）确定 |
| 单位面积农业产值/（元/hm²） | 根据《焦作统计年鉴》（2008～2010 年）确定 |
| 人口自然增长率/‰ | 官冬杰等（2006） |
| 空气质量达标率/% | 《环境空气质量标准》（GB 3095—1996）；《煤炭工业污染物排放标准》（GB 20426—2006） |
| 地表水达标率/% | 《农田灌溉水质标准》（GB 5084—92） |
| 生物丰度指数/% | 吴克艺（2009） |
| 人均 GDP/万元 | 郭秀锐等（2002） |
| 高新产业占 GDP 比重/% | 官冬杰等（2006） |
| 恩格尔系数/% | 郭秀锐等（2002）；官冬杰等（2006） |
| 人口密度/（人/km²） | 谢花林等（2004） |
| R&D 经费投入强度/% | 2009 年全国科学研究与试验发展（R&D）资源清查主要数据公报；郭秀锐等（2002） |
| 环境保护支出总额占 GDP 比重/% | 郭秀锐等（2002）；谢花林等（2004） |

（四）数据的收集和处理

1. 原始数据的收集

由于官方统计的时间性和非官方数据的可靠性，2010 年原始数据空缺较多，因此选定的数据时间在 2009 年；对于一些延续性较强或者波动性太大的指标则参考历年或评价时间段相邻年份的指标数据，如 GDP 值、全员工效等。焦作市矿粮复合区农田生态系统健康评价指标原始值及其来源见表 3-5。

指标原始值来源包括：①国家统计局、河南省统计局、焦作市统计局发布的统计年鉴和统计公报；②相关或相似文献里对焦作市情况的介绍与研究；③以实际情况为基础拟定。

表 3-5　焦作市矿粮复合区农田生态系统健康评价指标原始值及其来源

| 指标描述层 | 指标原始值（x） | 指标原始值来源 |
|---|---|---|
| 森林覆盖率/% | 20.1 | 《焦作统计年鉴》（2010 年） |
| 土壤供肥能力（综合肥力系数） | 1.9 | 阚文杰和吴启堂（1994）；《土壤环境质量标准》（GB 15608—1995） |
| 土壤供水能力/m | 20.95 | 2009 年河南省水资源公报 |
| 土壤重金属含量（综合指数） | 0.93 | 陈乾平等（2008）；《土壤环境质量标准》（GB 15618—1995） |

| 指标描述层 | 指标原始值（$x$） | 指标原始值来源 |
|---|---|---|
| 人均水资源/（m³/年） | 224.929 | 《焦作统计年鉴》（2010 年） |
| 人均耕地面积/hm² | 0.055 3 | 《焦作统计年鉴》（2010 年） |
| GDP 增长率/% | 11.6 | 2009 年焦作市国民经济和社会发展统计公报 |
| 全员工效/（t/人） | 170.385 3 | 《焦作统计年鉴》（2010 年） |
| 万元 GDP 能耗/吨标准煤 | 1.857 | 《焦作统计年鉴》（2010 年） |
| 单位面积农业产量/（kg/hm²） | 7 620 | 2010 年焦作市政府工作报告，按照夏粮计算 |
| 单位面积农业产值/（元/hm²） | 43 613.350 7 | 《焦作统计年鉴》（2010 年） |
| 人口自然增长率/‰ | 5.5 | 2010 年焦作市政府工作报告 |
| 平均受教育年限/年 | 11.5 | 2010 年焦作市政府工作报告 |
| 人均可支配收入/（元/月） | 1 190 | 《焦作统计年鉴》（2010 年） |
| 空气质量达标率/% | 87.4 | 2010 年焦作市政府工作报告 |
| 地表水达标率/% | 52.7 | 2010 年焦作市政府工作报告 |
| 生物丰度指数/% | 17.82 | 《焦作统计年鉴》（2010 年） |
| 人均 GDP/万元 | 3.264 | 《焦作统计年鉴》（2010 年） |
| 高新产业占 GDP 比重/% | 12.3 | 依据 2010 年焦作市政府工作报告计算 |
| 公众对环境的满意度/% | 70 | 实地问卷调查 |
| 恩格尔系数/% | 31.5 | 2010 年焦作市政府工作报告 |
| 人口密度/（人/km²） | 855 | 《焦作统计年鉴》（2010 年） |
| 矸石山处置利用率/% | 80.5 | 范英宏等（2003） |
| 土地复垦率/% | 78.2 | 范英宏等（2003） |
| 矿山废水处置利用率/% | 83.0 | 范英宏等（2003） |
| 固体废弃物处置利用率/% | 75.3 | 《焦作统计年鉴》（2010 年） |
| R&D 经费投入强度/% | 0.57 | 河南省第二次全国科学研究与试验发展资源清查（R&D）主要数据公报中煤炭开采和洗选业标准 |
| 环境保护支出总额占 GDP 比重/% | 0.479 | 焦作市 2009 年财政预算执行情况和 2010 年财政预算草案的报告 |
| 环保知识普及率/% | 83 | 实地问卷调查 |
| 失业率/% | 3.9 | 《焦作统计年鉴》（2010 年） |
| 公众环保参与率/% | 76 | 实地问卷调查 |

## 2. 原始数据的标准化处理

各指标的原始数据值见表 3-5，大多数指标原始数据主要来源于《焦作统计年鉴》（2010 年）、2010 年焦作市国民经济和社会发展统计公报等相关资料数据及相关文献里对焦作市情况的介绍与研究。对于一些延续性较强或者波动性太大的指标，以实际调查为基础。根据指标性质和评价方法需要，首先要确定指标的上限值（$U$）、下限值（$L$）和临界值（$T$）。然后根据上述评价方法，将各指标的原始数据运用式（3-3）进行标准化处理。焦作市矿粮复合区生态系统健康评价指标体系指标标准值见表3-6。

表3-6 焦作市矿粮复合区生态系统健康评价指标体系指标标准值

| 指标体系 | | | 诊断标准 | | | 现状值 | |
|---|---|---|---|---|---|---|---|
| 一级标准 | 二级标准 | 三级标准 | 上限值（$U$） | 临界值（$L$） | 下限值（$T$） | 指标原始值（$x$） | 指标标准值 |
| 活力 | 自然活力 | 森林覆盖率/% | 70 | 21 | 16.4 | 20.1 | −0.117 |
| | | 综合肥力系数 | 2.7 | 1.8 | 0.9 | 1.9 | 0.111 |
| | | 土壤供水能力/m | 9 | 21 | 40 | 20.95 | 0.003 |
| | | 土壤重金属含量（综合指数） | 0.4 | 1.0 | 4.0 | 0.93 | 0.073 |
| | | 人均水资源/（m³/年） | 3 000 | 395.2 | 200 | 224.93 | −0.786 |
| | | 人均耕地面积/hm² | 0.27 | 0.09 | 0.53 | 0.06 | −0.054 |
| | 经济活力 | GDP 增长率/% | 13 | 11 | 2 | 11.6 | 0.208 |
| | | 全员工效/（t/人） | 200 | 50 | 10 | 170.39 | 0.906 |
| | | 万元 GDP 能耗/吨标准煤 | 0.79 | 1.78 | 2.29 | 1.857 | −0.115 |
| | | 单位面积农业产量/（kg/hm²） | 8 000 | 6 000 | 1 500 | 7 620 | 0.755 |
| | | 单位面积农业产值/（元/hm²） | 50 000 | 30 000 | 7 500 | 43 613.35 | 0.668 |
| | 社会活力 | 人口自然增长率/‰ | 0.1 | 6.5 | 13.02 | 5.5 | 0.155 |
| | | 平均受教育年限/年 | 19 | 9 | 6 | 11.5 | 0.481 |
| | | 人均可支配收入/（元/月） | 5 000 | 1 273.3 | 1 000 | 1 190 | −0.190 |
| 组织结构 | 自然结构 | 空气质量达标率/% | 100 | 70 | 30 | 87.4 | 0.547 |
| | | 地表水达标率/% | 100 | 70 | 30 | 52.7 | −0.471 |
| | | 生物丰度指数/% | 100 | 25 | 10 | 17.82 | −0.374 |
| | 经济结构 | 人均 GDP/万元 | 20 | 4 | 0.7 | 3.264 | −0.148 |
| | | 高新产业占 GDP 比重/% | 70 | 25 | 5 | 12.3 | −0.549 |
| | 社会结构 | 公众对环境的满意度/% | 100 | 80 | 60 | 70 | −0.500 |
| | | 恩格尔系数/% | 25 | 35 | 50 | 31.5 | 0.310 |
| | | 人口密度/（人/km²） | 51 | 141 | 3 500 | 855 | −0.838 |
| 恢复力 | 自然恢复力 | 矸石山处置利用率/% | 100 | 50 | 20 | 80.5 | 0.013 |
| | | 土地复垦率/% | 100 | 70 | 50 | 78.2 | −1.172 |
| | | 矿山废水处置利用率/% | 100 | 50 | 20 | 83.0 | 0.721 |
| | | 固体废物处置利用率/% | 100 | 78.1 | 30 | 75.3 | −0.090 |
| | 经济恢复力 | R&D 经费投入强度/% | 3 | 1.62 | 0.54 | 0.57 | −0.969 |
| | | 环境保护支出总额 GDP 比重/% | 5 | 0.66 | 0.4 | 0.48 | −0.551 |
| | 社会恢复力 | 环保知识普及率/% | 100 | 80 | 60 | 83 | 0.150 |
| | | 失业率/% | 0 | 4.5 | 10 | 3.9 | 0.123 |
| | | 公众环保参与率/% | 100 | 80 | 60 | 76 | −0.200 |

　　本节评价指标上限值多为中国各省市、世界某国最高值或世界标准，如森林覆盖率最高值为 70%，取自中国台湾地区；人口自然增长率上限值为 0.1，取自 2010 年《中国统计年鉴》中公布的 2008 年的数值；土地复垦率、废水处置利用率和固体废物处置利用率上限值均采用国际标准 100%。评价指标的下限值和临界值多参考国家环境保护总局发布的《生态环境状况评价技术规范》（HJ/T 192—2006）《生态县、生态市、生态省建设指标（修订稿）》（环发［2007］195 号）等进行确定（表 3-6）。此外，有些指标的下限值还参阅《焦作统计年鉴》（2010 年）后确定的最小值或中国同等条件下的各省市最小值，如万元 GDP 能耗最小值为 2.291 9 吨标准煤，取自焦作 2005 年的值；人口自然增长率为 13.02‰，取自焦作市 1990 年的值；人口密度为 3 500 人/km$^2$，则参照欧洲的柏林、华沙、维也纳三市的平均值。某些指标的临界值根据焦作市和中国同等条件的省市的平均值及焦作市在下一年规划中确立的目标确定，如人均可支配收入为 1 273.3 元/月，取自焦作市 2010 年政府工作报告中对下一年的规划值；人口密度临界值是 569.384 人/km$^2$，取自河南省 2009 年人口密度平均值；R&D 经费投入强度为 1.62%，取自《中华人民共和国 2009 年国民经济和社会发展统计公报》中全国的平均水平。

　　（五）数据计算和评价结果

　　1）在参阅相关文献的基础上，根据指标性质和评价标准的上限和下限，构建了一个 4 级分级标准，将矿粮复合区的生态系统健康分为 4 级：疾病、一般病态、亚健康、很健康（表 3-7）。

表 3-7　焦作市矿粮复合区生态系统健康评价综合指数分级标准

| 等级 | 指数值 | 健康程度定性评价 |
|---|---|---|
| Ⅰ | ＞0.75 | 很健康 |
| Ⅱ | 0.5～0.75 | 亚健康 |
| Ⅲ | 0.25～0.5 | 一般病态 |
| Ⅳ | ＜0.25 | 疾病 |

　　2）对焦作市矿粮复合区生态系统健康指数进行计算。计算方法如下：首先，应用式（3-4）对表 3-6 中 3 级标准的 31 项指标的标准值分类进行运算，可得二级标准中 9 个指标的评价值；其次，应用式（3-4）对二级标准的 9 个指标的评价值进行运算，可得一级标准中 3 个指标的评价值；最后，应用式（3-4）对一级标准中 3 个指标的评价值进行运算，即得焦作市矿粮复合区农田生态系统健康评价的综合指数。焦作市矿粮复合区生态系统健康评价结果见表 3-8，并将二级指标评价结果体现在全排列九边形上，见图 3-2。

表 3-8　焦作矿粮复合区生态系统健康评价结果

| 目标层 | 指数/等级 | 一级指标 | 指数/等级 | 二级指标 | 指数/等级 |
|---|---|---|---|---|---|
| 系统健康综合指数 | 0.463 / III | 活力指数 | 0.452 /III | 自然活力 | 0.185 /IV |
| | | | | 经济活力 | 0.542 / II |
| | | | | 社会活力 | 0.320 /III |
| | | 组织结构指数 | 0.312 /III | 自然结构 | 0.177 /IV |
| | | | | 经济结构 | 0.096 /IV |
| | | | | 社会结构 | 0.079 /IV |
| | | 恢复力指数 | 0.322 /III | 自然恢复力 | 0.147 /III |
| | | | | 经济恢复力 | 0.004 /IV |
| | | | | 社会恢复力 | 0.259 /III |

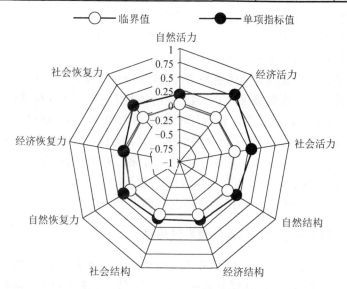

图 3-2　焦作市矿粮复合区生态系统健康评价结果（二级指标）

（六）焦作市矿粮复合区农田生态系统健康评价结果分析

综合上述评价结果可知，焦作市 2009 年矿粮复合区农田生态系统健康综合指数为 0.463，处于一般病态。3 个一级指标均列于III级（一般病态），9 个二级指标仅经济活力（指数值为 0.542）处于亚健康状态，社会活力（指数值为 0.320）和社会恢复力（指数值为 0.259）处于一般病态，其他 6 个指标处于疾病状态。可见，焦作市矿粮复合区农田生态系统健康状态不容乐观。

通过对各指标进行具体分析可知，焦作市矿粮复合区的活力指数（指数值为 0.452）最高，活力的子指标中经济活力指数（指数值为 0.542）最高。经济活力是焦作市矿粮复合区农田生态系统健康评价指标体系中得分最高，且是唯一一个处于亚健康状态的二级指标。经济活力包括全员工效、单位面积农业产量、单位面积农业产值、GDP 增长率、万元 GDP 能耗，指标标准值分别是 0.906、0.755、0.668、0.208、-0.115。全员工效在 31 项三级标准中处于得分最高的位置，该指标全面地反映了焦作市企业的生产效率和运营收益水平。单位面积农业产量和单位面积农业产值指标标准值均较高，主要是因为焦作市近年来针对矿区耕地特点优化了农业用地结构，如在土壤质量好的区域大力发展高效农业，在土壤质量较差的区域发展林果业，并依托云台山景区辐射效应发展观光农业。该区的万元 GDP 能耗指标标准值较低仅为-0.115，说明区域内工业生产的能源利用效率欠佳，应在保持经济稳定增长的态势的同时，加大新技术的研发和应用，并进一步调整、优化经济结构，推进循环经济发展模式，以提高能源利用效率。在活力的子指标中，自然活力的指数值最低，它的各项指标值均很低。因此，为了该区的农业生态可持续发展，这些指标还有待进一步改善。

　　焦作市矿粮复合区的组织结构指数（指数值为 0.312）最低，是该区生态系统健康的主要限制因素，说明该区的环境质量差、经济结构还欠合理，这些指标的改善必须要受到高度重视。该区恢复力（指数值为 0.322）也处于较弱状态，并以经济恢复力最弱，其指数值仅为 0.004。经济恢复力包括 R&D 经费投入强度和环境保护支出总额占 GDP 比重，指标标准值分别为-0.969 和-0.551。R&D 经费投入强度在 31 项三级标准中处于得分最低的位置，反映了焦作市在研究与开发经费方面投入的力度和规模欠佳。环境保护支出总额占 GDP 比重在 31 项三级标准中处于第 28 位，反映了焦作市在支持环境保护方面投入力度不够，环境保护措施欠缺。此外，恢复力中的公众环保参与率也有待进一步提高。

## 五、焦作市矿粮复合区生态系统健康发展思路

　　通过分析焦作市矿粮复合区生态系统健康的影响因素，本着健康、活力、发展的理念，运用生态学、经济学和系统工程学原理，以该区的生态问题为切入点，以生态环境、生态经济和生态人居为建设重点，把自然系统、社会系统和经济系统作为一个整体，制定该区的长远发展思路。

　　（一）大力开展矿区土地复垦和生态治理工作，减少矿产开采对农田生态环境的破坏

　　通过大力开展矿区土地复垦和生态治理工程，把矿产开采活动对环境的破坏降到最低程度。特别要针对开采区地面沉陷、开裂、地下水位下降造成的生态环境破坏进行强制性的生态修复。对地处生态敏感区，易造成严重地表沉陷和生态破坏的煤矿要实施绿色开采技术，使环境损害与单位资源比趋于最小。主要思路包括：实施以水资源保护为目的的保水开采技术；实施充填与条带开采等减沉技术，同时开展土地复垦；实施少出或不出矸石（矸石充填采空区、煤层巷道支护）

技术，或者实施矸石地面利用（发电，建筑、复垦回填材料等）技术。所有煤矿应完成矿井废水达标治理和矿井废水资源化设施建设，完成矿区生产、生活废水达标治理，完成矸石山自燃治理和扬尘治理，要把环保达标作为矿山取得合法生产资格的条件之一。

（二）加强政府对农民的引导、培训，加快农村环境保护步伐

政府作为主管部门，应当加强对劳动人员进行相关引导、培训，切实提高劳动人员素质，并加强与农业科研院所的协作，制定并推广科学的耕作、施肥、灌溉制度，提高矿粮复合区农业综合生产能力。采取政府补贴方式，大力推广节水灌溉技术，发展节水农业，同时收集并净化矿井废水，用于农业灌溉，以达到节约水资源、提高灌溉质量的目的。积极引导农民改变落后的生产生活方式，推广生态模式工程、沼气工程等，鼓励发展低污少废的生态农业和有机农业，实现农业生产高效化、无害化。强化农村生产和生活污染控制，促进种养业废物资源化。尤其要大力推广秸秆还田、秸秆气化技术和其他综合利用措施。在大力发展养殖业的同时，开发畜禽养殖污水处理和畜禽粪便资源化技术，控制养殖业的污染。

（三）加大政府的环保投入，建立生态环境补偿机制

各级政府要将环保投入列入本级财政预算支出的重点内容，安排环保专项资金，并落实到具体项目上。为了保证政府足够的环保资金投入，要制定有利于环保投入的财税政策，通过财政转移支付，或者财政专项资金，增加环保投入。根据"开发者保护、破坏者恢复、受益者补偿"的原则，建立煤炭开采生态补偿机制，开征煤炭资源生态补偿费；修改和完善现有排污收费规定，加收煤矸石排污收费，建立煤炭行业生态环境治理保证金制度，切实落实矿区生态恢复资金。同时参考煤炭开采生态补偿机制，开征铁矿、铝土矿、采石场等矿产资源生态环境补偿费，落实矿产资源开采区生态恢复资金。

（四）加强环境宣传教育

各级宣传部门和广播、电视、报刊、网络等新闻媒体都要积极开展矿区环境保护公益性宣传，充分发挥舆论引导和监督作用，及时报道和表扬环境保护先进典型，曝光环境违法行为，为环保工作提供舆论支持和精神动力。各相关部门应在全社会广泛开展环保教育和科普宣传活动，提高全民保护环境的自觉性。广泛开展绿色矿区、绿色学校、绿色家庭、绿色企业等群众性创建活动，搭建多种形式的环保活动平台，鼓励和引导公众、社会团体参与环境保护事业。开展多种形式的环境警示教育及环保知识教育、法律讲座活动，使环境保护宣传教育更加贴近实际、贴近生活、贴近群众。

## 第二节　煤矿废弃地复垦耕地生态系统的可持续性评价

耕地资源是保障粮食安全、维护经济增长的基础。随着中国工业化、城市化进程的加快，耕地系统面临越来越严峻的考验，如耕地数量减少、质量下降、后备不足等，这些不断出现的问题对国家粮食安全和城乡发展一体化建设造成严重威胁（付国珍等，2015；陈宁丽等，2015）。特别是近年来采矿业的迅速发展，使矿区周边大量的耕地遭到了严重的破坏，加剧了人地之间的矛盾。合理利用复垦后的矿区废弃地成为缓解矿区耕地紧张局势的热门主题。为了高效合理地利用复垦后的耕地，减少农户的损失，选择合适的种植区域显得尤为重要。然而复垦后不同状态下耕地的可持续性之间存在差异，因此，对煤矿区废弃地复垦后不同状态下的耕地进行可持续性研究，对于实现矿区周边生态系统的可持续利用，缓解人地矛盾，建设社会-经济-环境复合型系统具有重要意义。

目前，对矿区的研究主要集中在矿区土地的损毁程度（王世东等，2015；陈秋计，2013；朱宝才等，2016）、矿区采煤沉陷耕地定级评价（李树志等，2007；张鹏等，2015）、矿区沉陷区复垦潜力评价（刘文生等，2008；王宇等，2006；何书金等，2000）、土地复垦对土壤理化指标的影响（樊文华等，2011；刘美英等，2013）及矿区土地复垦后效益评价研究（岳辉等，2017；张锐等，2013；李保杰等，2012）等方面。王世东等（2015）建立了基于改进 G1 法的矿区土地损毁程度模糊综合评价模型，对富康源煤矿土地损毁程度进行评价；李树志等（2007）通过土壤生产力损坏程度对采煤沉陷后耕地进行了分类；刘文生等（2008）以南票矿区为例，运用模糊综合评价法对沉陷土地复垦潜力进行了评价；樊文华等（2011）对不同复垦年限及复垦植被模式下土壤微生物的数量及变化进行了研究，证明随着复垦年限的增加，土壤微生物呈现递增趋势；岳辉等（2017）利用主成分分析法对采煤沉陷区微生物复垦的生态效应进行了评价。综上，针对煤矿区损坏耕地的评价研究主要集中在定级评价、复垦变化及复垦效益等方面，而对复垦耕地生态系统的可持续性研究较少。因此，本节基于三角形面积法，综合考虑研究区的土壤理化特性，并尝试将研究区作物和土壤指标结合起来，将所测定的 13 项指标转化为土壤理化性质指数、微生物学指数、作物指数，在此基础上计算矿区废弃地复垦后耕地的可持续性指数，旨在为矿区土地综合利用和生态治理工作提供科学依据。

### 一、研究区概况、研究方法及数据分析

（一）研究区概况

选取河南省辉县赵固煤矿沉陷区为研究区。研究区属暖温带大陆性季风气候，

年平均气温为 14℃，年平均降水量为 603～713mm，蒸发量为 2 039mm，无霜期为 214d 左右，土壤以砂壤土为主。气候温和，四季分明，土壤肥沃，灌溉便利。长期大规模的煤炭开采严重破坏了当地的耕地资源，已造成沉陷区面积约 40hm²，其中稳定的沉陷区约为 30hm²，动态塌陷区约为 10hm²。在矿区内，村庄密集，大量村庄出现了地表沉降、沉陷裂缝、塌陷坑及房屋倒塌等问题，村民被迫搬迁，村庄遭到废弃。为了改善矿区生态状况，缓解人地矛盾，当地政府于 2013 年对沉陷区村庄废弃地进行复垦治理，复垦区覆土厚度为 50～60cm。

（二）研究方法

本节研究于 2014 年 10 月～2015 年 6 月在赵固煤矿沉陷区不同沉陷阶段的村庄废弃地复垦区进行，分别选取未沉陷区、稳定沉陷区、不稳定沉陷区的复垦耕地进行调查研究。3 个样区的耕地面积均为 0.5hm² 左右，3 个样区的播种、耕作、施肥及田间管理均相同。试验作物为冬小麦，品种为'百农矮抗 58'。播前深耕，并基施 N、P、K 复合肥（N、P、K 的比例为=15∶15∶15）750kg/hm²。小麦种植密度均为 180 万株/hm²，常规管理。在小麦的不同生长时期，采用五点取样法采集植物和土壤样品。在每个样点用直径为 6cm 的土钻分别采集距地面 0～20cm、20～40cm 土层的土样。将采集的土壤样分为 3 个部分，第一部分放入铝盒中，用于测量土壤含水量；第二部分放入冰盒中，存于−20℃的冰箱，用于酶活性指标的分析；第三部分放在无菌自封袋内，经风干处理后用于土壤理化性质的测定。同时，在每个样点采集相应的小麦样品，带回实验室测定其生理及产量特性。每个样点设置 3 次重复。

土壤理化性质按常规方法，分别采集 0～20cm、20～40cm 土层的土样进行测定（李秀英等，2006）：土壤有机碳含量采用重铬酸钾容量法；土壤全氮含量用凯氏定氮法测定；土壤容重用环刀法测定。

土壤呼吸速率测定：用 EGM-4 便携式土壤呼吸仪（由美国 PP System 公司生产）测定，每个样点设置 3 次重复。

土壤酶活性测定：脲酶采用比色法；蔗糖酶采用 3,5-二硝基水杨酸比色法（高静等，2009）。每个样点设置 3 次重复。

光合速率测定：小麦不同生育期、不同位点叶片，采用 LI-6400 便携式光合测定系统（由美国 LI-COR 公司生产）于上午 9:00～11:00 测定。每个样点设置 3 次重复。

产量及产量性状的测定：于小麦成熟期在每个样点随机取 1m 双行进行测产，每个样点设置 3 次重复。同时每个样点随机取 30 株植株，室内考种，调查小麦的株高、单茎重、穗粒数和千粒重。

（三）数据分析

本节使用 SPSS 19.0 软件对试验数据进行统计分析，并对各处理数据进行显著性检验。

## 二、可持续性指数计算方法

作物产量及其地上部分的基本特征是土壤肥力的外在表现形式，在一定程度上能够准确地反映土壤的生产力状况，而土壤微生物和土壤理化性质是土壤肥力的内在表现形式，可作为土壤肥力评价结果的间接验证依据（高静等，2009）。因此，本节将土壤理化性质、土壤微生物含量及作物产量特征作为土壤肥力的评价指标。

本节选取了土壤全氮、有机碳、蔗糖酶、脲酶及作物穗数、千粒重等 13 项评价因子，将其划分为不同的指标（即 3 项理化性质指标，3 项微生物学特性指标和 7 项作物指标），建立最小数据集来评价矿区沉陷区域复垦后不同状况下耕地系统的可持续性。土壤理化性质指数（$PI_{ij}$）、微生物学指数（$MI_{ij}$）、作物指数（$CI_{ij}$）及可持续性指数的计算采用以下公式：

$$PI_{ij} = \frac{1}{3}\sum_{j=1}^{3} I_{ij} \tag{3-6}$$

$$MI_{ij} = \frac{1}{3}\sum_{j=1}^{3} I_{ij} \tag{3-7}$$

$$CI_{ij} = \frac{1}{7}\sum_{j=1}^{7} I_{ij} \tag{3-8}$$

$$I_{ij} = \frac{A_{ij}}{Th_j} \tag{3-9}$$

式中，$I_{ij}$ 为第 $i$ 个处理第 $j$ 个参数的指数数值；$A_{ij}$ 为第 $i$ 个处理第 $j$ 个参数的实测值；$Th_j$ 为第 $j$ 个参数的临界值［指标临界值的确定：作物产量以各个处理算术平均值的 1.2 倍为准，其他指标均采用不同沉陷状态下处理数值的算术平均值（李强等，2012；Kang et al.，2005）］；$PI_{ij}$ 为土壤理化性质指数，$j$ 为研究中的土壤理化性质指标数量；$MI_{ij}$ 为微生物学指数，$j$ 为研究中的微生物指标数量；$CI_{ij}$ 为作物指数，$j$ 为研究中的作物指标数量。

矿区耕地系统可持续性指数按式（3-10）求得。

$$
\begin{aligned}
系统可持续性指数 &= 三角形面积（S_{\triangle ABC}）\\
&= S_{\triangle AOB} + S_{\triangle BOC} + S_{\triangle COA}\\
&= 1/2ab\sin 120° + 1/2bc\sin 120° + 1/2ac\sin 120°\\
&= \sqrt{3}/4(ab + bc + ac) \tag{3-10}
\end{aligned}
$$

式（3-10）中，$a$，$b$，$c$ 为从点 $O$ 出发的 3 条不同长度的线段，分别代表理化性质指数、微生物学指数、作物指数。连接 3 条线段的另一端组成三角形（图 3-3）。根据计算得到可持续性指数（即三角形面积 $S_{\triangle ABC}$），确定系统的可持续性及可持续性程度。当 $a$，$b$，$c$ 均为 1 时，系统可持续性指数为 1.3，对于一个可持续性系统，其可持续性指数应该大于等于 1.3，否则视为本系统不可持续。可持续性指数越大，表示系统的可持续性越强（孙本华等，2015）。

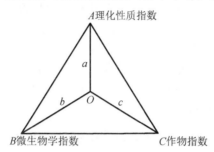

图 3-3　三角形方法测定系统可持续性

## 三、结果与分析

### （一）复垦后沉陷状况对土壤理化性质的影响

矿区废弃地复垦后不同沉陷状况下耕地的土壤理化性质有所差异。由表 3-9 可知在同一土层，从未沉陷区、稳定沉陷区到不稳定沉陷区，土壤理化性质各指标均呈现递减趋势。在 0～20cm 土层中，与未沉陷区指标相比，稳定沉陷区、不稳定沉陷区土壤全氮含量分别减少了 33.97% 和 42.95%；稳定沉陷区、不稳定沉陷区土壤有机碳含量分别减少了 19.55% 和 24.85%；稳定沉陷区、不稳定沉陷区土壤容重分别减少了 6.38% 和 8.51%。20～40cm 土层中各土壤理化性质指标变化与 0～20cm 土层中趋势相同。

表 3-9　土壤理化性质及临界值

| 处理 | 全氮含量/(g/kg) | | 有机碳含量/(g/kg) | | 容重/(g/cm³) | |
| --- | --- | --- | --- | --- | --- | --- |
| | 0～20cm | 20～40cm | 0～20cm | 20～40cm | 0～20cm | 20～40cm |
| 未沉陷区 | 1.56±0.07a | 1.13±0.01a | 18.31±1.85a | 14.95±4.03a | 1.41±0.09a | 1.49±0.05a |
| 稳定沉陷区 | 1.03±0.02b | 0.94±0.01a | 14.73±1.89b | 10.74±2.21b | 1.32±0.03b | 1.33±0.03b |
| 不稳定沉陷区 | 0.89±0.01b | 0.74±0.01c | 13.76±2.97c | 10.73±3.04b | 1.29±0.02b | 1.32±0.03b |
| 临界值 | 1.16 | 0.94 | 15.6 | 12.14 | 1.34 | 1.38 |

注：表中数据用平均值±标准差表示；同列数值后不同小写字母表示处理间差异显著（$p<0.05$）。

（二）复垦后沉陷状况对土壤微生物学指标的影响

土壤酶参与土壤生物化学活动，是土壤中重要的组成部分。土壤酶活性作为土壤质量的生物活性指标已被广泛接受（吕国红等，2005）。土壤酶中的脲酶和蔗糖酶活性可以用来反映土壤中氮和碳的转化和呼吸强度（焦如珍等，1997），研究土壤中脲酶和蔗糖酶活性变化能够更准确地反映土壤质量的变化情况。在小麦生育期（拔节期和开花期），土壤各微生物学指标变化见表 3-10。在同一生育期，由未沉陷区、稳定沉陷区到不稳定沉陷区，土壤微生物学指标均呈现递减趋势。复垦后未沉陷区的微生物学指数均大于临界值。在小麦拔节期，未沉陷区土壤呼吸速率分别是稳定沉陷区、不稳定沉陷区的 1.17 倍和 1.37 倍。相比未沉陷区，稳定沉陷区、不稳定沉陷区蔗糖酶的含量分别减少了 11.25%和 32.14%；脲酶含量分别减少了 18.44%和 31.70%。

表 3-10　土壤微生物学指标及临界值

| 处理 | 土壤呼吸速率/ $[\mu mol/(m^2 \cdot s)]$ | | 蔗糖酶/ $[mL/(g \cdot d)]$ | | 脲酶/ $[mL/(g \cdot d)]$ | |
|---|---|---|---|---|---|---|
| | 拔节期 | 开花期 | 拔节期 | 开花期 | 拔节期 | 开花期 |
| 未沉陷区 | 0.56±0.03a | 0.7±0.02a | 5.6±0.16a | 6.33±0.12a | 3.47±0.24a | 3.53±0.25a |
| 稳定沉陷区 | 0.48±0.02b | 0.60±0.02b | 4.97±0.12b | 5.13±0.17b | 2.83±0.2b | 3.33±0.25b |
| 不稳定沉陷区 | 0.41±0.02c | 0.53±0.01b | 3.8±0.16c | 4.47±0.12c | 2.37±0.21c | 2.9±0.14c |
| 临界值 | 0.48 | 0.62 | 4.79 | 5.31 | 2.89 | 3.26 |

注：表中数据用平均值±标准差表示；同列数值后不同小写字母表示处理间差异显著（$p<0.05$）。

（三）复垦后沉陷状况对作物指标的影响

由表 3-11 可知，未沉陷区的穗数、穗粒数、千粒重、产量、株高及单茎重均高于沉陷区，且均达到显著性差异。其中，复垦后耕地状况对产量的影响最大，未沉陷区的产量是稳定沉陷区的 1.52 倍，是不稳定沉陷区的 3.62 倍。未沉陷区作物成熟期的平均株高为 76.52cm，而稳定沉陷区的作物平均株高为 68.87cm，不稳定沉陷区的作物平均株高为 64.07cm。相对于不稳定沉陷区，稳定沉陷区株高平均增加 4.8cm，未沉陷区株高平均增加 12.45cm。对于作物的光合速率，未沉陷区>临界值>稳定沉陷区>不稳定沉陷区。综合来看，矿区废弃地经复垦后形成的耕地生态系统，从不稳定沉陷区、稳定沉陷区到未沉陷区，作物各指标呈现递增的趋势。

表 3-11　作物指标属性及临界值

| 处理 | 穗数/ $(10^4/hm^2)$ | 穗粒数/粒 | 千粒重/g | 产量/ $(g/m^2)$ | 株高/cm | 单茎重/g | 光合速率/ $[\mu mol/(m^2 \cdot s)]$ |
|---|---|---|---|---|---|---|---|
| 未沉陷区 | 488.67±4.92a | 37.5±0.83a | 36.97±0.17a | 677.41±16.50a | 76.52±0.67a | 1.86±0.08a | 20.7±0.49a |
| 稳定沉陷区 | 360.67±4.19b | 34.07±0.56b | 36.4±0.65a | 447.31±14.59b | 68.87±2.44b | 1.37±0.13b | 18.77±0.39b |

续表

| 处理 | 穗数/ (10⁴/hm²) | 穗粒数/粒 | 千粒重/g | 产量/ (g/m²) | 株高/cm | 单茎重/g | 光合速率/ [μmol/ (m²·s)] |
|---|---|---|---|---|---|---|---|
| 不稳定沉陷区 | 241.33±8.22c | 22.73±0.42c | 34.17±1.92b | 187.31±10.29c | 64.07±1.26c | 1.24±0.02b | 17.03±0.59c |
| 临界值 | 363.56 | 31.43 | 35.84 | 524.81 | 69.82 | 1.49 | 18.84 |

注：表中数据用平均值±标准差表示；同列数值后不同小写字母表示处理间差异显著（$p<0.05$）。

（四）可持续性指数计算及分析

不同复垦土壤理化性质指数、微生物学指数、作物指数及可持续性指数见表 3-12。由表 3-12 可知，未沉陷区的各指数值均大于对应的稳定沉陷区、不稳定沉陷区。未沉陷区和稳定沉陷区处理的理化性质指数分别为 1.18 和 0.94，两者之间存在显著性差异（$p<0.05$），未沉陷区的理化性质指数高于土壤理化性质指数临界值 1，稳定沉陷区的土壤理化性质指数接近于临界值。不稳定沉陷区的理化性质指数为 0.87，低于临界值，与稳定沉陷区之间存在显著差异。不稳定沉陷区处理的土壤微生物学指数低于土壤微生物学指数临界值 1；稳定沉陷区处理的土壤微生物学指数等于土壤微生物学指数临界值 1；未沉陷区的土壤微生物学指数为 1.16，大于土壤微生物学指数的临界值。不稳定沉陷区的作物指数为 0.76，低于作物指数的临界值，稳定沉陷区的作物指数为 0.99，二者之间存在显著性差异。

表 3-12　不同复垦土壤理化性质指数、微生物学指数、作物指数及可持续性指数

| 处理 | 理化性质指数 | 微生物学指数 | 作物指数 | 可持续性指数 |
|---|---|---|---|---|
| 未沉陷区 | 1.18±0.09a | 1.16±0.04a | 1.19±0.10a | 1.80 |
| 稳定沉陷区 | 0.94±0.04b | 1.00±0.02b | 0.99±0.06b | 1.24 |
| 不稳定沉陷区 | 0.87±0.07c | 0.84±0.03c | 0.76±0.18c | 0.88 |
| 临界值 | 1 | 1 | 1 | 1.3 |
| 变异系数 CV/% | 13.32 | 13.06 | 17.93 | 28.97 |

注：表中数据用平均值±标准差表示；同列数值后不同小写字母表示处理间差异显著（$p<0.05$）。

稳定沉陷区的各个指数较不稳定沉陷区有较大的提高，但是相对于未沉陷区的各个指数仍有较大的差距。未沉陷区的可持续性指数为 1.80，可持续性较好；不稳定沉陷区的可持续性指数为 0.88，低于可持续性指数的临界值，为不可持续性种植区域；而稳定沉陷区的可持续性指数为 1.24，接近于可持续性指数的临界值。

变异系数是反映不同处理效应的重要参数（李强等，2012）。在矿区不同损毁程度下耕地的可持续性研究中，作物指数的变异性（17.93%）大于理化性质指数（13.32%）和微生物学指数（13.06%）的变异性，而可持续指数的变异最大（28.97%），可见用可持续性指数能够更好地反映煤矿区废弃地复垦后不同耕地状况的差异性。

## 四、讨论

耕地土壤可持续利用问题是全球关注的重大研究课题之一。近年来，开展了大量关于耕地生态系统可持续性评价的研究。例如，刘宗强（2010）采用层次分析法和模糊评价法两种方法相结合，对哈尔滨耕地的可持续利用状况进行了评价；陈睿山等（2011）采用文献综述法、归纳总结法等从土地系统功能的角度探讨了土地的可持续性。此外，郝翠等（2010）通过对国内外耕地可持续评价方法进行对比分析表明，多指标综合指数法更适合小范围耕地可持续性评价。以上耕地可持续评价方法虽然都能对耕地的可持续性利用进行评价，但是缺少对耕地可持续性的定量评价。此外，当前大多研究是对土壤特性单一类型指标进行研究，缺少对整个农田系统的综合分析。当前耕地土壤的可持续研究主要倾向于土壤性质的演变、土地生产力的变化及其对农业生态环境的影响 3 个方面。作物生理和产量指标不是土壤属性，是土壤实际生产力的外在表现，能够确切反映土壤生产力水平，可作为土壤可持续性评价结果的直接依据（李强等，2012）。因此，本节尝试将土壤、作物指标结合起来，将所测指标划分为土壤理化性质、土壤微生物学特性和作物指标 3 类，并借助三角形面积法建立了耕地系统的可持续性指数。该方法相对于土壤单因素评价法，能够较好地评价研究区耕地系统可持续性。

分析结果表明：矿区废弃地复垦后不同状态下耕地的可持续性存在差异，未沉陷区废弃地复垦后耕地的可持续性要优于稳定沉陷区和不稳定沉陷区，分析结果与实际相符。矿区煤炭开采造成地表沉陷，使土地结构的完整性受到破坏。同时，土地结构的动态变化也扰乱了原来相对稳定的土壤结构，造成土壤养分流失、微生物群落破坏，使土壤质量不断下降，并最终使作物生产受到严重影响。因此，在进行土地复垦时，不宜在不稳定沉陷区进行土地复垦，应选择稳定沉陷区进行复垦和耕作。此外，在今后的研究中，我们还应综合考虑研究区环境状况及人为干扰情况，对不同复垦区耕地进行持续监测，以期更准确地反映不同复垦区耕地可持续性的差异程度，为矿区土地的复垦工作提供准确的参考依据。

## 五、结论

1）不同复垦区土壤理化性质存在着显著差异，在不稳定沉陷区复垦后土壤理化性质最差。相对于稳定沉陷区，其理化性质指数平均减少 7.45%；相对于未沉陷区，其理化性质指数平均减少 26.27%。

2）不同复垦区耕地的土壤微生物学特性也存在显著差异，不稳定沉陷区的微生物学指数（0.84）最低，显著低于未沉陷区（1.16）和稳定沉陷区的微生物学指数（1.00）。

3）在 3 种不同复垦区耕地中，未沉陷区的作物长势良好，作物指数为 1.19，高于稳定沉陷区 20.20%，高于不稳定沉陷区 56.58%。

4）通过计算耕地可持续性指数，未沉陷区、稳定沉陷区、不稳定沉陷区耕地可持续性指数依次为 1.80、1.24、0.88，复垦后耕地沉陷状况越剧烈，可持续性越低。

## 第三节　重金属污染土壤-作物系统协同评价模型及在煤矿区农田污染中的应用

据统计，中国有 1/5 的农田土壤受到污染，其中重金属污染土壤面积约占受污染农田总面积的 30%～40%（陈惠芳等，2013），并呈现污染加剧的趋势。一方面，重金属污染物通过影响土壤微生物区系、生物种类和微生物过程，进而影响生态系统的结构与功能；另一方面，土壤重金属污染物通过影响粮食、蔬菜等作物，经人体食物链，给人体健康带来风险（Li et al.，2005；刘建国等，2004；冯绍元等，2002）。近年来，重金属污染问题已引起广泛的关注，国内外学者针对土壤重金属污染特征和生态风险进行了大量研究（郭平等，2005；施加春等，2007；Koz et al.，2012；Ngole et al.，2012），在对农田重金属污染评价研究中经常发现，土壤污染评价结果与作物污染评价结果并不一致。土壤超标而作物不超标，或土壤不超标而作物超标的现象时常出现。重金属对于作物的毒性不但与土壤中重金属的绝对水平有关，而且与土壤质地、理化性质、重金属赋存状态密切相关（Madejon et al.，2006；Naidu et al.，1997）。不同植物对于重金属的吸收、累积特性也有很大差异。此外，土壤并非作物重金属的唯一来源，大气和农药也可为作物带来重金属污染，植物地上部分可吸收大气中 Hg、Pb 等重金属元素。因此，植物累积重金属量还受大气等环境污染状况的影响。再者，在作物生产方面，土壤重金属污染还将通过影响土壤的生态功能，影响农田水分、养分循环过程，最终造成作物减产或死亡。可见，以土壤重金属含量难以反映农田重金属污染真实水平，正确评价农田重金属污染特征，应当结合作物效应进行关联评价。

采矿过程中产生的煤矸石和矿井废水等废弃物含有大量的 Pb、Zn、Cr、Cd 等重金属元素，它们在长期堆积和排放过程中，经雨水及风力等，迁移到周围农田中对土壤造成污染（胡振琪等，2008；张锂等，2008）。此外，有的矿井废水还呈现酸性，酸性矿井废水可促进一些重金属的溶解，从而加大其毒性，尤其是当这些过量的重金属元素发生协同作用时，对植物生长的危害更大。这些呈酸性和高重金属含量的矿井废水用于农业灌溉，不但污染农田土壤，还会增强作物对重金属的吸收，从而影响作物的品质。当前重金属污染问题的研究主要集中在对矿区土壤方面的影响。李海霞等（2008）对淮南某废弃矿区污染场的土壤重金属污染风险进行了评价；王莹等（2009）对徐州矿区充填复垦地重金属污染的潜在生态风险进行了评价；董霁红等（2010）对矿区复垦土壤种植小麦的重金属安全性进行了评价。以上这些研究均是以土壤或者作物中重金属含量单一指标来进行评价的，缺乏土壤和作物间的关联评价，评价结果难以反映农田重金属污染真实水平。为了科学评价农田土壤重金属污染程度，本节在分析各种评价模型特点的基础上，提出了基于农田生态、生产安全和农产品质量安全的重金属污染风险评价模型——土壤-作物系统协同评价模型，并以焦作中马村矿区的矿区农田为研究对象，对矿区内典型农田土壤及农作物中重金属 Pb、Cu、Zn、Cr、Cd 含量进行测定，结合作物产量效应，对其重金属污染情况进行风险评价，以期为科学治理矿区污染农田，确保矿区农田生态、生产安全和农产品质量安全提供依据。

## 一、评价模型

土壤-作物系统协同评价模型如下：

$$FQ = w_s SI + w_c CI + w_y Y \tag{3-11}$$

式中，FQ 为农田污染程度分值；$w_s$ 为土壤污染生态风险权重，$w_c$ 为作物综合污染风险权重，$w_y$ 为产量减少率权重，各指标权重通过专家打分法结合层次分析法确定；SI 为土壤污染生态风险分值，CI 为作物综合污染风险分值，$Y$ 为作物产量减少率分值（产量减少率 $y$ 为污染农田产量与周围未污染或远离污染源农田产量平均值之比）。SI、CI 分值由土壤生态风险指数（$I_s$）、作物综合污染指数（$I_c$）值对应表 3-13 中分级标准确定。重金属污染评价指标作用分值判定标准及权重见表 3-13。根据农田污染程度分值 FQ，将重金属污染分为 5 个等级，重金属污染等级分级标准见表 3-14。

表 3-13 重金属污染评价指标作用分值判定标准及权重

| 评价指标 | 指标作用分值 | | | | | 指标权重（w） |
|---|---|---|---|---|---|---|
| | 100 | 80 | 60 | 40 | 20 | |
| $I_s$ 分级值 | <50 | 50～150 | 150～300 | 300～600 | ≥600 | 0.41 |
| $I_c$ 分级值 | ≤0.7 | 0.7～1.0 | 1.0～2.0 | 2.0～3.0 | >3.0 | 0.29 |
| 产量减少率（y）分级值 | ≤10% | 10%～20% | 20%～30% | 30%～40% | >40% | 0.30 |

表 3-14 重金属污染等级分级标准

| 项目 | 未受污染 | 轻度污染 | 中度污染 | 重度污染 | 极度污染 |
|---|---|---|---|---|---|
| 分值区间 | ≥85 | 70～85 | 50～70 | 30～50 | <30 |

### 1. 土壤污染生态风险指数（$I_s$）

以土壤元素背景值作为标准，采用潜在生态风险指数法（Hankson 指数法）对矿区土壤重金属污染的生态风险进行评价。该方法将重金属的含量、生态效应、环境效应与毒理学联系在一起，采用等价属性指数分级法进行评价，既可以定量评价单一元素的风险等级，又可以评价多个元素的总体风险等级。

计算公式为

$$I_s = \sum_{i=1}^{n} E_r^i = \sum_{i=1}^{n} \left( T_r^i \frac{C^i}{C_n^i} \right) \tag{3-12}$$

式中，$I_s$ 为土壤中重金属潜在的生态风险指数；$E_r^i$ 为第 $i$ 种重金属的潜在生态危害系数；$T_r^i$ 为第 $i$ 种重金属的毒性相应系数（Cu：5；Zn：1；Cd：30；Pb：5；Cr：2）；$C^i$ 为表层土壤中第 $i$ 种重金属含量的实测值；$C_n^i$ 为土壤元素背景值。$E_r^i$ 描述某一污染物（元素）的污染程度，分为 5 个等级：$E_r^i < 40$ 为轻微生态危害；$40 \leqslant E_r^i < 80$ 为中等生态危害；$80 \leqslant E_r^i < 160$ 为强生态危害；$160 \leqslant E_r^i < 320$ 为很强生态危害；$E_r^i \geqslant 320$ 为极强生态危害。$I_s$ 是描述某一点多个污染物潜在生态危害系数的综合值，分为 4 个等级：$I_s < 150$ 为轻微生态危害；$150 \leqslant I_s < 300$ 为中等生态危害；$300 \leqslant I_s < 600$ 为强生态危害；$I_s \geqslant 600$ 为很强生态危害（雷鸣等，2008）。

2. 作物综合污染指数（$I_c$）

作物综合污染指数计算公式为

$$I_c = \sqrt{(I_{imax}^2 + I_{imean}^2)/2} \tag{3-13}$$

式中，$I_c$ 为作物中 $i$ 个重金属元素综合污染指数；$I_{imax}$ 为作物所有重金属元素中最大的污染指数；$I_{imean}$ 为作物中各重金属元素污染指数平均值。评价标准如下：$I_c \leqslant 0.7$ 表示未受污染；$0.7 < I_c \leqslant 1.0$ 达到警戒水平；$1.0 < I_c \leqslant 2.0$ 为轻度污染；$2.0 < I_c \leqslant 3.0$ 为中度污染；$I_c > 3.0$ 为重度污染。$I_i$ 由单项污染指数计算得到（董霁红等，2010；马成玲等，2006）。

3. 单项污染指数（$I_i$）

单项污染指数计算公式为

$$I_i = C_i / C_0 \tag{3-14}$$

式中，$I_i$ 为污染物 $i$ 单因子指数；$C_i$ 为污染物 $i$ 的实测浓度；$C_0$ 为污染物 $i$ 的评价标准。依据评价标准，$I_i \leqslant 1$ 表示未受污染；$1 < I_i \leqslant 2$ 表示轻度污染；$2 < I_i \leqslant 3$ 表示中度污染；$I_i > 3$ 表示重度污染（施加春等，2007）。

## 二、模型应用分析

（一）试验区概况

试验区选取焦作煤业集团中马村矿区，矿区位于焦作市东郊。在矿区内选取 3 处典型农田作为评价对象（样地）：$F_1$ 位于矿区洗煤废水排放口处，长期进行矿区废水灌溉；$F_2$ 位于矸石山附近，距矸石山约 50m；$F_3$ 距矿井约 300m，位于通往矿井区的公路两侧。土壤类型均为砂壤土，受长期酸性矿井废水的影响，试验田土壤 pH 为 6.3～6.5。

（二）样品采集及测定

于冬小麦成熟期采用蛇形采点取样，每个样地各取 5 个土壤样品和植物样品，土壤样品为 0～20cm 表层土，并在土壤样品附近取 $1m^2$ 小麦植株测产。采集的土壤样品放在通风处风干，风干后研磨并通过 2mm（20 目）尼龙筛子，再从中取出大约 200g，研磨至全部过 0.149mm（100 目）的尼龙筛子，保存于无菌自封袋中，混匀待测。小麦植株样品用去离子水反复水洗，洗净后于 60～80℃烘至恒重，用 FZ102 微型植物粉碎机粉碎待测。所有样品经 $HNO_3$-$HClO_4$（4：1）消解后，采用原子吸收分光光度法、火焰法测定试样中的 Cr、Zn、Pb、Cd、Cu 的含量。

## 三、结果与分析

（一）土壤重金属含量、背景值和土壤质量评价

表 3-15 为矿区土壤中 5 种重金属的含量及河南省的土壤元素背景值。与河南省的土壤元素背景值比较，$F_1$ 和 $F_2$ 样地土壤中除 Cu 以外，Cr、Zn、Pb、Cd 含量的实测值均高于河南省的土壤元素背景值。$F_3$ 样地土壤中 Pb、Cr 含量的实测值高于河南省的土壤元素背景值，Zn 和 Cu 含量的实测值低于河南省的土壤元素背景值。与《土壤环境质量标准》（GB 15618—1995）二级标准比较，$F_1$ 和 $F_2$ 样地土壤中 Zn、Cd、Cr 含量的实测值均高于《土壤环境质量标准》（GB 15618—1995）二级标准，Pb 和 Cu 含量低于《土壤环境质量标准》（GB 15618—1995）二级标准；$F_3$ 样地中土壤中所测 5 种重金属元素含量的实测值均低于《土壤环境质量标准》（GB 15618—1995）二级标准。

表 3-15　土壤重金属含量、背景值和土壤质量评价

| 样地 | 元素 | Zn | Pb | Cd | Cr | Cu |
|---|---|---|---|---|---|---|
| | 河南省的土壤元素背景值 | ≤74.2 | ≤19.6 | ≤0.09 | ≤63.8 | ≤19.7 |
| | 《土壤环境质量标准》（GB 15618—1995）二级标准 | ≤200 | ≤250 | ≤0.3 | ≤150 | ≤50 |
| $F_1$ | 实测值 | 460.85±11.5 | 94.85±8.2 | 0.61±0.05 | 1 160.95±10.1 | 3.19±0.7 |
| $F_2$ | 实测值 | 245.20±12.3 | 49.15±7.4 | 0.47±0.11 | 157.27±14.5 | 5.08±0.5 |
| $F_3$ | 实测值 | 42.49±4.5 | 35.79±2.1 | ND | 116.02±6.3 | 4.39±1.2 |

注：ND 表示未测出。

（二）土壤重金属污染的生态风险评价

由单项风险指数的评价结果（表3-16）可知，$F_1$样地土壤中 Cd 的含量达到很强生态风险水平，Zn、Pb、Cr 和 Cu 的含量达到轻微生态风险水平。$F_2$样地土壤中 Cd 的含量达到强生态风险水平，Zn、Pb、Cr 和 Cu 的含量达到轻微生态风险水平。在 $F_3$ 样地土壤中除 Cd 未测出以外，Zn、Pb、Cr 和 Cu 的含量均达到轻微生态风险水平。从综合的潜在生态风险指数来看，$F_1$ 和 $F_2$ 样地综合生态风险指数分别为239.60 和178.42，达到中等生态风险水平，$F_3$样地土壤达到轻微生态风险水平。

表 3-16　土壤重金属污染的生态风险评价

| 样地 | | 单项风险指数 | | | | | 综合风险指数 |
|---|---|---|---|---|---|---|---|
| | | Zn | Pb | Cd | Cr | Cu | |
| $F_1$ | 指数值 | 6.21 | 24.20 | 203.33 | 5.045 | 0.81 | 239.60 |
| | 等级 | 轻微生态危害 | 轻微生态危害 | 很强生态危害 | 轻微生态危害 | 轻微生态危害 | 中等生态危害 |
| $F_2$ | 指数值 | 3.30 | 12.54 | 156.67 | 4.62 | 1.29 | 178.42 |
| | 等级 | 轻微生态危害 | 轻微生态危害 | 强生态危害 | 轻微生态危害 | 轻微生态危害 | 中等生态危害 |
| $F_3$ | 指数值 | 0.57 | 9.13 | ND | 3.64 | 1.11 | 14.45 |
| | 等级 | 轻微生态危害 | 轻微生态危害 | ND | 轻微生态危害 | 轻微生态危害 | 轻微生态危害 |

注：ND 表示未测出。

（三）小麦籽粒中重金属风险评价

重金属元素在籽粒中积累并通过食用进入人体后将在体内富集，严重时可能引发疾病。参照《粮食卫生标准》（GB 2715—2005），小麦籽粒中重金属风险评价见表3-17。通过对小麦籽粒中的重金属含量进行测定，在 $F_1$、$F_2$ 和 $F_3$ 样地中，Zn、Pb、Cr 在小麦中的含量均高于限量标准（表3-17），Cu 在小麦中的含量均低于限量标准。在 $F_1$ 和 $F_2$ 样地中，Cd 的含量均高于限量标准。在 $F_3$ 样地中，Cd 在籽粒中的含量未测出。采用单项污染指数和综合污染指数法对小麦籽粒中重金属风险进行评价，由评价结果（表3-17）可知，在 $F_1$ 样地中，小麦籽粒中 Zn 含量达到轻度污染水平，Pb、Cd 和 Cr 含量达到重度污染水平，Cu 含量未达到污染水平。在 $F_2$ 样地中，小麦籽粒中 Zn 含量达到中度污染水平，Pb、Cd 和 Cr 含量达到重度污染水平，Cu 含量未达到污染水平。在 $F_3$ 样地中，小麦籽粒中 Zn 含量达到轻度污染水平，Pb、Cr 含量达到重度污染水平，Cd 和 Cu 含量未达到污染水平。从综合污染指数评价来看，$F_1$、$F_2$ 和 $F_3$ 3 个样地小麦籽粒中重金属污染综合指数均达到重度污染水平。

表 3-17　小麦籽粒中重金属风险评价

| 样地 | 元素 | 单项污染指数 | | | | | 综合污染指数 |
|---|---|---|---|---|---|---|---|
| | | Zn | Pb | Cd | Cr | Cu | |
| | 限量标准 | 50 | 0.2 | 0.1 | 1.0 | 10 | |
| $F_1$ | 实测值 | 97.76±4.13 | 28.70±6.92 | 0.39±0.32 | 36.60±8.34 | 2.79±0.78 | |
| | 指数值 | 1.96 | 193.5 | 3.9 | 36.6 | 0.28 | 125.01 |
| | 等级 | 轻度污染 | 重度污染 | 重度污染 | 重度污染 | 未污染 | 重度污染 |
| $F_2$ | 实测值 | 102.55±10.45 | 39.64±4.84 | 0.31±0.03 | 36.65±3.65 | 5.11±0.95 | |
| | 指数值 | 2.05 | 198.2 | 3.1 | 36.65 | 0.511 | 126.57 |
| | 等级 | 中度污染 | 重度污染 | 重度污染 | 重度污染 | 未污染 | 重度污染 |
| $F_3$ | 实测值 | 77.06±10.31 | 33.10±5.91 | ND | 28.93±4.11 | 3.16±0.58 | |
| | 指数值 | 1.54 | 165.5 | ND | 28.93 | 0.316 | 116.69 |
| | 等级 | 轻度污染 | 重度污染 | 未污染 | 重度污染 | 未污染 | 重度污染 |

（四）重金属污染农田土壤-植物系统协同评价

在矿区周围远离污染源选取品种、耕作措施和农田管理一致的农田小麦平均产量作为标准，对 3 个样地的小麦产量进行比较，$F_1$、$F_2$ 和 $F_3$ 样地的产量减少率分别为 24.3%、16.2% 和 8.9%（表 3-18）。结合表 3-13 可知，$F_1$ 和 $F_2$ 样地的土壤污染风险分值均为 60，$F_3$ 样地的土壤污染风险分值为 100。$F_1$、$F_2$ 和 $F_3$ 样地的作物污染风险分值均为 20。$F_1$、$F_2$ 和 $F_3$ 样地的产量减少率分值分别为 60、80 和 100（表 3-18）。采用土壤-植物系统协同评价法对污染农田进行风险评价，$F_1$、$F_2$ 和 $F_3$ 样地的污染等级分值分别为 48.4、54.4 和 76.8。根据污染评价等级标准（表 3-14），土壤-植物系统协同评价结果如下：$F_1$ 样地达到重度污染、$F_2$ 样地达到中度污染、$F_3$ 样地达到轻度污染（表 3-18）。

表 3-18　重金属污染农田土壤-作物系统协同评价

| 样地 | 土壤污染风险 | | 作物污染风险 | | 产量减少 | | 污染等级分值（FQ） | 污染等级 |
|---|---|---|---|---|---|---|---|---|
| | 指数值（$I_s$） | 分值 | 指数值（$I_c$） | 分值 | 减少率（$y$） | 分值 | | |
| $F_1$ | 239.60 | 60 | 125.01 | 20 | 24.3% | 60 | 48.4 | 重度污染 |
| $F_2$ | 178.42 | 60 | 126.57 | 20 | 16.2% | 80 | 54.4 | 中度污染 |
| $F_3$ | 14.45 | 100 | 116.69 | 20 | 8.9% | 100 | 76.8 | 轻度污染 |

四、结论

1）本节在分别进行土壤和作物污染评价的基础上，结合作物产量效应，提出了可同时反映矿区农田生态安全、生产安全和农产品质量安全的重金属污染风险评价模型，并建立了农田污染程度分级标准。

2）采用生态风险指数法对土壤重金属污染风险进行评价的结果表明，$F_1$ 和 $F_2$ 样地综合生态风险指数达到中等水平，$F_3$ 样地达到轻微生态风险水平。采用综合污染指数法对小麦籽粒中重金属风险进行评价的结果表明，$F_1$、$F_2$ 和 $F_3$ 3 个样地小麦籽粒中重金属污染综合指数均达到重度污染水平。土壤污染评价结果与作物污染评价结果不一致，以土壤或作物中重金属全量单一指标难以反映农田污染的真实水平。

3）采用土壤-植物系统协同评价模型对重金属污染农田进行风险评价，$F_1$ 样地的污染等级分值为 48.4，达到重度污染；$F_2$ 样地的污染等级分值为 54.4，达到中度污染；$F_3$ 样地的污染等级分值为 76.8，为轻度污染。

# 参 考 文 献

陈惠芳，李艳，吴豪翔，等，2013. 富阳市不同类型农田土壤重金属变异特征及风险评价[J]. 生态与农村环境学报，29（2）：164-169.

陈宁丽，张红方，张合兵，等，2015. 基于熵权 TOPSIS 法的耕地生态质量空间分布格局及主控因子分析：以河南省新郑市为例[J]. 浙江农业学报，27（8）：1444-1450.

陈乾平，董青松，白隆华，等，2008. 毛鸡骨草 GAP 基地土壤肥力综合评价与供肥能力研究[J]. 安徽农业科学，36（17）：7326-7327.

陈秋计，2013. 基于 GIS 的煤矿区土地损毁程度评价研究[J]. 矿业研究与开发，33（4）：77-80.

陈睿山，蔡运龙，严祥，等，2011. 土地系统功能及其可持续性评价[J]. 中国土地科学，25（1）：8-15.

陈声明，吴伟祥，王永维，等，2008. 生态保护与生物修复[M]. 北京：科学出版社.

陈玉和，王玉浚，李堂军，2000. 矿区的概念与矿区可持续发展的基本问题[J]. 西安科技学院学报，4：299-303.

崔保山，杨志峰，2002. 湿地生态系统健康评价指标体系Ⅱ. 方法与案例[J]. 生态学报，22（8）：1231-1239.

董霁红，于敏，程伟，等，2010. 矿区复垦土壤种植小麦的重金属安全性[J]. 农业工程学报，26（12）：280-286.

樊文华，白中科，李慧峰，等，2011. 不同复垦模式及复垦年限对土壤微生物的影响[J]. 农业工程学报，27（2）：330-336.

范英宏，陆兆华，程建龙，等，2003. 中国煤矿区主要生态环境问题及生态重建技术[J]. 生态学报，23（10）：2144-2152.

冯绍元，邵洪波，黄冠华，2002. 重金属在小麦作物体中残留特征的田间试验研究[J]. 农业工程学报，18（4）：113-115.

付国珍，摆万奇，2015. 耕地质量评价研究进展及发展趋势[J]. 资源科学，37（2）：226-236.

付梅臣，胡振琪，刘爽，2008. 矿粮复合区农田恢复与污染防治[J]. 金属矿山，38（9）：119-122.

高静，徐明岗，张文菊，等，2009. 长期施肥对我国 6 种旱地小麦磷肥回收率的影响[J]. 植物营养与肥料学报，15（3）：584-592.

官冬杰，苏维词，2006. 城市生态系统健康评价方法及其应用研究[J]. 环境科学学报，26（10）：1716-1722.

郭平，谢忠雷，李军，等，2005. 长春市土壤重金属污染特征及其潜在生态风险评价[J]. 地理科学，25（1）：108-112.

郭秀锐，杨居荣，毛显强，2002. 城市生态系统健康评价初探[J]. 中国环境科学，22（6）：525-529.

郝翠，李洪远，孟伟庆，2010. 国内外可持续发展评价方法对比分析[J]. 中国人口·资源与环境，20（1）：161-166.

何书金，苏光全，2000. 矿区废弃土地复垦潜力评价方法与应用实例[J]. 地理研究，19（2）：165-171.

胡振琪，等，2008. 土地复垦与生态重建[M]. 北京：中国矿业大学出版社.

胡振琪，李晶，赵艳玲，2006. 矿产与粮食复合主产区环境质量和粮食安全的问题、成因与对策[J]. 科技导报，24（3）：21-24.

黄毅，张玉龙，2004. 保护地生产条件下的土壤退化问题及其防治对策[J]. 土壤通报，35（2）：212-216.

焦如珍，杨承栋，屠星南，等，1997. 杉木人工林不同发育阶段林下植被、土壤微生物、酶活性及养分的变化[J]. 林业科学研究，10（4）：34-40.

阚文杰, 吴启堂, 1994. 一个定量综合评价土壤肥力的方法初探[J]. 土壤通报, 25 (6): 245-247.

孔红梅, 赵景柱, 姬兰柱, 等, 2002. 生态系统健康评价方法初探[J]. 应用生态学报, 13 (4): 486-490.

雷鸣, 曾敏, 郑袁明, 等, 2008. 湖南采矿区和冶炼区水稻土重金属污染及其潜在风险评价[J]. 环境科学学报, 28 (6): 1212-1220.

李保杰, 顾和和, 纪亚洲, 2012. 矿区土地复垦景观格局变化和生态效应[J]. 农业工程学报, 28 (3): 251-256.

李春阳, 秦江灵, 高旺盛, 2006. 北方农牧交错带农田生态系统健康评价: 以武川县为例[J]. 中国农学通报, 22 (3): 347-350.

李海霞, 胡振琪, 李宁, 等, 2008. 淮南某废弃矿区污染场的土壤重金属污染风险评价[J]. 煤炭学报, 33 (4): 423-426.

李琪, 陈立杰, 2003. 农业生态系统健康研究进展[J]. 中国生态农业学报, 11 (2): 144-146.

李强, 许明祥, 刘国彬, 等, 2012. 基于几何方法评价长期施用化肥坡耕地作物轮作系统可持续性[J]. 植物营养与肥料学报, 18 (4): 884-892.

李树志, 鲁叶江, 高均海, 2007. 开采沉陷耕地损坏机理与评价定级[J]. 矿山测量 (2): 32-34.

李秀英, 李燕婷, 赵秉强, 2006. 褐潮土长期定位不同施肥制度土壤生产功能演化研究[J]. 作物学报, 32 (5): 683-689.

刘建国, 李坤权, 张祖建, 等, 2004. 水稻不同品种对铅吸收、分配的差异及机理[J]. 应用生态学报, 15 (2): 291-294.

刘美英, 高永, 汪季, 等, 2013. 矿区复垦地土壤碳氮含量变化特征[J]. 水土保持研究, 20 (1): 94-97.

刘文生, 韩彩娟, 2008. 模糊综合评价法在矿区塌陷土地复垦潜力评估中的应用[J]. 环境工程学报, 2 (12): 1711-1714.

刘宗强, 2010. 哈尔滨市耕地可持续利用评价研究[D]. 哈尔滨: 东北农业大学.

吕国红, 周广胜, 赵先丽, 等, 2005. 土壤碳氮与土壤酶相关性研究进展[J]. 气象与环境, 21 (2): 6-8.

马成玲, 周健民, 王火焰, 等, 2006. 农田土壤重金属污染评价方法研究: 以长江三角洲典型县级市常熟市为例[J]. 生态与农村环境学报, 22 (1): 48-53.

马克明, 孔红梅, 关文彬, 等, 2001. 生态系统健康评价: 方法与方向[J]. 生态学报, 21 (12): 2106-2116.

彭建, 王仰麟, 吴建生, 等, 2007. 区域生态系统健康评价: 研究方法与进展[J]. 生态学报, 27 (11): 4877-4885.

彭涛, 高旺盛, 隋鹏, 2004. 农田生态系统健康评价指标体系的探讨[J]. 中国农业大学学报, 9 (1): 21-25.

施加春, 刘杏梅, 于春兰, 等, 2007. 浙北环太湖平原耕地土壤重金属的空间变异特征及其风险评价研究[J]. 土壤学报, 44 (5): 824-830.

孙本华, 孙瑞, 郭芸, 等, 2015. 塿土区长期施肥农田土壤的可持续性评价[J]. 植物营养与肥料学报, 21 (6): 1403-1412.

王广成, 闫旭骞, 2006. 矿区生态系统健康评价理论及其实证研究[M]. 北京: 经济科学出版社.

王世东, 刘毅, 2015. 基于改进模糊综合评价模型的矿区土地损毁程度评价[J]. 中国生态农业学报, 23 (9): 1191-1198.

王小艺, 沈佐锐, 2001. 农业生态系统健康评估方法研究概况[J]. 中国农业大学学报, 6 (1): 84-90.

王莹, 董霁红, 2009. 徐州矿区充填复垦地重金属污染的潜在生态风险评价[J]. 煤炭学报, 34 (5): 650-655.

王宇, 臧妻斌, 2006. 基于模糊识别的矿区塌陷区土地复垦潜力评价[J]. 山西建筑, 32 (2): 120-121.

吴建国, 常学向, 2005. 荒漠生态系统健康评价的探索[J]. 中国沙漠, 25 (4): 604-611.

吴克艺, 2009. 茂名市农业生态系统健康评价[D]. 广州: 中山大学.

吴琼, 王如松, 李宏卿, 等, 2005. 生态城市指标体系与评价方法[J]. 生态学报, 25 (8): 2091-2095.

肖风劲, 欧阳华, 2002. 生态系统健康及其评价指标和方法[J]. 自然资源学报, 17 (2): 203-209.

肖振林, 2010. 北镇市葡萄基地土壤重金属含量测定及质量评价[J]. 辽宁农业科学 (1): 50-52.

谢花林, 李波, 2004. 城市生态安全评价指标体系与评价方法研究[J]. 北京师范大学学报 (自然科学版), 40 (5): 705-710.

岳辉, 毕银丽, 2017. 基于主成分分析的矿区微生物复垦生态效应评价[J]. 干旱区资源与环境, 31 (4): 113-117.

曾德慧, 姜凤岐, 范志平, 等, 1999. 生态系统健康与人类可持续发展[J]. 应用生态, 10 (6): 751-756.

张宏锋，李卫红，陈亚鹏，2003. 生态系统健康评价研究方法与进展[J]. 干旱区研究，20（4）：330-335.

张锂，韩国才，陈慧，等，2008. 黄土高原煤矿区煤矸石中重金属对土壤污染的研究[J]. 煤炭学报，33（10）：1141-1146.

张鹏，张科学，王宁，等，2015. 基于 GIS 的开采沉陷区土地损害评价研究[J]. 煤炭技术（11）：310-312.

张锐，郑华伟，刘友兆，2013. 基于 PSR 模型的耕地生态安全物元分析评价[J]. 生态学报，33（16）：5090-5100.

朱宝才，王文龙，梁文俊，2016. 用 ArcGIS 的 Python 脚本计算采煤沉陷区土地损毁程度[J]. 山西农业大学学报（自然科学版），36（5）：371-376.

JORGENSEN S E, NIELSON S N, MEJER H, 1995. Emerge, environ, energy and ecological modelling[J]. Ecological modelling, 77: 99-109.

KANG G S, BERI V, SIDHU B S, et al., 2005. A new index to assess soil quality and sustainability of wheat-based cropping systems[J]. Biology and fertility of soils, 41(6): 389-398.

KOZ B, CEVIK U, AKBULUT S, 2012. Heavy metal analysis around murgul (Artvin) copper mining area of Turkey using moss and soil[J]. Ecological indicators, 20 (9): 17-23.

LI Z W, LI L Q, PAN G X, et al., 2005. Bioavailability of Cd in a soil-rice system in China: soil type versus genotype effects[J]. Plant and soil, 271 (1-2): 165-273.

MADEJON E, MORA A P, FELIPE E, et al., 2006. Soil amendments reduce trace element solubility in a contaminated soil and allow regrowth of natural vegetation[J]. Environmental pollution, 139(1): 40-52.

NAIDU R, KOOKANA R S, SUMNER M E, 1997. Cadmium sorption and transport invariable charge soils: a review[J]. Journal of environmental quality, 26 (3): 602-617.

NGOLE V M, EKOSSE G I E, 2012. Copper, nickel and zinc contamination in soils within the precincts of mining and landfilling environments[J]. International journal of environmental science and technology, 9 (3): 485-494.

# 第四章　采煤影响区环境治理研究

## 第一节　煤矸石填埋场土壤微生物学特性的时空变异

煤矿区在为国家提供能源支撑的同时，引发的环境与生态问题日益凸显。采矿过程中对煤矸石的资源化利用不够，造成了大量煤矸石长期堆积，形成的巨大煤矸石排放场破坏和占用大量土地，对原土地资源和生态系统造成了毁灭性的破坏，加剧了矿区人地矛盾，影响了区域经济、社会的可持续发展（胡振琪等，2008）。因此，针对煤矸石排放场地进行土地复垦是缓解矿区人地矛盾和生态环境恶化的一个有效途径，也是实现矿区经济持续、健康、协调发展的当务之急。但是，对煤矸石排放场地进行土地复垦后，重建的生态系统的结构和功能都与原生态系统有着较大的差异，其缺少熟化土壤，彻底改变了土壤养分的初始条件，使土壤结构不良、营养贫瘠，土壤微生物数量极少。

土壤微生物是土壤生态系统的重要组分，绝大多数的土壤过程直接或间接地与土壤微生物有关（周丽霞等，2007）。土壤微生物特性（土壤微生物群落结构、土壤微生物生物量、土壤酶活性及土壤呼吸等）对土壤基质的变化敏感（Chander et al.，1998；Dilly et al.，1998），能对土壤微环境的变化迅速做出反应，能够较早地指示生态系统功能的变化，反映出土壤质量和健康状况（樊文华等，2011）。土壤微生物特性作为土壤健康的生物指标来评价退化生态系统的恢复进程和指导生态系统管理等已逐渐成为研究热点（Bossio et al.，2006；Harris，2003；Schloter et al.，2003）。因此，复垦土壤内部的微生物学特性可以作为评价复垦土壤性质演变的指标。近年来，许多学者对复垦区土壤微生物及其相关特性进行了研究，主要集中在复垦土壤的微生物数量、微生物活性及不同复垦方式下土壤微生物特征等方面（钱奎梅等，2011；李金岚等，2010；洪坚平等，2000）。但这些研究缺少对复垦区生态恢复过程中土壤微生物特性的时空变化特征的相关研究。

本节选择山西省长治市司马矿煤矸石场植被恢复初期的土壤微生物学特性作为研究对象，在取样调查的基础上，以空间变化代替时间变化，对不同复垦年限土壤微生物特性及其时空变化特征进行研究，探讨不同复垦年限土壤微生物特性的变化及植被恢复对土壤微生物学特性的影响，从而为改善复垦区土壤状况、提高复垦土壤的肥力、保持土壤生态系统的稳定性提供科学依据。

## 一、研究区概况、研究方法及数据分析

### （一）研究区概况

研究区位于山西省长治市司马矿区煤矸石填埋场地，该区属暖温带大陆性季风气候，四季分明，昼夜温差较大，春季多风少雨，气候干燥，年平均气温为9.1℃，日最高气温为37℃，最低气温为-29℃，无霜期为160d，年降水量为340.3～832.9mm，年平均蒸发量为1558mm，雨季多集中在7～9月。该区原生土壤类型属黄土状石灰性褐土和黄土质石灰性褐土，植被覆盖度低。原生地貌类型主要为沟坝地，原生植被主要有杠柳、荆条、白羊草、野艾蒿等。调查场地的排矸工程于2009年开始，分期相继完成，呈多个阶地平台，台阶高差为10m，平台长为50m，宽为30m。各平台均采取排3m厚煤矸石，覆土50cm。不同年限的覆土材料一致，覆土均取自周边相同区域0～5m深的黄土质石灰性褐土，覆土有机质含量为3.61g/kg，全氮含量为0.31g/kg，全磷含量为1.02g/kg，全钾含量为24.24g/kg。平台人工栽植毛白杨和五角枫。苗木株距为2m，行距为3m；苗木规格为高3.5m，无冠幅。苗木栽种后，未进行人工化管理，草本植物群落自然恢复。不同复垦年限煤矸石填埋场的土壤养分和草本植物地上生物量见表4-1。

**表4-1　不同复垦年限煤矸石填埋场的土壤养分和草本植物地上生物量**

| 复垦年限/年 | 地上生物量/(g/m²) | 有机质含量/(g/kg) | 全氮含量/(g/kg) | 全磷含量/(g/kg) |
|---|---|---|---|---|
| 1 | 332.61 | 4.67 | 0.32 | 1.01 |
| 3 | 120.50 | 5.22 | 0.43 | 0.86 |
| 5 | 102.75 | 6.08 | 0.48 | 0.84 |

### （二）研究方法

2014年6月，采用空间序列代替时间序列的方法，对不同年代煤矸石充填场地的土壤微生物特性进行分析。分别选取不同充填年限（1年、3年、5年）的煤矸石充填场地，采用S形多点采样法，进行土样采集，每个样点的土样设置5次重复。

微生物测定方法：在每个样点距树干基部30cm范围内（$S_1$）和树木行中间位置（$S_2$，距树干基部约100cm处）采集土壤0～20cm土层土样。所采土壤样品充分混匀后，分别置于无菌自封袋中，并做好标记，带回实验室，放入冰箱中4℃环境中保存待用。采用平板涂抹计数法测定土壤中细菌、真菌、放线菌的数量，细菌分析用牛肉膏蛋白胨培养基；真菌用马丁氏-孟加拉红培养基；放线菌用改良高氏一号培养基（姚槐应等，2006）。

土壤酶活性的测定：在每个样点距树干基部30cm范围内（$S_1$）和树木行中间位置（$S_2$，距树干基部约100cm处）取样，分0～20cm和20～40cm两个层次

取样，所采土壤样品按层次充分混匀后装入无菌自封袋，放入冰盒立即带回实验室，保存于-20℃的冰箱中，用于酶活性指标的分析。过氧化氢酶采用 $KMnO_4$ 滴定法；脲酶采用苯酚钠比色法；磷酸酶采用磷酸苯二钠比色法；蔗糖酶采用 3,5-二硝基水杨酸比色法（姚槐应等，2006）。

土壤呼吸测定：在每个样点距树干基部 30cm 范围内（$S_1$）和树木行中间位置（$S_2$，距树干基部约 100cm 处），用 EGM-4 便携式土壤呼吸仪（美国 PP System 公司）测定土壤呼吸速率。测试前，研究人员应清除地表的杂草和枯枝落叶。

（三）数据分析

本节使用 SPSS 19.0 软件对试验数据进行统计分析，并对各处理数据进行显著性检验。

## 二、结果与分析

（一）复垦土壤微生物群落结构时空变化

1. 不同复垦年限煤矸石填埋场土壤微生物群落结构垂直变化

土壤微生物群落结构主要是指土壤中各主要微生物类群（包括细菌、真菌、放线菌等）在土壤中的数量及各类群所占的比例，其结构的变化与土壤理化性质的变化有关（周丽霞等，2007）。土壤的结构、养分状况等对土壤微生物均有重要影响（Noah et al.，2003）。土壤微生物的数量分布及其分布特征，可以敏感地反映出土壤质量的变化。对不同复垦年限、不同土壤层次土壤微生物数量进行测定发现，随着复垦年限的增加，各层次土壤中的微生物数量逐渐增加（表4-2）。这主要是因为土壤微生物的主要营养来源是植物残体，植物残落物越多，为微生物提供的活动基质越丰富。植物残落物可促进微生物的增殖，微生物数量很大程度上与土壤有机质含量呈正相关关系（方辉等，2007）。由表 4-1 可知，随着复垦年限的增加，土壤里的有机质呈增加趋势，这导致了土壤微生物数量的增加。从微生物各类群所占的比例来看，复垦 1 年的土壤中，0~20cm 土层中细菌、真菌、放线菌的数量分别占微生物总数的 98.81%、0.24%、0.95%；20~40cm 土层中细菌、真菌、放线菌的数量分别占微生物总数的 99.04%、0.24%、0.72%。随着复垦年限的增加，各层次土壤中的真菌和放线菌占微生物总数的比例逐渐增加。土壤放线菌数量增加，与地上植物残体、凋落物含有较多木质化纤维成分有关，这些成分刺激了参与难分解物质转化的放线菌数量的增加（龙健等，2003）。此外，土壤中（细菌+放线菌）和真菌的比值（$B/F$ 值）是土壤微生物区系结构的一个重要特征指标。$B/F$ 值越低，真菌数量越大，微生物类群、数量越趋于均衡。在复垦 1 年的各土壤层次中 $B/F$ 值没有显著差异，随着复垦年限的增加，各层次土壤中 $B/F$ 值均出现显著差异，即 $B/F$ 值均呈降低趋势。

表 4-2　不同复垦年限煤矸石填埋场土壤微生物群落结构的垂直变化

| 复垦年限/年 | 土壤层次/cm | 细菌 | | 真菌 | | 放线菌 | | $B/F$ 值 |
|---|---|---|---|---|---|---|---|---|
| | | 数量/($10^5$ CFU/g) | 占微生物总量百分比/% | 数量/($10^5$ CFU/g) | 占微生物总量百分比/% | 数量/($10^5$ CFU/g) | 占微生物总量百分比/% | |
| 1 | 0～20 | 140.42c | 98.81 | 0.34e | 0.24 | 1.35d | 0.95 | 413.00a |
| | 20～40 | 92.22d | 99.04 | 0.22f | 0.24 | 0.67e | 0.72 | 419.18a |
| 3 | 0～20 | 234.63b | 98.16 | 1.41c | 0.59 | 2.98b | 1.25 | 166.40c |
| | 20～40 | 145.37c | 98.42 | 0.72d | 0.49 | 1.62c | 1.10 | 201.90b |
| 5 | 0～20 | 342.82a | 97.44 | 3.56a | 1.01 | 5.45a | 1.55 | 96.30e |
| | 20～40 | 234.61b | 97.94 | 1.95b | 0.81 | 2.98b | 1.24 | 120.31d |

注：同一列不同字母代表在 $p < 0.05$ 水平有显著差异。

## 2. 不同复垦年限煤矸石填埋场土壤微生物群落结构水平变化

在水平方向上，随着复垦年限的增加，煤矸石填埋场各部位微生物数量均呈增加趋势，$B/F$ 值均呈降低趋势。在充填复垦 1 年的煤矸石填埋场，距树基 0～30cm 处（$S_1$）和距树基 100cm（$S_2$）处的土壤微生物（细菌、真菌和放线菌）数量没有显著差异，两个位置的细菌、真菌和放线菌所占比例相似，两个位置的 $B/F$ 值也没有显著差异。随着复垦年限的增加，根系逐渐增加，也加大了与其他土壤生物的养分竞争。由于土壤中细菌数量与土壤养分呈正相关关系，在根系密集的地方，根系在加强对养分竞争的同时，也会限制细菌的生长。而真菌和放线菌主要参与的是根残体分解过程，所受影响远没有细菌大（赵国栋等，2008）。因此，在充填复垦 3 年的煤矸石填埋场，$S_2$ 处的细菌数量显著大于 $S_1$ 处，真菌和放线菌的数量与 $S_1$ 处没有显著差异，但 $S_1$ 处的真菌和放线菌所占比例大于 $S_2$ 处，$S_1$ 处的 $B/F$ 值小于 $S_2$ 处（表 4-3）。随着复垦年限的继续增加，根残体较多的地方酚类物质释放和积累也多，对细菌的抑制作用也强。此外，在根系增加的同时，根系分泌物也增多，土壤的 pH 等理化性质发生改变，使土壤环境更适合于真菌和放线菌的繁殖（赵国栋等，2008）。因此，在充填复垦 5 年后，在根系密集的树基附近（$S_1$）真菌和放线菌的数量及所占比例显著大于 $S_2$ 处，$S_1$ 处的细菌数量和 $B/F$ 值显著小于 $S_2$ 处。这表明随着复垦年限的增加，$S_1$ 处微生物类群、数量先于 $S_2$ 处趋于均衡状态。

表 4-3　不同复垦年限煤矸石填埋场土壤微生物群落结构的水平变化

| 复垦年限/年 | 水平方向 | 细菌 | | 真菌 | | 放线菌 | | $B/F$ 值 |
|---|---|---|---|---|---|---|---|---|
| | | 数量/($10^5$ CFU/g) | 占微生物总量百分比/% | 数量/($10^5$ CFU/g) | 占微生物总量百分比/% | 数量/($10^5$ CFU/g) | 占微生物总量百分比/% | |
| 1 | $S_1$ | 123.42e | 98.60 | 0.29d | 0.23 | 1.46c | 1.17 | 425.59a |
| | $S_2$ | 140.42e | 98.81 | 0.34d | 0.24 | 1.35c | 0.95 | 413.00a |

| 复垦年限/年 | 水平方向 | 细菌 | | 真菌 | | 放线菌 | | B/F值 |
|---|---|---|---|---|---|---|---|---|
| | | 数量/($10^5$ CFU/g) | 占微生物总量百分比/% | 数量/($10^5$ CFU/g) | 占微生物总量百分比/% | 数量/($10^5$ CFU/g) | 占微生物总量百分比/% | |
| 3 | $S_1$ | 200.31d | 98.04 | 1.34c | 0.66 | 2.67c | 1.31 | 149.49c |
| | $S_2$ | 234.63c | 98.16 | 1.41c | 0.59 | 2.98c | 1.25 | 166.40b |
| 5 | $S_1$ | 302.23b | 96.44 | 4.67a | 1.49 | 6.49a | 2.07 | 64.72e |
| | $S_2$ | 342.82a | 97.44 | 3.56b | 1.01 | 5.45b | 1.55 | 96.30d |

注：同一列不同字母代表在 $p < 0.05$ 水平有显著差异。

## （二）土壤酶活性

### 1. 不同复垦年限土壤酶活性垂直变化

土壤酶是由土壤微生物、植物根系的分泌物及动植物残体分解释放产生的高分子生物催化剂。土壤中的一切生化过程，包括动植物残体和微生物残体的分解、团粒结构和腐殖质的形成、有机质的分解与转化、土壤养分的固定与释放及各种氧化还原反应都是在土壤酶类的参与下进行和完成的（周丽霞等，2007）。因此，土壤酶的活性可作为衡量土壤肥力和土壤质量的指标。土壤中的过氧化氢酶主要来源于细菌、真菌及植物根系的分泌物，通过测定过氧化氢酶活性，不仅能间接地了解有机质含量水平，而且可以判断有机质的转化状况（李亮等，2010）。在复垦 1 年的土壤中，土壤中过氧化氢酶活性较低，在不同的土壤层次间也没有显著差异。随着复垦年限的增加，过氧化氢酶活性呈增加趋势；复垦 3 年后，表层土（0～20cm）中过氧化氢酶活性显著高于下层土（20～40cm）（图 4-1）。土壤脲酶、蔗糖酶和磷酸酶活性可分别用来反映土壤中 N、C、P 元素的转化和供应强度，是表征土壤生物化学活性的重要酶。由图 4-1 可知，除复垦 1 年土壤中的磷酸酶外，充填土壤表层土中的脲酶、蔗糖酶和磷酸酶活性均显著高于下层土壤，且随着复垦年限的增加，这 3 种土壤酶活性呈增加趋势。土壤酶活性与微生物生物量有密切关系，随着微生物量的增加而不断增强（邱莉萍等，2004）。此外，土壤酶活性还与有机质、全氮含量呈显著或极显著相关关系（刘梦云等，2006），由表 4-1 和表 4-2 可知，随着复垦年限的增加，土壤有机质含量、全氮含量和土壤微生物数量呈增加趋势。因此，土壤中各种酶活性也随着复垦年限的增加而增加。土壤酶在土壤有机质分解和营养循环中扮演重要角色，因此，复垦土壤中土壤酶活性的变化反映了土壤肥力的变化。

### 2. 不同复垦年限土壤酶活性水平变化

土壤酶在很大程度上来源于土壤中的微生物，土壤理化结构和微生物数量发生变化，必然导致土壤酶活性的定向改变。土壤中过氧化氢酶主要来源于微生物的分泌物（李亮等，2010）。由表 4-3 可知，在复垦的 1 年 $S_1$ 处和 $S_2$ 处的土壤微生物数量没有显著差异，因此，在充填复垦 1 年后煤矸石填埋场 $S_1$ 处和 $S_2$ 处过氧化氢酶活性没有显著差异；土壤磷酸酶主要来源于植物根系和土壤微生物的分泌物，在复垦 1 年 $S_1$ 处根系的增加可能是导致磷酸酶活性提高的一个原因。另外，磷酸酶是一个诱导酶，土壤低 P 水平可刺激根系和微生物分泌产生磷酸酶（陈竣等，1997）。在复垦初期根系相对较小，主要吸收 $S_1$ 处范围内的 P 元素，从而刺激该区域磷酸酶增加。因此，在复垦 1 年 $S_1$ 处磷酸酶高于 $S_2$ 处。脲酶和蔗糖酶活性与土壤有机质含量、全氮含量和碱解氮含量呈正相关关系（安韶山等，2005）。在复垦初期根系相对较小，主要吸收 $S_1$ 处范围内的 N 元素，因此，$S_1$ 处脲酶和蔗糖酶活性低于 $S_2$ 处。随着复垦年限的增加，煤矸石填埋场各部位土壤的微生物数量呈增加趋势，这对土壤酶活性的影响是具有促进作用的。因此，随着复垦年限的增加，煤矸石场各部位土壤酶活性均呈增加趋势。但随着复垦年限的增加植物根系也迅速增大，根系也会对土壤酶产生影响：一方面，植物残体会释放一些酶；另一方面，根系生长造成的养分匮缺，会减少酶活性激活剂 $Ca^{2+}$、$Mg^{2+}$、$Co^{2+}$、$Zn^{2+}$、$Mn^{2+}$ 等的含量，从而抑制酶的活性（姚槐应等，2006）。因此，在水平方向上根区周围的土壤酶活性表现出较为复杂的规律。充填复垦 3 年后，$S_1$ 处过氧化氢酶和磷酸酶活性高于 $S_2$ 处，脲酶和蔗糖酶活性低于 $S_2$ 处（图 4-2）。在充填复垦 5 年的煤矸石填埋场，$S_1$ 和 $S_2$ 处过氧化氢酶活性没有显著差异，$S_1$ 处磷酸酶和蔗糖酶低于 $S_2$ 处，脲酶酶活性高于 $S_2$ 处。

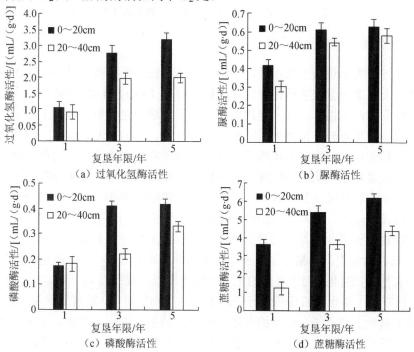

图 4-1　不同复垦年限煤矸石填埋场土壤酶活性垂直变化

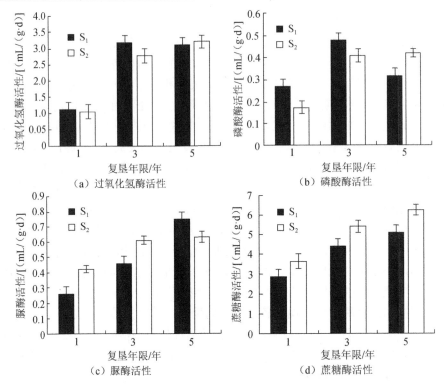

图 4-2　不同复垦年限煤矸石填埋场土壤酶活性水平变化

（三）复垦土壤呼吸速率时空变化

　　土壤呼吸为土壤微生物呼吸、土壤无脊椎动物呼吸和植物根系呼吸 3 种生物学过程，及土壤中含碳物质化学氧化过程的总和（Singh et al.，1977）。土壤呼吸作为土壤生物活性指标，在一定程度上反映了土壤的生物学特性、土壤物质代谢强度，以及土壤养分转化和供应能力（Nael et al.，2004；Raich et al.，2000）。随着复垦年限的增加，煤矸石填埋场各部位土壤呼吸速率均呈增加趋势。但各部位在不同的复垦年限，土壤呼吸速率有不同的表现。在林地中土壤呼吸主要包括根系呼吸和微生物呼吸，其中林木根系呼吸占土壤呼吸的 10%～90%（杨玉盛等，2004；Lavigne et al.，2003），土壤呼吸随着林木根系生物量的增加而增加。因此，土壤呼吸测定位置和根系生物量的分布将是导致土壤呼吸差异的主要因素。在复垦 1 年后，树木根系数量较少，土壤呼吸速率较小，且 $S_1$ 和 $S_2$ 处的微生物数量基本没有差异，因此，两个位置的土壤呼吸速率没有显著差异（图 4-3）。由表 4-1可知，在复垦 1 年煤矸石场林木行间草本植物生物量最多，随着复垦年限的增加，这些草本植物的凋落物、根系的分泌物和衰亡的根、根际沉积物，可作为微生物生命活动所需能源的主要来源，为微生物的生长繁育提供了充足的能源，使微生物活动旺盛，从而提高土壤呼吸速率。而在复垦前期林木根系还较小，根系呼吸所占土壤呼吸比例较小。因此，充填复垦 3 年后，S$_2$ 处的土壤呼吸速率显著高于 S$_1$ 处。随着复垦年限的增加，乔木迅速生长，其根系和群落盖度也不断地增加，林木对水分、光照、营养物质等的竞争性增大，草本植物衰退，林木根系呼吸旺盛，根系呼吸占土壤呼吸比例随根系生物量的增加而增加。因此，复垦 5 年后 S$_1$ 处的土壤呼吸速率显著高于 S$_2$ 处。

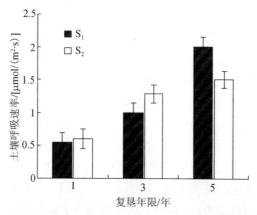

图 4-3 不同复垦年限煤矸石填埋场土壤呼吸水平变化

## 三、结论

随着复垦年限的增加，各土壤层次的微生物数量逐渐增加。复垦 5 年后，在垂直方向上，0～20cm 土层中细菌、真菌和放线菌数量分别比 20～40cm 土层高 46.12%、82.56%和 82.89%。在水平方向上，在复垦 1 年树基（S$_1$）处和林木行间（S$_2$）处的各微生物数量没有显著差异。但复垦 5 年后，与 S$_2$ 处相比，S$_1$ 处细菌数显著下降 11.84%，真菌和放线菌数量分别增加 31.18%和 19.08%。

在垂直方向上，各土壤层次的真菌和放线菌占微生物总数的比例随着复垦年限的增加而呈增加趋势，$B/F$ 值呈降低趋势，20～40cm 土层中 $B/F$ 值均显著高于 0～20cm 土层。在水平方向上，随着复垦年限的增加，与 S$_2$ 处相比，S$_1$ 处的细菌占微生物总数的比例逐渐减少，真菌和放线菌占微生物总数的比例逐渐增加。复垦 5 年后，S$_1$ 处的 $B/F$ 值比 S$_2$ 处降低 32.79%。这表明随着复垦年限的增加，S$_1$ 处土壤中微生物类群、数量先于 S$_2$ 处趋于均衡状态。

各层次土壤的过氧化氢酶、脲酶、蔗糖酶和磷酸酶活性随复垦年限的增加呈增加趋势。在垂直方向上，0～20cm 土层各土壤酶活性多显著大于 20～40cm 土层。在水平方向上，土壤酶活性随复垦年限的变化规律较为复杂，但在复垦 5 年后，S$_1$ 处磷酸酶和蔗糖酶活性分别较 S$_2$ 处低 23.81%和 17.95%，脲酶活性较 S$_2$ 处高 19.05%，但 S$_1$ 处的过氧化氢酶活性与 S$_2$ 位点相比没有显著差异。

不同水平位置的土壤呼吸速率随着复垦年限的增加均呈增加趋势。但在不同的复垦年限，不同水平位置土壤呼吸速率有不同的表现。在复垦 1 年，$S_1$ 和 $S_2$ 位置土壤呼吸速率没有显著差异。充填复垦 3 年后，$S_2$ 处的土壤呼吸速率显著高于 $S_1$，但到复垦 5 年后，$S_1$ 处的土壤呼吸速率较 $S_2$ 位点提高 33.33%。

# 第二节　煤矸石污染土壤改良对大豆生长和生理特性的影响

煤矸石是煤炭生产和加工中排放的固体废弃物，占煤炭生产量的 10%～20%，是中国年排放量和累计堆存量最大的工业固体废弃物之一（王心义等，2006）。目前，煤矸石的资源化利用比例不到 30%（胡振琪等，2009）。煤矸石在堆积过程中，极易发生风化，使大量有毒有害的重金属元素释放出来，随降雨淋溶渗滤进入矿区和周围环境的土壤中，从而污染土壤，对植被和作物造成严重影响（张锂等，2008）。因此，对煤矸石污染土壤进行基质改良继而进行土地复垦，使之在农业方面得到利用就显得尤为重要。现有的重金属污染治理措施大多数是化学修复或物理修复技术。这些措施不但成本高，而且会导致地下水污染，造成二次污染（Xu et al.，2006；席永慧等，2004）。此外，这些措施还会破坏土壤结构及微生物区系，以及引起土壤中某些营养成分的损失（冯凤玲等，2006）。粉煤灰是燃煤电厂产生的固体废物，具有较强的碱性和吸附性，许多学者利用粉煤灰进行土壤重金属修复、矿区沉陷充填复垦等并取得了一定成果（Akcil et al.，2006；Phair et al.，2004；Komnitsas et al.，2004；胡振琪等，2002）。煤矸石中除含有大量有毒重金属，还含有大量硫化物，在雨季，煤矸石内硫化物氧化产生的酸性淋溶水渗入土壤，其较强的酸性会给矿区及周围土壤或农田的动物、植物带来直接危害（胡振琪等，2009）。另外，强酸环境还易导致土壤中 $Fe^{3+}$、$Mn^{2+}$ 等有害物质释出，产生间接危害。胡振琪等（2009）对利用粉煤灰来防治煤矸石酸性与重金属复合污染进行了系统研究，研究结果达到了"以废治废，改良土壤"的目的。土壤是生物赖以生存的基础，目前对矿区污染土壤修复的研究大多数集中在治理后的土壤理化性质方面，而对治理后作物生长效果的研究很少。

本节采用盆栽试验，通过填加粉煤灰和牛粪对煤矸石污染土壤进行改良，并对不同改良措施下的大豆生理特性、生长发育及其籽粒产量进行比较研究，以期为受损土壤修复和生产管理提供基本的理论依据。

## 一、研究区概况、研究方法及数据分析

### （一）研究区概况及研究方法

试验于 2009 年 4～9 月进行，供试大豆品种为'晋豆 34 号'，供试煤矸石采自焦作市马村区以东约 3km 处的演马矿煤矸石山山脚下煤矸石风化物，风化物呈

酸性且含有大量 Pb、Zn、Cu 等重金属元素。供试土壤取自距煤矸石山 2km 的农田耕层土。粉煤灰取自附近燃煤电厂，牛粪取自附近养殖场。试验用盆直径为 35cm，高为 38cm。装盆前，首先将风干土壤和煤矸石风化物过筛，并按 1∶1 比例混匀，每盆装混合物 15kg。试验设 3 个改良处理组：A 处理组（添加粉煤灰 1kg），B 处理组（添加牛粪 1kg）和 C 处理组（添加粉煤灰 1kg 和牛粪 1kg）。CK 对照组为土壤和煤矸石风化物混合物。播种前浇水，使土壤水分达田间持水量的 80%，每盆播种大豆种子 8 粒，于苗期间苗，每盆留苗 4 株。每一个处理设置 12 个重复，分别于苗期、开花期和鼓粒期破坏取样 3 盆，测单株根瘤数。成熟期 3 盆用于测定产量性状。

于开花期和鼓粒期上午 9:00～11:00 使用 LI-6400 光合仪测定各处理组叶片的光合速率。每盆随机选取同一部位 3 片叶片，每个处理组设置 9 次重复（3 盆×3 片）。测定完光合速率后立即用 SPAD-502 叶绿素测定仪测定同一叶片的叶绿素含量。分别于苗期、结荚期测各处理组的株高、叶面积。

（二）数据分析

本节使用 SPSS 19.0 软件对试验数据进行统计分析，并对各处理数据进行显著性检验。

## 二、结果与分析

（一）不同土壤改良措施对大豆株高和叶面积的影响

通过对大豆苗期和结荚期的株高和叶面积进行测定，株高和叶面积在不同生育期变化的趋势均为 C 处理组＞B 处理组＞A 处理组＞CK 对照组，3 种土壤改良措施均显著影响了大豆的株高和叶面积（表 4-4）。其中，C 处理组的株高和叶面积均显著大于其他两个处理组和 CK 对照组。到结荚期，C 处理组的株高和叶面积均极显著大于其他组。

表 4-4　不同土壤改良措施下大豆的株高和叶面积

| 组别 | 苗期 | | 结荚期 | |
|---|---|---|---|---|
| | 株高/cm | 叶面积/cm$^2$ | 株高/cm | 叶面积/cm$^2$ |
| CK 对照组 | 9.59±0.8d | 3.15±0.4d | 52.18±3.2Cd | 1 589±42.3D |
| A 处理组 | 9.98±0.6c | 3.45±0.5c | 59.23±2.6Bc | 1 798±57.6C |
| B 处理组 | 10.52±0.5b | 4.21±0.4b | 60.25±5.2Bb | 1 892±48.2B |
| C 处理组 | 10.98±0.7a | 4.58±0.6a | 65.14±3.4Aa | 2 001±75.6A |

注：表中同一列不同大写字母、小写字母分别代表在 $p<0.01$ 和 $p<0.05$ 水平差异显著。

（二）不同土壤改良措施对大豆单株根瘤数的影响

不同土壤改良措施下大豆不同生育期的单株根瘤数见表 4-5。在苗期，A 处理组和 CK 对照组的单株根瘤数没有显著差异，B 处理组和 C 处理组单株根瘤数显著大于对照组 CK。开花期后，3 种土壤改良措施均显著地影响了大豆的单株根瘤数，其中 C 处理组的单株根瘤数最多，极显著地大于其他处理组和对照组。各处理组的单株根瘤数均在鼓粒期最高。

表 4-5　不同土壤改良措施下大豆不同生育期的单株根瘤数

| 组别 | 苗期 | 开花期 | 鼓粒期 |
|---|---|---|---|
| CK 对照组 | 4.3±0.5b | 19.3±1.2Bd | 142.8±5.6Bd |
| A 处理组 | 4.5±0.9b | 26.50±1.1Bc | 145.8±15.6Bc |
| B 处理组 | 8.0±0.6a | 30.50±1.6Bb | 162.5±11.2Bb |
| C 处理组 | 9.3±0.6a | 66.3±2.3Aa | 202.3±13.4Aa |

注：表中同一列不同大写字母、小写字母分别代表在 $p<0.01$ 和 $p<0.05$ 水平差异显著。

（三）不同土壤改良措施对大豆叶绿素含量和光合速率的影响

图 4-4 显示了添加不同土壤改良剂后，在开花期和鼓粒期测定的大豆叶绿素含量和光合速率。和对照组 CK 相比，不同土壤改良措施对大豆叶绿素含量和光合速率均有显著的影响。在两个测定时期，不同土壤改良措施条件下大豆的叶绿素含量和光合速率均表现为 CK 处理组＜A 处理组＜B 处理组＜C 处理组。其中，C 处理组的叶绿素含量和光合速率最高，均显著大于 CK 对照组、A 处理组和 B 处理组。CK 对照组的叶绿素含量和光合速率最低，均显著小于 A 处理组、B 处理组和 C 处理组。

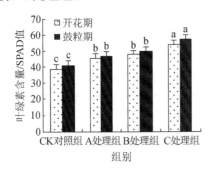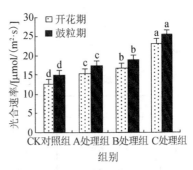

图 4-4　不同土壤改良措施下大豆的叶绿素含量和光合速率

注：相同图例柱状图上不同小写字母表示处理间在 $p<0.05$ 水平差异显著。

（四）不同土壤改良措施对产量性状的影响

在各产量性状中，不同土壤改良措施下大豆的单株荚数、单株粒重和百粒重均显著高于 CK 对照组，其中 C 处理组的单株荚数和单株粒重均为最高，并显著大于其他组（表 4-6）；产量的变化趋势与单株荚数、单株粒重相同，为 C 处理组＞B 处理组＞A 处理组＞CK 对照组，C 处理组的产量最高，显著大于 CK 对照组、A 处理组和 B 处理组。另外，与 CK 对照组的产量相比，C 处理组的产量提高幅度为 68.77%，与 A 处理组和 B 处理组相比，C 处理组的产量提高幅度分别为 28.97%和 19.57%。

表 4-6　不同土壤改良措施下大豆的产量性状

| 组别 | 单株荚数 | 单株粒重/g | 百粒重/g | 产量/（g/盆） |
|---|---|---|---|---|
| CK 对照组 | 15.32±1.2d | 5.54±0.6d | 17.5±1.1b | 22.16±1.8d |
| A 处理组 | 19.23±1.8c | 7.25±0.5c | 18.2±2.1a | 29.0±2.3c |
| B 处理组 | 21.12±2.2b | 7.82±0.3b | 18.4±3.2a | 31.28±2.7b |
| C 处理组 | 23.34±2.8a | 9.35±0.4a | 18.4±1.8a | 37.4±1.9a |

注：同一列中不同的字母分别表示在 $p < 0.05$ 水平上差异显著。

## 三、讨论与结论

土壤是生态系统的基质与生物多样性的载体，是矿区土地恢复与生态重建的基础。研究表明，基质养分贫瘠、极端 pH 和持水能力差等是煤矸石废弃地植物生长的重要限制因素（范英宏等，2003；王晓春等，2007）。煤矿区废弃地的自然恢复过程是极其缓慢的，基质的全面恢复通常需要百年以上（Bradshaw，1997）。因此，利用一定的技术措施开展人工恢复工作，对加速工矿废弃地的生态恢复具有重要意义。针对煤矸石废弃地基质改良，国内外已经展开了一定的研究。通过表土覆盖（Holmes，2001），施用化学物质、有机肥料（Schafer，2001）及引入微生物（Lunt et al.，2003）等方式进行改良，均取得一定效果。王笑峰等（2008）利用河道清淤土和电厂粉煤灰两种固体废弃物作为改良剂进行煤矸石山基质改良，有效地改善了基质理化性质，提高了植被恢复和生长速度。本节选择牛粪和电厂粉煤灰作为基质改良的添加剂，对煤矸石污染土壤进行改良。研究结果表明，改良后的基质对大豆的生长、生理特性和产量性状有重要影响。

1）3 种土壤改良措施都显著影响了大豆的株高、叶面积和单株根瘤数。其中，C 处理组（添加牛粪和粉煤灰）的株高和叶面积均显著大于 CK 对照组、A 处理组（添加粉煤灰）和 B 处理组（添加牛粪）。对照组 CK 的株高、叶面积最低，均显著小于 A 处理组、B 处理组和 C 处理组。

2）不同土壤改良措施对大豆叶绿素含量和光合速率有显著的影响。在两个测定时期，C 处理组（添加牛粪和粉煤灰）大豆的叶绿素含量和光合速率均为最高，显著大于 CK 对照组、A 处理组（添加粉煤灰）和 B 处理组（添加牛粪）。对照组 CK 处理叶绿素含量和光合速率均为最低，显著小于 A 处理组、B 处理组和 C 处理组。

3）不同土壤改良措施对大豆的单株荚数、单株粒重、百粒重和产量均有显著的影响，其中 C 处理组的各产量性状均为最高；CK 对照组的各产量性状均为最低，均显著小于 A 处理组、B 处理组和 C 处理组。

## 第三节　粉煤灰和菌渣配施对矿井废水污染土壤微生物学特性和小麦生长的影响

矿井废水是伴随煤炭开采而产生的喀斯特水、矿坑水、地下含水层的疏放水，以及生产、洗煤、防尘等用水。过去很多矿区没有对矿井废水加以充分利用，中国矿井废水的利用率约为 26%。对矿井废水污染土壤进行修复研究是缓解矿区农田环境恶化和实现粮食安全生产的当务之急。

马守臣等（2011）利用粉煤灰和牛粪作为基质改良的添加剂，对煤矸石造成的酸性和重金属污染土壤进行改良，改良后的土壤对大豆的生长、生理特性和产量性状有重要影响。食用菌菌渣含有丰富的有机物及其他营养成分，用作肥料时可为农作物和土壤中的微生物提供氮素营养和矿质元素，增加土壤肥力。菌渣在土壤中进一步被分解后，能使土壤形成具有良好透气性能和蓄水能力的腐殖质，避免土壤的板结现象，增强土壤的透气性。因此，本节针对矿井废水灌溉对农田土壤的影响特点，采用粉煤灰和菌渣配施的方法对矿井废水污染的农田污染进行改良，并通过对土壤微生物学特性和作物生长指标的测定，分析改良措施对矿井废水灌溉农田的改良效应。

### 一、研究区概况、研究方法及数据分析

#### （一）研究区概况

本节选取焦作煤业集团中马矿区长期进行矿井废水灌溉的农田为研究对象。试验田位于矿井废水出水口附近，矿井废水类型主要是经沉淀处理的洗煤废水。土壤为砂壤土，土壤 pH 为 5.78，有机质含量为 1.21%，全氮含量为 0.77g/kg，全磷含量为 1.25g/kg，全钾含量为 12.71g/kg，碱解氮含量为 45.41mg/kg，有效磷含量为 8.23mg/kg，有效钾含量为 76.05mg/kg。共设 2 个土壤改良处理。其中，$T_1$ 处理组为菌渣改良（试验期间增施菌渣 $2\times10^4kg/hm^2$）；$T_2$ 处理组为粉煤灰+菌渣改良（试验期间增施菌渣 $2\times10^4kg/hm^2$，粉煤灰 $2\times10^4kg/hm^2$）；CK 对照组未进行土壤改良。菌渣粗蛋白含量为 7.91%，粗脂肪含量为 2.04%，粗纤维含量为 30.52%，灰分含量为 6.715%，总糖含量为 21.97%，磷含量为 0.088%。粉煤灰 pH 为 9.82，有效磷含量为 3.15mg/kg，有效钾含量为 111.21mg/kg。各处理组操作重复 3 次，小区面积为 4m×6m。各处理的其他田间管理措施一致。冬小麦于 2010 年 10 月 10 日播种，播种前撒施 N、P、K 复合肥（N、P、K 的比例为 15：20：10）450kg/hm²，于拔节期追施尿素 225kg/hm²。

（二）研究方法

在小麦开花期，每小区从中心到边缘沿直线布置 5 个采样点，每个采样点分层按 0~20cm 和 20~40cm 进行采集，每层各采取土样 0.5kg，装入无菌自封袋内。将一部分新鲜土样研磨，过 2mm 尼龙网筛，装入无菌自封袋，置于 4℃冰箱内保存，以供土壤微生物指标分析；另一部分土样于室内自然风干，研磨，过 1mm 筛，供土壤酶活性指标分析。

采用苯酚钠比色法测定土壤脲酶活性，采用 3,5-二硝基水杨酸比色法测定土壤蔗糖酶活性，采用磷酸苯二钠比色法测定土壤磷酸酶活性（姚槐应等，2006）。采用平板稀释计数法测定土壤细菌、真菌和放线菌的数量，其中，（细菌+放线菌）与真菌的比值（$B/F$ 值）是衡量土壤肥力的一个指标，$B/F$ 值高说明土壤中细菌、放线菌密度大，表明土壤肥力水平较高。

于拔节期和开花期测定各处理组小麦的群体数量、株高、叶面积、叶绿素含量，开花期同时测定土壤呼吸速率。小麦群体数量为单位面积上生长着的小麦总茎数。叶面积计算公式：小麦叶面积=长×宽×经验系数（0.83）。选取生长一致的旗叶，用 SPAD 叶绿素仪测定叶绿素含量，每叶片中部测定 10 次，取平均值。用 LI-8100 红外土壤碳通量测定装置测定土壤呼吸速率。在成熟期，测得各处理组小麦的穗数、产量、穗粒重，计算收获指数。

（三）数据分析

使用 SPSS 19.0 软件对试验数据进行统计分析，并对各处理数据进行显著性检验。

## 二、结果与分析

（一）粉煤灰和菌渣配施对矿井废水污染土壤微生物数量的影响

土壤微生物是活跃的土壤肥力因子之一。细菌、放线菌和真菌是土壤微生物的三大类群，构成了土壤微生物的主要生物量，它们的区系组成和数量变化不仅能反映土壤的生物活性水平，还能敏感地反映土壤环境质量的变化。通过对各处理组 0~20cm 和 20~40cm 土壤层的微生物数量进行检测发现，与 CK 对照组相比，两个土壤改良措施均显著提高了 0~20cm 和 20~40cm 土壤层中细菌、真菌和放线菌的数量。$T_2$ 处理组 0~20cm 土壤层的细菌和放线菌的数量均显著高于 $T_1$ 处理组，但真菌数量与 $T_1$ 处理组没有显著差异。通过计算两个土壤层的 $B/F$ 值，在 0~20cm 土壤层，$T_2$ 处理组的 $B/F$ 值最高，显著大于 $T_1$ 处理组和 CK 对照组；在 20~40cm 土壤层，$T_1$ 处理组和 $T_2$ 处理组的 $B/F$ 值没有显著差别，但均显著高于 CK 对照组。$B/F$ 值是衡量土壤肥力的一个指标，$B/F$ 值高，表明土壤肥力水平较高（图 4-5）。

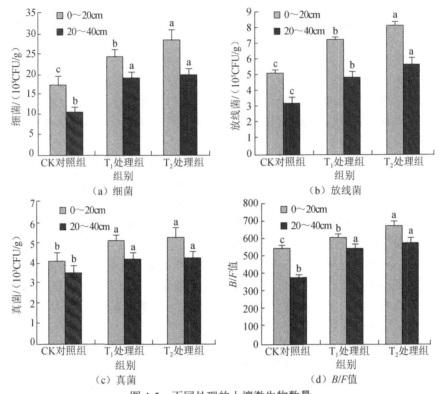

图 4-5　不同处理的土壤微生物数量

注：相同图例柱状图上不同小写字母表示处理间在 $p<0.05$ 水平差异显著。

（二）粉煤灰与菌渣配施对矿井废水污染土壤酶活性和土壤呼吸速率的影响

对各组 0～20cm 和 20～40cm 土壤层的土壤酶（脲酶、蔗糖酶和磷酸酶）活性进行检测，结果表明两个土壤层的各类酶活性均为 $T_2$ 处理组＞$T_1$ 处理组＞CK 对照组，两个土壤改良措施均显著提高了土壤中脲酶、蔗糖酶和磷酸酶的活性（图 4-6）。土壤呼吸强度是反映土壤环境对胁迫反应的重要指标，也是反映土壤质量、肥力及土壤微生物活性的重要指标。对单位面积的土壤呼吸速率进行测定，各处理土壤的呼吸速率也表现为 $T_2$ 处理组＞$T_1$ 处理组＞CK 对照组，两个土壤改良措施均显著提高了土壤呼吸速率（图 4-7）。

（三）粉煤灰与菌渣配施对矿井废水污染土壤小麦株高、叶面积和叶绿素含量的影响

作物的生长发育对土壤环境条件非常敏感，与 CK 对照组相比，两种土壤改良措施对小麦群体数量、株高、叶面积均有显著的促进作用。在拔节期各处理组小麦的群体数量、株高、叶面积和叶绿素含量均表现为 $T_2$ 处理组＞$T_1$ 处理组＞CK 对照组（表 4-7）；到开花期时，各组小麦的群体数量表现为 $T_2$ 处理组＞$T_1$ 处理组＞CK 对照组，$T_1$ 处理组和 $T_2$ 处理组小麦的株高、叶面积和叶绿素含量显著大于 CK 对照组，

但 $T_1$ 处理组和 $T_2$ 处理组差异不显著。可见,对于长期矿井废水灌溉造成的土壤污染,通过增施粉煤灰和菌渣对土壤进行改良可以显著促进小麦生长。

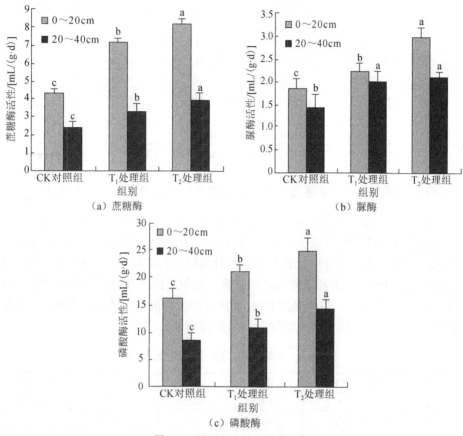

（a）蔗糖酶　　　　　（b）脲酶

（c）磷酸酶

图 4-6　不同处理的土壤酶活性

注：相同图例柱状图上不同小写字母表示处理间在 $p < 0.05$ 水平差异显著。

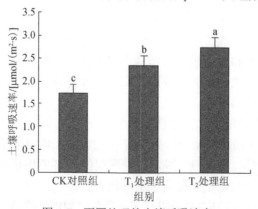

图 4-7　不同处理的土壤呼吸速率

注：柱状图上的小写字母表示处理间在 $p < 0.05$ 水平差异显著。

表 4-7　不同处理小麦群体数量、株高、叶面积和叶绿素含量

| 生育期 | 组别 | 群体数量 / ($10^4$/$hm^2$) | 株高/cm | 叶面积/$cm^2$ | 叶绿素含量 /SPAD 值 |
|---|---|---|---|---|---|
| 拔节期 | CK 对照组 | 742.12c | 35.38c | 42.58c | 42.44c |
| | $T_1$ 处理组 | 865.18b | 38.98b | 46.59b | 45.27b |
| | $T_2$ 处理组 | 892.32a | 41.14a | 52.78a | 47.85a |
| 开花期 | CK 对照组 | 578.23c | 78.41b | 67.89b | 46.89b |
| | $T_1$ 处理组 | 621.14b | 83.78a | 87.58a | 49.25a |
| | $T_2$ 处理组 | 659.45a | 84.35a | 88.33a | 50.52a |

注：同一生育期、同一列中不同的字母分别表示在 $p < 0.05$ 水平差异显著。

（四）粉煤灰与菌渣配施对矿井废水污染土壤小麦产量及其相关性状的影响

对不同处理组小麦的产量及其相关性状进行比较，结果表明两种土壤改良措施对小麦各产量性状均有显著的影响，$T_2$ 处理组和 $T_1$ 处理组小麦的穗数、穗粒数、千粒重、产量和收获指数均显著大于 CK 对照组。$T_2$ 处理组小麦的穗粒数和千粒重与 $T_1$ 处理组相比没有显著差异，但提高了穗数，因此 $T_2$ 处理组的产量显著高于 $T_1$ 处理组（表 4-8）。$T_1$ 处理组和 $T_2$ 处理组的收获指数也没有显著差异。可见，粉煤灰与菌渣配施可提高小麦的穗数，从而提高作物产量。

表 4-8　不同处理小麦产量及构成因素

| 组别 | 穗数/ ($10^4$/$hm^2$) | 穗粒数/粒 | 千粒重/g | 产量/ (kg/$hm^2$) | 收获指数/% |
|---|---|---|---|---|---|
| CK 对照组 | 531.21c | 28.52b | 38.92b | 5 839.07c | 39.78b |
| $T_1$ 处理组 | 609.67b | 30.16a | 40.93a | 7 176.23b | 42.31a |
| $T_2$ 处理组 | 635.33a | 30.48a | 41.28a | 7 493.12a | 43.24a |

注：同一列中不同的字母分别表示在 $p < 0.05$ 水平差异显著。

### 三、结论

本节选择粉煤灰和食用菌菌渣作为土壤改良剂，对矿井废水污染土壤进行改良。研究结果表明，改良后的土壤微生物学特性得到显著改善，并对小麦的生长发育和产量有重要影响。

1）与 CK 对照组相比，$T_1$ 处理组和 $T_2$ 处理组均显著提高了 0～40cm 土壤层中细菌、真菌和放线菌的数量。$T_2$ 处理组 0～20cm 土壤层的细菌和放线菌的数量均显著高于 $T_1$ 处理组。$T_1$ 处理组和 $T_2$ 处理组的 $B/F$ 值均显著高于 CK 对照组，表明两个土壤改良措施均显著提高了土壤肥力。

2）两个土壤改良措施均显著提高了土壤酶（脲酶、蔗糖酶和磷酸酶）的活性和土壤呼吸速率，各处理组 0～40cm 土壤层的土壤酶活性和单位面积的土壤呼吸

速率均表现为 $T_2$ 处理组 $>$ $T_1$ 处理组 $>$ CK 对照组。

3) 两种土壤改良措施对小麦生长发育和产量性状有显著的促进作用。无论是在拔节期还是在开花期, $T_1$ 处理组和 $T_2$ 处理组小麦的群体数量、株高、叶面积和叶绿素含量均显著大于 CK 对照组。 $T_2$ 处理组和 $T_1$ 处理组小麦的穗数、穗粒数、千粒重、产量和收获指数均显著大于 CK 对照组。

## 第四节　不同植被恢复模式对采煤沉陷区土壤生物学特性的影响——以焦作市森林公园为例

煤炭开采所产生的效益为中国经济建设做出了重要贡献, 但煤炭资源大规模开发也对土地资源造成了严重的破坏, 尤其是采煤沉陷导致地表凹凸不平、裂缝(隙)遍布, 从而使耕地丧失耕作能力, 严重影响耕地的生产力, 导致耕地收益低, 农民对农业生产失去信心, 大量良田荒芜(马守臣等, 2014)。沉陷地的治理成本高且缺少可充填的土源, 大多数沉陷耕地未得到有效治理, 从而在沉陷区产生大量矿区废弃地, 并引起诸多的生态和社会问题。如能因地制宜地对沉陷区进行科学治理, 不但能节约治理成本, 而且对于矿区土地复垦和生态重建具有重要的现实意义和理论价值。

土壤是生态系统的重要组成部分, 土地复垦和生态重建效果的关键是土壤生态功能的恢复, 而土壤的生态功能取决于土壤的物理、化学、生物特性。土壤生物尤其是微生物对于维持土壤生物活性, 促进土壤中 C、N 等元素的循环和矿物质的分解, 保持土壤肥力, 以及维持植物生长发育等方面具有重要作用(樊文华等, 2011)。近年来, 许多学者针对不同类型矿区受损土地开展了大量土地复垦及生态重建的研究(白中科等, 2006; 黄铭洪等, 2003; 范英宏等, 2003)。针对复垦土壤的微生物学特性, 以安太堡露天矿为研究对象, 方辉等(2007)研究了排土场复垦土壤微生物与土壤性质的关系。樊文华等(2011)研究了不同复垦年限及植被模式对复垦土壤微生物数量的影响。这些研究从复垦年限、复垦方式、复垦植被模式等方面对土壤微生物数量的变化进行了研究, 但这些研究主要集中在露天矿区的土地复垦与生态重建方面。露天开采由于直接挖掘和废弃土石堆积等, 对原生态系统造成了毁灭性的破坏, 使原地貌形态、植被和土壤结构已不复存在。因此, 复垦土壤结构和功能都与原生态系统有着较大的差异。采煤沉陷虽然也对土地造成了破坏, 但维持土壤功能的初始土壤条件还在。当前针对矿区沉陷土地治理的研究主要集中在工程恢复技术、复垦方式、水肥流失防治及土壤特性改善等方面(马守臣等, 2014; 白中科等, 2006; 陈龙乾等, 1999), 对不同植被复垦和利用模式下复垦效果对比的研究则相对较少。李俊颖等(2017)虽对引黄充填、煤矸石充填及预复垦等不同复垦方式下的沉陷区复垦土壤养分进行了对比研究, 但对治理后生态效果未能从如何改善土壤特性等方面开展研究。采煤沉陷区的土地复垦和生态重建，不但要进行地上植被的恢复与重建，还要注重土壤生态功能的恢复（樊文华等，2011）。土壤微生物作为土壤中活的生物体，对环境变化比较敏感，能迅速对土壤环境质量和健康状况变化做出反应，是土壤环境质量和生态系统功能评价的重要生物学指标（Schloter et al., 2003；Harris, 2003）。因此，对不同复垦模式下土壤微生物学特性及其相关影响因素进行研究，可为复垦土壤质量评价提供可靠的科学依据。

　　焦作市森林公园处于原朱村矿的采煤沉陷区，地势起伏较大，不利于农业生产。随着人们生态环境意识的提高，当地政府因地制宜地将该沉陷区进行了园林式绿化，并取得了显著成效。其现已成为市区面积最大、生态功能较为完善的城市森林区。但是人类对土地的开发利用活动将不可避免地影响到土壤生境条件，从而对土壤微生物学特性产生不同方向、不同程度的影响（谢龙莲等，2004）。因此，本节以河南省焦作市森林公园为研究对象，对 4 种典型植被恢复模式下的土壤养分及土壤微生物学特性进行研究，探讨不同植被恢复模式的复垦效果，从而为改善复垦土壤状况、提高复垦土壤肥力、优化研究区生态环境提供科学依据。

## 一、研究区概况、研究方法及数据分析

### （一）研究区概况

　　焦作市森林公园位于焦作市西部中站区辖区内，地处 $112°43'31''\sim$ $113°38'35''$E，$34°49'03''\sim35°29'45''$N，属暖温带大陆性季风气候，年平均气温为 $12.8\sim14.8℃$，年降水量为 $538.2\sim586.9$mm，无霜期为 231d。该公园面积为 2 000 余亩，是焦作市十大旅游景点之一。该公园原为焦作煤业集团朱村矿采煤沉陷区，该矿区于 1958 年投产，长期煤炭开采造成矿区大面积耕地沉陷。虽然该沉陷区地势起伏较大，不利于农业生产，但其表层土壤及气候条件较为理想。1995 年焦作市政府对经过简单地形修复后的沉陷区进行园林式绿化，建成焦作市森林公园。目前，公园内的树种主要有杨、刺槐、柳、泡桐、雪松、栾树、大叶女贞、银杏、火炬树、红枫等，其中刺槐林面积为 685 亩，红枫林面积为 400 亩，其他树种种植面积为 215 亩。该公园于 1997 年经河南省林业厅批准为省级森林公园，由森林动物园、太行山特色植物园、户外拓展训练基地、真人 CS 对抗训练营、儿童乐园等景点组成，是集森林游览、动物观赏、文化娱乐、休闲避暑、康体健身、科普教育等功能于一体的综合性公园。

### （二）研究方法

　　2017 年 3 月，以人类活动干扰较大的草坪作为 CK 对照组，再选择红枫林（$S_1$ 处理组）、刺槐林（$S_2$ 处理组）、花圃（月季）（$S_3$ 处理组），共 4 种典型植被恢复

和利用模式的土壤为研究对象，对土壤微生物学特性进行研究。红枫林和刺槐林的人工干扰相对较少，花圃由员工长期养护和管理。在 4 种植被类型中，采用五点取样法采集各样地 0～30cm 的土壤样品。将采集的土样剔除根系、石块等杂物后，装入无菌自封袋，带回实验室待测。样品分为两部分，一部分样品放入冰盒中，存于-20℃的冰箱中，用于酶活性等微生物学指标的分析；另一部分放在无菌自封袋内，经风干处理后用于土壤养分的测定。

采用重铬酸钾法测定复垦土壤中的有机碳含量，采用凯氏定氮法测定复垦土壤的全氮含量，用熏蒸提取法测定土壤微生物中 C 和 N 的含量。土壤脲酶和蔗糖酶活性均采用比色法测定。其中，脲酶采用苯酚钠比色法，蔗糖酶活性采用 3,5-二硝基水杨酸比色法。土壤呼吸速率采用 EGM-4 便携式土壤呼吸仪原位测定，测定前先清除枯枝落叶和其他杂物。

（三）数据分析

本节使用 SPSS 19.0 软件对试验数据进行统计分析，并对各处理数据进行显著性检验。

## 二、结果与分析

（一）不同植被恢复模式下土壤养分特征

土壤养分特征不仅能反映土壤"营养库"中养分储量水平，还能体现土壤有效养分的供应能力（Erwin et al.，2013）。采煤沉陷破坏了土壤结构，极易造成土壤水肥流失，降低土壤质量。对沉陷区进行土地复垦不但能减少水肥流失，还能改善土壤质量和提高土壤肥力（李新举等，2007）。由表 4-9 可知，不同植被恢复模式间的土壤有机碳含量、全氮含量、全磷含量存在显著差异。人工草坪（CK 对照组）由于受到游客活动干扰力度较大，较其他 3 种植被恢复模式下的土壤有机碳含量显著降低。$S_1$ 处理组、$S_2$ 处理组和 $S_3$ 处理组样地中土壤有机碳含量较 CK 对照组分别提高 71.46%、127.96%、170.64%。$S_1$ 处理组样地全氮含量显著低于 CK 对照组，$S_2$ 处理组、$S_3$ 处理组样地的土壤全氮含量显著高于 CK 对照组。$S_1$ 处理组样地全磷含量显著低于 CK 对照组，$S_2$ 处理组样地全磷含量与 CK 对照组相比差异不显著，$S_3$ 处理组样地的土壤全磷含量显著高于 CK 对照组。与 $S_1$ 处理组、$S_2$ 处理组样地相比，$S_3$ 处理组样地由于受公园员工的长期养护，因此，土壤有机碳含量、全氮含量、全磷含量较 CK 对照组变化更为显著。$S_2$ 样地土壤全氮含量显著高于 CK 对照组，主要是由于刺槐为豆科植物，能固定空气中的 N，从而使土壤全氮含量显著增高。土壤总的碳含量与氮含量的比值（C/N）能够反映土壤中微生物活动基本营养环境的满足程度。$S_1$ 处理组、$S_2$ 处理

组和 $S_3$ 处理组样地的土壤 C/N 比均显著高于 CK 对照组，$S_1$ 处理组、$S_2$ 处理组和 $S_3$ 处理组样地的 C/N 较 CK 对照组分别提高了 124.41%、67.46% 和 97.04%。

表 4-9　不同模式处理下土壤养分含量

| 处理 | 土壤有机碳含量/（g/kg） | 全氮含量/（g/kg） | 全磷含量/（g/kg） | C/N |
|---|---|---|---|---|
| CK 对照组 | 15.70±1.35d | 1.16±0.01b | 0.66±0.01b | 13.52±1.12d |
| $S_1$ 处理组 | 26.92±1.33c | 0.90±0.02c | 0.59±0.01c | 30.34±2.11a |
| $S_2$ 处理组 | 35.79±10.16b | 1.58±0.01a | 0.64±0.01b | 22.64±1.47c |
| $S_3$ 处理组 | 42.49±8.52a | 1.60±0.03a | 0.73±0.01a | 26.64±2.22b |

注：同一列不同字母代表在 $p < 0.05$ 水平有显著差异。

（二）不同植被恢复模式下土壤微生物碳量、微生物氮量和微生物熵的变化

土壤微生物碳量（soil microbial biomass carbon，SMBC）和土壤微生物氮量（soil microbial biomass nitrogen，SMBN）是土壤活性养分的储存库和植物养分的重要来源（李娟等，2008）。不同植被恢复模式对土壤微生物数量有不同程度的影响（樊文华等，2011；方辉等，2007），从而影响 SMBC 和 SMBN。由图 4-8 可知，本节 4 种不同植被恢复模式的 SMBC、SMBN 存在显著差异。与受游客干扰力度较大的人工草坪（CK 对照组）相比，$S_1$ 处理组、$S_2$ 处理组和 $S_3$ 处理组样地均显著提高了 SMBC、SMBN，在 4 种植被恢复模式下 SMBC、SMBN 均呈现出 $S_3$ 处理组＞$S_2$ 处理组＞$S_1$ 处理组＞CK 对照组趋势。其中，$S_3$ 处理组样地由于受公园员工长期养护的影响，SMBC、SMBN 增加幅度最大，分别较 CK 对照组增加了 184.03%、79.71%。SMBC/SMBN 可反映微生物群落组成及其结构的变化信息，SMBC/SMBN 越高，说明土壤中微生物群落越复杂（李娟等，2008）。与 CK 对照组相比，$S_1$ 处理组、$S_2$ 处理组和 $S_3$ 处理组样地的 SMBC/SMBN 均显著提高，分别较 CK 对照组提高了 15.82%、62.77%、57.24%，表明这 3 种植被恢复模式下土壤微生物群落结构均优于 CK 对照组。土壤中 SMBC 占土壤总有机碳含量的百分比称为土壤微生物熵（qMB），可反映土壤活性碳库容量和土壤活性特征（李娟等，2008）。qMB 越大，表明土壤中活性有机碳所占的比例越高，因此，qMB 还可以指示土壤进化和土壤健康状况的变化（任天志等，2000）。研究表明，一般土壤的 qMB 在 1%～4%（Brookes et al.，1985），本节中 qMB 的范围为 1.13%～2.04%，$S_1$ 处理组、$S_2$ 处理组和 $S_3$ 处理组样地土壤的 qMB 均显著高于 CK 对照组。以上微生物学特性的研究表明，$S_1$ 处理组、$S_2$ 处理组和 $S_3$ 处理组 3 种样地土壤活性养分、微生物群落结构、土壤进化和土壤健康程度均显著优于 CK 对照组样地。

（三）不同植被恢复模式下复垦土壤呼吸速率和土壤酶活性的影响

土壤呼吸主要由土壤微生物呼吸、植物根系呼吸和土壤无脊椎动物呼吸 3 种生物学过程构成（Singh et al.，1977）。土壤酶是由土壤中植物根系和微生物的分

泌物，以及动植物残体分解物形成的生物催化剂（周丽霞等，2007）。因此，土壤呼吸速率和土壤酶活性作为土壤生物活性指标，反映了土壤的生物学特性、物质代谢强度，以及土壤中的养分转化和供应能力（Nael et al.，2004）。由图4-9可知，不同恢复模式间的土壤呼吸速率存在显著差异。与 CK 对照组相比，$S_1$ 处理组、$S_2$ 处理组和 $S_3$ 处理组样地土壤呼吸速率均显著提高。土壤中有机质的分解与转化、养分固定与释放及各种氧化还原反应等一切生化过程都是在各种土壤酶的参与下进行的。其中，蔗糖酶和脲酶是表征土壤生物活性的两种重要酶，其活性高低可分别用来反映土壤中 C、N 的转化和供应强度（周丽霞等，2007）。不同植被恢复模式间脲酶和蔗糖酶活性也存在显著差异。$S_1$ 处理组、$S_2$ 处理组和 $S_3$ 处理组样地脲酶和蔗糖酶活性均显著高于 CK 对照组样地。可见，不同的土地复垦和利用模式对土壤的生物特性具有不同程度的影响，且土壤呼吸速率、蔗糖酶活性和脲酶活性均呈现出 $S_3$ 处理组＞$S_2$ 处理组＞$S_1$ 处理组＞CK 对照组的变化趋势。

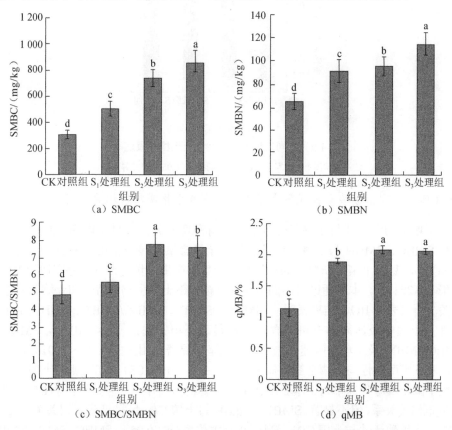

图4-8　不同处理土壤微生物 SMBC、SMBN、SMBC/SMBN 和 qMB

注：柱状图上的小写字母表示处理间在 $p<0.05$ 水平差异显著。

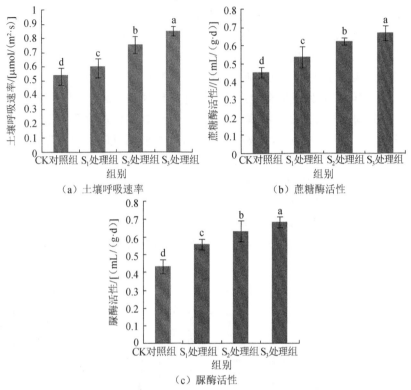

（a）土壤呼吸速率 （b）蔗糖酶活性

（c）脲酶活性

图4-9　不同处理土壤酶活性及土壤呼吸速率

注：柱状图上的小写字母表示处理间在 $p<0.05$ 水平差异显著。

（四）不同植被恢复模式下土壤养分与土壤生物学特性相关分析

土壤生物学特性与土壤养分含量之间有密切的关系（樊文华等，2011）。尤其是 SMBC、SMBN 与土壤有机碳含量、全氮含量呈显著正相关关系（李娟等，2008）。对复垦土壤的研究也表明，复垦土壤的微生物量与土壤养分密切相关（樊文华等，2011）。本节通过对不同植被恢复模式下土壤生物学特性和土壤养分进行相关分析（表4-10），结果表明， SMBC、SMBN、SMBC/SMBN、qMB、土壤酶活性及土壤呼吸速率与有机碳含量呈极显著正相关关系（$p<0.01$），SMBC、SMBC/SMBN 及土壤呼吸速率与土壤全氮呈极显著正相关关系（$p<0.01$），土壤脲酶和蔗糖酶活性与土壤全氮呈显著正相关关系（$p<0.05$）。在所测的土壤生物学特性中除土壤呼吸速率与土壤全磷含量呈显著正相关外，其他生物学特性与全磷含量呈正相关关系，但不显著。SMBN 和 qMB 与土壤 C/N 呈极显著正相关关系（$p<0.01$）；土壤酶活性与土壤 C/N 呈显著正相关关系（$p<0.05$）。SMBC、SMBC/SMBN 及土壤呼吸速率与土壤 C/N 呈正相关关系，但是不显著。臧逸飞等（2015）的研究表明，土壤 qMB 与 SMBC、土壤呼吸速率显著相关，但与土壤养分之间无相关性，但本节中土壤 qMB 与土壤有机碳含量、土壤 C/N 呈极显著正相关关系。

表 4-10　土壤生物学特性与土壤养分的相关分析

| 项目 | SMBC | SMBN | 呼吸速率 | 蔗糖酶 | 脲酶 | qMB | SMBC/SMBN |
|------|------|------|---------|-------|------|-----|-----------|
| 有机碳含量 | 0.986** | 0.953** | 0.937** | 0.979** | 0.964** | 0.841** | 0.907** |
| 全氮 | 0.730** | 0.528 | 0.822** | 0.687* | 0.634* | 0.387 | 0.787** |
| 全磷 | 0.487 | 0.405 | 0.677* | 0.471 | 0.400 | 0.029 | 0.403 |
| C/N | 0.536 | 0.720** | 0.358 | 0.577* | 0.609* | 0.759** | 0.370 |

*表示 $p < 0.05$ 水平显著相关，**表示 $p < 0.01$ 水平极显著相关。

### 三、结论

1）不同植被恢复模式对土壤有机碳、全氮和全磷含量有不同程度的影响。$S_1$ 处理组、$S_2$ 处理组和 $S_3$ 处理组样地的土壤有机碳含量和 C/N 均显著高于 CK 对照组。$S_2$ 处理组和 $S_3$ 处理组样地的土壤全氮含量显著高于 CK 对照组。与 $S_1$ 处理组、$S_2$ 处理组样地相比，$S_3$ 处理组样地土壤有机碳、全氮和全磷含量较 CK 对照组变化更为显著。

2）不同植被恢复模式间的土壤呼吸强度、脲酶和蔗糖酶活性存在显著差异。与 CK 对照组样地相比，$S_1$ 处理组、$S_2$ 处理组和 $S_3$ 处理组样地能显著提高土壤呼吸速率、脲酶和蔗糖酶活性，且均呈现出 $S_3$ 处理组 > $S_2$ 处理组 > $S_1$ 处理组 > CK 对照组的变化趋势。

3）$S_1$ 处理组、$S_2$ 处理组和 $S_3$ 处理组样地的 SMBC、SMBN、SMBC/SMBN 和 qMB 均显著高于 CK 对照组。表明这 3 种处理组样地土壤活性养分、微生物群落结构、土壤进化和土壤健康程度均显著优于 CK 对照组。

4）复垦土壤微生物学特性与土壤养分密切相关，尤其是土壤有机碳含量与 SMBC、SMBN、SMBC/SMBN、qMB、土壤酶活性及土壤呼吸速率均呈极显著正相关关系。

## 第五节　不同耕作措施对采煤沉陷区坡耕地玉米产量和水分利用效率的影响

煤矿区在为国家提供能源支撑的同时，引发的生态与环境问题日益凸显，尤其是煤炭开采导致的土地资源破坏最为严重。煤炭井工开采导致开采区地表发生大面积沉陷，使原地貌坡度增大，并产生大量裂缝和裂隙，极易造成水肥流失，从而影响植物生长和土地生产力（胡振琪等，2008）。据统计，中国矿粮复合区面积占耕地总面积的 40% 以上（付梅臣等，2008），采煤沉陷区面积总计可达 8 000km$^2$，并且新的采煤沉陷区面积还在以较快的速度增加（赵同谦等，2007）。沉陷区治理成本高及缺少可用来充填的土源，使很多矿区的沉陷区没有得到有效治理，形成了大量的坡耕地，土壤退化严重。作物种植对土壤质量和耕地地形要求较高，土壤环境遭到破坏将影响到农田水分、养分的循环过程，最终造成作物严重减产。尤其在一些平原矿区的沉陷区，农民缺少坡地耕作经验，耕地收益低，耕地抛荒现象时有发生。近年来，中国开展了不同类型矿区的土地复垦及环境综合整治研究（白中科等，2006；黄铭洪等，2003；范英宏等，2003），针对矿区损毁土地的研究主要集中在工程恢复技术、采煤沉陷引起的水肥流失及土壤理化性质等方面（高波等，2013；栗丽等，2010；卞正富，2004；陈龙乾等，1999）。对受损农田的作物生产及治理后生产效果的研究很少，也未在如何改善受损农田土壤的水肥特性等方面开展研究。针对采矿对耕地造成的水土流失和生产力低下的现实，在农业生产实践中如能采用一些保护性耕作措施，控制水肥流失，提高耕地抗旱生产能力，则对提高农民种粮积极性、保障区域粮食安全具有重要意义。

　　垄作栽培和秸秆覆盖是中国北方旱地农业和山地农业中常用的保护性耕作措施。研究表明，秸秆覆盖玉米田可减少株间蒸发，增强土壤保墒能力（付国占等，2005），并改善玉米的生理活性（刘迎新等，2007）。在坡耕地上进行横坡垄作，能减少地表径流和养分损失，增加雨水入渗（林超文等，2010）。河南省降水主要集中在7～9月，这一时段也正是夏玉米的生长季节。本节以河南省焦作市采煤沉陷区坡耕地为研究对象，采用不同的横坡垄作和秸秆覆盖措施对沉陷区的坡耕地进行治理，通过对不同措施下的玉米产量、土壤水氮特征及其时空变异规律进行对比研究，探讨适合沉陷区坡耕地的科学耕作措施及针对沉陷区土地退化特征的生态恢复技术。

## 一、研究区概况、研究方法及数据分析

### （一）研究区概况

　　选取焦作煤业集团韩王矿采煤沉陷区的坡耕地为试验场地。试验场地位于河南省焦作市马村区，地处太行山南麓，区域地貌为山前冲洪积扇平原，属温带大陆性季风气候区，年平均气温为14℃，年平均降水量为603～713mm，蒸发量为2 039mm。试验区土壤类型为第四系砂砾石、砂、粉质黏土及粉土组成的石灰性褐土，土壤层较薄，砾石含量高，土壤pH为7.8，有机质含量、全氮含量、全磷含量和全钾含量分别为12.1g/kg、0.77g/kg、1.25g/kg和12.71g/kg，碱解氮含量、速效磷含量和速效钾含量分别为45.41mg/kg、8.23mg/kg和76.05mg/kg。试验场地坡长15 m，坡度约为10°。

　　2011年6月6日～9月29日降水总量为389.7mm，降雨日为30d，最大单次降水量为39.0mm，单次降水量10mm以上的降雨有13次（图4-10）。可见，2011年玉米生育期总降水量丰富，属于较正常的气候条件。

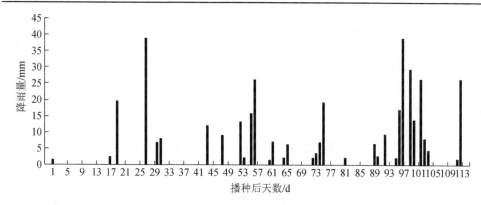

图4-10 2011年玉米生育期降雨分布

（二）研究方法

研究区内玉米的种植规格、施肥情况与大田玉米的一致。供试玉米品种为郑单958，6月7日播种，9月25日收获。设有残茬覆盖和不覆盖两种残茬处理方式，平作和横坡垄作两种耕作方式。共分4组，即平作（CK对照组）、平作+残茬覆盖（$T_1$处理组）、横坡垄作（$T_2$处理组）和横坡垄作+残茬覆盖（$T_3$处理组）。平作处理：小麦收获后清除残茬，玉米行距60cm，株距30cm。横坡垄作处理：小麦收获后清除残茬，用锄头沿等高线挖垄沟15cm，并将土覆于垄上，垄与坡长方向垂直，玉米行距为60cm，株距为30cm，每2行玉米起1垄，垄面宽为90cm，垄高为15cm，垄沟宽为30cm（图4-11）。残茬覆盖：小麦机械收割后用残茬覆盖全部地表。各试验小区自坡顶按等高线排列，小区面积为32m²（坡长为8m，宽为4m），每组设置3次重复。苗期施用N、P、K复合肥（N、P、K的比例为15∶15∶15）750kg/hm²，大喇叭口期追施尿素450kg/hm²（图4-11）。

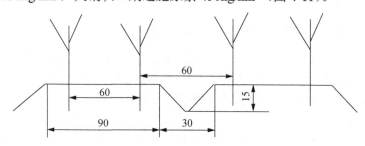

图4-11 垄作栽培种植方式（单位：cm）

1. 土壤样品测定

在降雨前和降雨后2d，在各试验小区距坡顶1.5m处按等高线采集土壤样品，每小区选取3个样点，每个样点按20cm一层取土，用碱解扩散法测定各土层碱解氮含量。

### 2. 土壤含水量和耗水量

在各生育期及降雨后 2d，在各试验小区距坡顶 1.5m 处按等高线采取土壤样品，每小区选取 3 个样点，每个样点按 20cm 一层取土，用烘干称重法测定各层土壤含水量。

玉米全生育期耗水量（100cm 以下土壤的雨水下渗和流失忽略不计）按如下公式计算：生育期总耗水量=播种前 0～100cm 土壤储水量+生育期间降水量-收获后 0～100cm 土壤储水量。

土壤储水量按如下公式计算：

$$土壤储水量 = 0.1 \times \sum w_i h_i d_i$$

式中，$h_i$ 为第 $i$ 层土壤厚度，cm；$d_i$ 为第 $i$ 层土壤容重，g/cm$^3$；$w_i$ 为第 $i$ 层土壤含水量，%。

### 3. 水分利用效率和降水利用效率计算

玉米成熟后，每小区收取中间 4 行测产。根据玉米产量、生育期耗水量、生育期间降水量和生育期间施氮量分别计算各处理的水分利用效率、降水利用效率和氮肥偏生产力。水分利用效率=玉米经济产量/生育期总耗水量，降水利用效率=玉米经济产量/生育期间降水量（mm），氮肥偏生产力=籽粒产量/施氮量。

### （三）数据分析

使用 SPSS 19.0 软件对试验数据进行统计分析，并对各处理数据进行差异显著性检验。

## 二、结果与分析

### （一）不同耕作方式对土壤水分动态的影响

不同耕作方式对土壤水分状况有明显影响，见图 4-12。播种前各组 0～100cm 土壤含水量无显著差异。从苗期到拔节期（播种后 25d），该时段降雨较少，残茬覆盖减少了土壤水分的蒸发。因此，$T_1$ 处理组和 $T_3$ 处理组的土壤含水量显著高于 CK 对照组（$p<0.05$），到拔节期时，$T_1$ 处理组和 $T_3$ 处理组的土壤含水量分别比 CK 对照组提高 9.64% 和 9.74%，$T_2$ 处理组与 CK 对照相比无显著差异。在抽雄期和成熟期，$T_1$ 处理组、$T_2$ 处理组和 $T_3$ 处理组的土壤含水量均显著高于 CK 对照组（$p<0.05$）。拔节期到抽雄期间（播种后 25～60d）及灌浆期到成熟期间（播种后 80～105d），降雨较丰富，但 $T_2$ 处理组和 $T_3$ 处理组的地表径流减少，因此，$T_2$ 处理组和 $T_3$ 处理组的土壤含水量显著高于 $T_1$ 处理组（$p<0.05$）。在灌浆期，$T_1$ 处理组、$T_2$ 处理组和 $T_3$ 处理组土壤含水量无显著差异，但均显著高于 CK 对照组（$p<0.05$）。

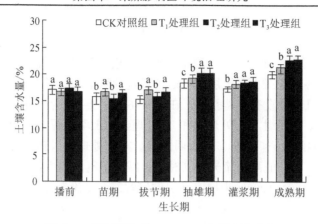

图 4-12　不同耕作组 0～100cm 土壤水分动态

注：相同图例柱状图上不同小写字母表示处理间在 $p<0.05$ 水平差异显著。

（二）降雨后土壤含水量的垂直变化

降雨前后不同耕作处理的土壤含水量变化，见图 4-13。降雨前，在土壤表层（0～20cm），$T_1$ 处理组和 $T_3$ 处理组的土壤含水量显著高于 CK 对照组（$p<0.05$），$T_2$ 处理组与 CK 对照组相比没有显著差异；在 20～40cm 土层，$T_1$ 处理组、$T_2$ 处理组和 $T_3$ 处理组的土壤含水量均显著高于 CK 对照组（$p<0.05$）；在土壤深层（40～100cm），各处理组与 CK 对照组的土壤含水量无显著差异。在播种后 27d 有一次大的降雨（降水量为 38.8mm），在雨后第 2 天对各组的土壤含水量进行测定。结果显示，在 0～40cm 土层，各处理组土壤含水量均显著高于 CK 对照组（$p<0.05$），土壤含水量依次由高到低为 $T_3$ 处理组、$T_2$ 处理组、$T_1$ 处理组和 CK 对照组；在 40～80cm 土层，$T_3$ 处理组和 $T_2$ 处理组的土壤含水量大致相当，且显著高于 $T_1$ 处理组和 CK 对照组（$p<0.05$）；在 80～100cm 土层，各处理组的土壤含水量没有显著差异。可见，降雨后 $T_1$ 处理组、$T_2$ 处理组和 $T_3$ 处理组地表径流均较 CK 对照组减少，从而增加了降雨向深层土壤的入渗。

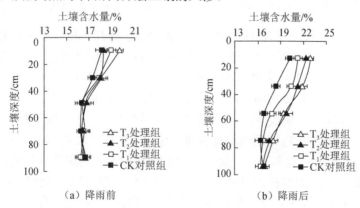

（a）降雨前　　　　　　　　（b）降雨后

图 4-13　降雨前后不同耕作处理的土壤含水量变化

（三）降雨后土壤碱解氮含量的垂直变化

由图 4-14 可见，降雨前各处理组间不同土层碱解氮含量没有显著差异。在降雨后第 2 天对各处理组不同土层碱解氮含量进行测定。结果表明，0～20cm 土层各处理组碱解氮含量没有显著差异；在 20～60cm 土层，各处理组的土壤碱解氮含量均高于 CK 对照组，$T_3$ 处理组和 $T_2$ 处理组的土壤碱解氮含量显著高于 $T_1$ 处理组和 CK 对照组（$p < 0.05$）。这说明降雨后，$T_1$ 处理组、$T_2$ 处理组和 $T_3$ 处理组在增加降雨入渗和降低雨水流失的同时，也减少了氮的流失量，增加了氮向深层土壤的入渗。在 80～100cm 土层，各组的碱解氮含量没有显著差异。

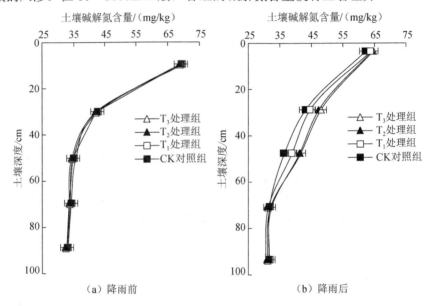

图 4-14　降雨前后不同耕作处理土壤碱解氮含量的垂直变化

（四）不同耕作处理玉米的产量、水分利用效率和降水利用效率

由表 4-11 可见，不同耕作处理对玉米的产量、总耗水量、水分利用效率和降水利用效率均有明显影响。$T_1$ 处理组、$T_2$ 处理组和 $T_3$ 处理组的玉米产量均显著高于 CK 对照组，分别比 CK 对照组增产 8.17%、13.53%和 16.59%，两个横坡垄作处理（$T_2$ 处理组和 $T_3$ 处理组）的产量均显著高于两个平作处理（$T_1$ 处理组和 CK 对照组）（$p < 0.05$），横坡垄作+残茬覆盖增产效果最好。与 CK 对照组相比，$T_1$ 处理组、$T_2$ 处理组和 $T_3$ 处理组均显著减少了玉米的总耗水量（$p < 0.05$），显著提高了玉米的水分利用效率（$p < 0.05$），3 个处理组的水分利用效率分别比 CK 对照组提高 15.01%、24.11%和 31.20%。$T_1$ 处理组、$T_2$ 处理组和 $T_3$ 处理组还减少了坡耕地的雨水和氮肥流失，从而提高玉米的降水利用效率和氮肥偏生产力。两个横

坡垄作处理（$T_2$处理组和$T_3$处理组）的降水利用效率和氮肥偏生产力均显著高于平作处理（$T_1$处理组和CK对照组）。

表 4-11　不同耕作处理玉米的产量、水分利用效率和降水利用效率

| 处理 | 生育期降水 /mm | 总耗水量 /mm | 产量 /（kg/hm²） | 水分利用效率 /［（kg/hm²）/mm］ | 降水利用效率 /［（kg/hm²）/mm］ | 氮肥偏生产力 /（kg/kg） |
|---|---|---|---|---|---|---|
| CK 对照组 | 389.7 | 350.7a | 5 980.3c | 17.05d | 15.35c | 19.29c |
| $T_1$处理组 | 389.7 | 329.9b | 6 469.0b | 19.61c | 16.60b | 20.87b |
| $T_2$处理组 | 389.7 | 320.8c | 6 789.3a | 21.16b | 17.42a | 21.90a |
| $T_3$处理组 | 389.7 | 311.7d | 6 972.3a | 22.37a | 17.89a | 22.49a |

注：同一列英文小写字母不同表示处理间差异显著（$p < 0.05$）。

### 三、讨论

采煤沉陷不但破坏原有地表形态，造成耕地破碎，而且破坏了沉陷区灌溉设施。由于灌溉设施受损或缺少灌溉条件，沉陷区坡耕地已属于雨养农业，加上采煤沉陷造成表层土壤松动，极易引起水土流失，这不仅降低了耕地的水肥利用率，还大大削弱了其抗旱生产能力。在采煤沉陷区由于资金及地形地貌等客观条件的限制，坡耕地在一定时期内仍将存在。不同的耕作措施对土壤侵蚀和营养物质流失有不同程度的影响（许其功等，2007）。如果能采取有效的耕作措施，减少沉陷区坡耕地地表径流，增加雨水的土壤蓄积量，则不但能节省灌溉投入，还能减少养分流失、提高雨水利用效率和作物产量。

实行垄作可改善根际土壤的通气性和理化特性，并有利于田间的通风透光，能有效地协调土、水、肥、气和光等因子间的关系（马丽等，2011）。在中国北方旱地农业中进行垄作栽培，有利于汇集雨水，增强降雨的有效性，提高水分利用效率，并使作物增产（傅永斌等，2013）。而在坡耕地上进行玉米横坡垄作，不仅能减少地表径流、使雨水最大限度地就地蓄积，还能减少营养元素的流失，从而提高水肥的利用效率和作物产量（林超文等，2010）。本节将垄作技术应用在沉陷区坡耕地玉米生产上，结果表明，实行横坡垄作（$T_2$处理组）可减少地表径流，也可减少氮的流失量，增加氮向深层土壤的入渗，从而提高坡耕地的保水、保肥能力。因此，$T_2$处理组玉米的籽粒产量、水分利用效率、降水利用效率和氮肥偏生产力显著提高（$p < 0.05$）。

秸秆覆盖具有保温、保墒、培肥和防蚀等生态效应，并可显著提高作物水分利用效率（蔡太义等，2011）。在夏玉米生育前期，气温较高，田间蒸发剧烈，秸秆覆盖可减少株间蒸发，大幅度提高土壤蓄水保墒的能力，并提高玉米的产量和水分利用效率（付国占等，2005）。在坡耕地的研究表明，秸秆覆盖由于增加地表糙率，可降低地表径流的流速，增加雨水入渗，从而减少径流总量（林超文等，2010）。在沉陷区坡耕地进行秸秆覆盖的研究表明，从玉米苗期到拔节期，秸秆覆盖可显著降低土壤水分的无效蒸发，拔节期以后由于降雨增多，残茬覆盖（$T_1$处理

组）还可减少地表径流，进而减少坡耕地的水肥流失。因此，$T_1$ 处理组的水分利用效率、降水利用效率和氮肥偏生产力显著高于 CK 对照组（$p<0.05$）。

可见，垄作及秸秆覆盖均可提高作物的水分利用效率，尤其是垄作结合秸秆覆盖的节水效果更加明显。研究表明，经过垄作+秸秆覆盖处理的夏玉米的水分利用效率可比经过平作处理的提高 24.3%（王同朝等，2007），增产 14.2%~58.1%（谢文等，2007）。本节针对沉陷区坡耕地的水土流失特征，在实行横坡垄作的基础上进行秸秆覆盖（$T_3$ 处理组），不但增加了雨水入渗，有效地减少了水肥流失，还减少了土壤水分的株间无效蒸发，促进了水肥资源的高效利用。因此，横坡垄作+残茬覆盖处理组（$T_3$ 处理组）的保水保肥和增产效果最好。

但研究区为山前冲洪积扇平原，土壤类型为第四系砂砾石、砂、粉质黏土及粉土组成的石灰性褐土，土壤层较薄，砾石含量高，加上采煤沉陷对耕地的破坏，土壤保水能力较低。因此，与黄淮海平原区农田已报道的玉米相关研究（付国占等，2005；王同朝等，2007）相比，在本节的研究中，整个生育期玉米的耗水量、水分利用效率及产量效应均较低。

**四、结论**

1）在玉米生长的早期阶段（苗期到拔节期），残茬覆盖处理（$T_1$ 处理组和 $T_3$ 处理组）可显著降低土壤水分的无效蒸发，增加 0~100cm 土层的含水量（$p<0.05$）。在降雨较充沛的生长后期，$T_1$ 处理组、$T_2$ 处理组和 $T_3$ 处理组均可促进雨水向深层土壤入渗，从而减少地表径流，提高坡耕地的保水能力。

2）在降雨较充沛的玉米生长后期，$T_1$ 处理组、$T_2$ 处理组和 $T_3$ 处理组均可促进氮向深层土壤入渗，减少表层土壤氮的流失，从而提高坡耕地的保肥能力。两个横坡垄作处理组（$T_3$ 处理组和 $T_2$ 处理组）的保水保肥效果显著高于两个平作处理组（$T_1$ 处理组和 CK 对照组）（$p<0.05$）。

3）与 CK 对照组相比，$T_1$ 处理组、$T_2$ 处理组和 $T_3$ 处理组均显著提高了玉米的籽粒产量、水分利用效率和降水利用效率，也显著提高了氮肥偏生产力（$p<0.05$）。横坡垄作+残茬覆盖处理组（$T_3$ 处理组）的保水保肥和增产效果最好。

## 第六节　采煤沉陷区村庄废弃地复垦土壤特性时空变化及作物响应

煤炭开采在为国家经济做出巨大贡献的同时，对区域生态与环境也造成了严重影响。井工开采导致大量土地受损，地表沉陷，房屋倒塌。矿区生态质量及居民生活环境受到极大影响，村民被迫搬迁，大量村庄遭到废弃（胡振琪等，2014），不仅造成大量社会矛盾，还严重破坏和浪费了大量的土地资源。因此，针对村庄废弃地进行土地复垦是缓解矿区人地矛盾和社会矛盾的一个有效途径。对采煤沉陷区受损土地进行土地复垦，提高复垦土壤质量和粮食生产力一直是相关学者研究的热点问题。近年来，针对沉陷区复垦问题进行了大量研究，这些研究主要集中在采煤沉陷区的土壤特性（李智兰，2015；牟守国等，2007）、耕地质量（王帅红等，2011；李新举等，2007）、复垦工艺（孙纪杰等，2013；樊文华等，2011）、培肥措施（秦俊梅等，2015；梁利宝等，2011）、沉陷区植被恢复模式（李鹏飞等，2015；李晋川等，2015；孙建等，2010）及复垦区土壤修复（胡振琪等，2013）等方面。虽然少数学者对废弃村庄的土壤特性（马桦薇等，2015）、沉陷废弃地复垦基质的化学性质（王晓玲等，2005）及农村宅基地复垦耕地种植模式（张宏等，2015）进行了研究，但对村庄废弃地复垦土壤的理化、生物学特性变化及其作物响应的研究却鲜有报道。

焦作煤业集团赵固一矿始建于 2006 年，多年的煤炭开采在矿区造成大量村庄废弃地。近年来虽然对这些村庄废弃地进行了大量复垦工作，但由于缺少科学的复垦规划，复垦工作还存在很大的盲目性。尤其是在不稳定沉陷区村庄废弃地进行盲目充填复垦，不但浪费了大量人力、物力和财力，而且受地表不断沉降的影响，复垦土壤受到很大扰动，严重影响复垦土壤质量和农业生产。本节以焦作煤业集团赵固一矿不同沉陷阶段的复垦土壤为研究对象，对不同沉陷阶段复垦土壤的理化、微生物学特性的时空变化及其作物响应进行对比分析，以期为沉陷区土地复垦治理及复垦耕地生产力的提高提供科学的理论依据。

## 一、研究区概况、研究方法及数据分析

### （一）研究区概况

试验选取焦作煤业集团赵固一矿采煤沉陷区村庄废弃地复垦区为研究区。赵固一矿煤矿位于太行山南麓，焦作煤田东部，行政区划隶属新乡辉县市管辖。试验区属温带大陆性季风气候区，年平均气温为 14℃，年平均降水量为 603～713mm，蒸发量为 2 039mm，是河南省重要的小麦生产区。近年来，长期大规模的煤炭开采严重破坏了当地的耕地资源，已造成沉陷区面积约为 40hm²，其中稳定的沉陷区约为 30hm²，动态沉陷区约为 10hm²。在矿区内，由于村庄密集，大量村庄出现了地表沉降、沉陷裂缝、塌陷坑及房屋倒塌等问题，村民被迫搬迁。

为了改善矿区生态状况，缓解人地矛盾，当地政府于 2013 年对沉陷区村庄废弃地进行复垦治理。本研究于 2014～2015 年在赵固一矿煤矿不同沉陷阶段的村庄废弃地复垦区，分别选取未沉陷区耕地（CK 对照组）、稳定沉陷区复垦耕地（$S_1$处理组）、不稳定沉陷区复垦耕地（$S_2$处理组）进行调查研究。研究区土壤为壤土，复垦区覆土厚度为 50～60cm，复垦年限为 1 年。3 个样地的播种、耕作、施肥及田间管理均相同。试验作物为冬小麦，品种为'百农矮抗 58'。播前深耕，并基

施 N、P、K 复合肥（N：P：K 的比例为 15：15：15）750kg/hm²，小麦种植密度均为 180 万株/hm²，常规管理。分别在小麦不同的生长时期，采用五点取样法采集植物和土壤样品（图 4-15）。在每个样点用直径 6cm 的土钻分别采集距地面 0～20cm、20～40cm、40～60cm 土层的土样，立即放入铝盒中密封，带回实验室测定土壤理化性质。同时，在每个样点采集相应的小麦样品，带回实验室测定其生理及产量性状。每个样点设置 3 次重复。

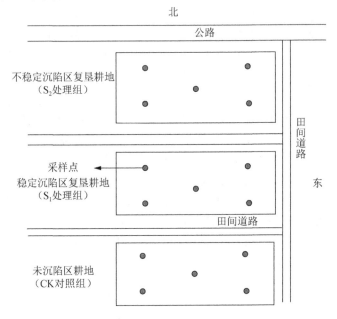

图 4-15　复垦区样点位置图

（二）研究方法

土壤含水量、有机碳含量和全氮含量的测定：土壤含水量用烘干称重法测定，土壤有机碳含量用重铬酸钾容量-外加热法测定，土壤全氮含量用凯氏法测定。土壤呼吸速率用呼吸仪测定，每个样点设置 3 次重复。

土壤酶活性测定：所采土壤样品充分混匀后装入冰盒立即带回实验室，保存于-20℃的冰箱中，用于酶活性指标的分析。脲酶采用苯酚钠比色法；蔗糖酶采用3,5-二硝基水杨酸比色法。每个样点设置 3 次重复。

光合速率、叶绿素含量和植株含氮量的测定：在小麦不同生育期，于上午9:00～11:00 用 LI-6400 便携式光合测定系统（美国 LI-COR 公司）测定不同位点小麦叶片的净光合速率。同时，用日本 Minolta 公司生产的 SPAD-502 叶绿素计测定同一植株叶片的叶绿素含量。叶绿素含量测定结束后，采集同一植株测定植株含氮量。每个样点设置 3 次重复。

产量及产量性状的测定：于小麦成熟期在每个样点随机取 1m 双行进行测产，

3 次重复。同时每个样点随机取 30 株植株，室内考种，调查小麦的株高、单茎重、穗粒数和千粒重。

（三）数据分析

本节使用 SPSS 19.0 软件对试验数据进行统计分析，并对各处理数据进行显著性检验。

## 二、结果与讨论

（一）不同复垦区土壤理化性质的时空变化

### 1. 土壤含水量

采煤沉陷造成的沉陷区微地貌变化影响了地表径流，降雨时使地表水向沉陷区汇集，从而影响对土壤水的补给（张发旺等，2007）。此外，地表沉降越深，地表与地下潜水位的距离就越近，受到潜水的影响也就越大，从而导致土壤的含水量随着沉陷深度的增加而增大。赵固一矿矿区地下水位较浅，井下采煤导致的地表沉陷极易造成地表积水，严重影响土壤含水量。由表 4-12 可知，在越冬期、拔节期、开花期和成熟期，稳定沉陷区复垦耕地（$S_1$ 处理组）和不稳定沉陷区复垦耕地（$S_2$ 处理组）的土壤含水量绝大多数显著高于 CK 对照组，且 $S_2$ 处理组＞$S_1$ 处理组＞CK 对照组，尤其在 $S_2$ 处理组，受冬季降水和继续沉陷的影响，在小麦越冬期和拔节期土壤出现渍水现象。

表 4-12　不同生长阶段的土壤含水量　　　　　　单位：%

| 土壤深度/cm | 越冬期 | | | 拔节期 | | | 开花期 | | | 成熟期 | | |
|---|---|---|---|---|---|---|---|---|---|---|---|---|
| | CK对照组 | $S_1$处理组 | $S_2$处理组 | CK对照组 | $S_1$处理组 | $S_2$处理组 | CK对照组 | $S_1$处理组 | $S_2$处理组 | CK对照组 | $S_1$处理组 | $S_2$处理组 |
| 0~20 | 18.70c | 19.67b | 21.07a | 19.97b | 21.06ab | 21.97a | 15.37b | 18.22a | 18.89a | 19.45a | 19.51a | 20.01a |
| 20~40 | 20.67b | 22.07a | 22.46a | 21.06b | 22.97a | 23.67a | 16.22c | 19.89b | 22.92a | 20.01b | 21.93a | 22.02a |
| 40~60 | 21.07c | 24.46b | 26.59a | 22.60c | 23.67b | 26.11a | 18.89c | 22.92b | 24.94a | 22.93b | 23.02b | 24.59a |

注：不同生育期同一土层不同字母代表在 $p < 0.05$ 水平有显著性差异。

### 2. 土壤养分

采煤沉陷不仅极易造成地表积水，还容易造成土壤养分随水流失，进而改变土壤的理化性质。土壤有机碳和全氮是作物生长必需的营养元素的主要来源，是评价土壤质量的重要指标（刘美英等，2013）。土壤有机碳具有改良土壤结构、促进土壤团粒状结构形成、增加土壤疏松性、改善土壤保水性和保肥性的作用。由表 4-13 可以看出，在小麦生长季节内，$S_1$ 处理组和 $S_2$ 处理组 0~40cm 各层土壤有机碳含量都显著低于 CK 对照组。在 40~60cm 土层中，$S_1$ 处理组、$S_2$ 处理组土壤有机碳含量在越冬期和拔节期显著高于 CK 对照组。在越冬期，CK 对照组上层土壤有机碳含量均显著高于下层，但在 $S_1$ 处理组、$S_2$ 处理组 0～60cm 各层土壤有机碳含量没有显著差异，这主要因为 $S_1$ 处理组、$S_2$ 处理组 0～60cm 土壤均来自充填土，土壤不够熟化，养分和有机质含量较低。随着生育期推进，各处理组土壤有机碳含量均呈降低趋势，到成熟期，在 0～20cm 表层土壤中，不稳定沉陷区（$S_2$ 处理组）复垦土壤有机碳含量显著低于 CK 对照组和 $S_1$ 处理组，在 20～40cm 土层中，$S_1$ 处理组、$S_2$ 处理组土壤有机碳含量没显著差异，但均显著低于 CK 对照组，在 40～60cm 土壤层中，各处理组有机碳含量差异不显著。

表 4-13　不同生长阶段的土壤有机碳含量　　　　　　　　　单位：g/kg

| 土壤深度 /cm | 越冬期 | | | 拔节期 | | | 开花期 | | | 成熟期 | | |
|---|---|---|---|---|---|---|---|---|---|---|---|---|
| | CK 对照组 | $S_1$ 处理组 | $S_2$ 处理组 | CK 对照组 | $S_1$ 处理组 | $S_2$ 处理组 | CK 对照组 | $S_1$ 处理组 | $S_2$ 处理组 | CK 对照组 | $S_1$ 处理组 | $S_2$ 处理组 |
| 0～20 | 28.92a | 17.91b | 17.04b | 20.42a | 16.95b | 16.74b | 18.59a | 14.91b | 14.83b | 15.92a | 12.33b | 9.70c |
| 20～40 | 18.95a | 16.04c | 17.64b | 19.91a | 12.74c | 14.36b | 14.91a | 11.83b | 10.90b | 10.03a | 7.65b | 6.93b |
| 40～60 | 14.74b | 16.64a | 16.46a | 10.04c | 12.36b | 14.16a | 9.83b | 8.90c | 10.99a | 6.65a | 6.43a | 6.54a |

注：不同生育期同一土层不同字母代表在 $p<0.05$ 水平有显著性差异。

　　土壤全氮含量是衡量土壤氮素供应情况的重要指标。由表 4-14 可以看出，在小麦生长的 4 个时期，在 0～20cm 表层土壤全氮含量均表现为 CK 对照组＞$S_1$ 处理组＞$S_2$ 处理组。在越冬期，20～40cm 土层中 $S_1$ 处理组、$S_2$ 处理组土壤全氮含量没有显著差异，但均显著低于 CK 对照组。从拔节期到成熟期，$S_2$ 处理组土壤受继续沉陷扰动和越冬期、返青期渍水的影响，氮素向深层渗漏流失。因此，$S_2$ 处理组上层土壤全氮含量多显著低于 $S_1$ 处理组。在 40～60cm 土层中，$S_1$ 处理组、$S_2$ 处理组土壤全氮含量除越冬期 $S_1$ 处理组外均显著低于 CK 对照组，但 $S_1$ 处理组和 $S_2$ 处理组没有显著差异。可见，在不稳定沉陷区进行土地复垦，受沉陷扰动影响易造成复垦土壤养分流失，成熟期 $S_2$ 处理组耕层（0～20cm）土壤全氮和有机碳含量显著低于 $S_1$ 处理组。

表 4-14　不同生长阶段的土壤全氮含量　　　　　　　　　单位：g/kg

| 土壤深度 /cm | 越冬期 | | | 拔节期 | | | 开花期 | | | 成熟期 | | |
|---|---|---|---|---|---|---|---|---|---|---|---|---|
| | CK 对照组 | $S_1$ 处理组 | $S_2$ 处理组 | CK 对照组 | $S_1$ 处理组 | $S_2$ 处理组 | CK 对照组 | $S_1$ 处理组 | $S_2$ 处理组 | CK 对照组 | $S_1$ 处理组 | $S_2$ 处理组 |
| 0～20 | 1.29a | 0.78b | 0.61b | 1.80a | 1.21b | 0.93c | 1.61a | 0.97b | 0.93b | 1.28a | 0.93b | 0.82c |
| 20～40 | 1.07a | 0.52b | 0.56b | 1.01a | 0.96ab | 0.68b | 1.17a | 0.92b | 0.78c | 1.20a | 0.93b | 0.77c |
| 40～60 | 0.61a | 0.54ab | 0.49b | 0.93a | 0.72b | 0.70b | 0.93a | 0.80b | 0.81b | 0.89a | 0.77b | 0.77b |

注：不同生育期同一土层不同字母代表在 $p<0.05$ 水平有显著性差异。

　　（二）不同复垦区土壤微生物学特性的时空变化

　　土壤微生物学特性（土壤呼吸速率及酶活性等）对土壤环境质量的变化非常

敏感,是反映土壤质量和健康状况的重要指标。其中,土壤呼吸速率很大程度能反映土壤的生物学特性、物质代谢强度,以及养分转化和供应能力(许传阳等,2015)。土壤呼吸包括 3 个生物学过程(即土壤微生物呼吸、植物根系呼吸和土壤动物呼吸)和 1 个非生物学过程(即含碳矿物质氧化与分解释放)(Singh et al.,1977),其中微生物呼吸是土壤呼吸作用的主要来源。在 3 个测试时期,复垦区各处理组($S_1$ 处理组和 $S_2$ 处理组)的土壤呼吸速率显著小于 CK 对照组(图 4-16)。这主要是因为土壤呼吸与土壤中有机质含量呈显著的正相关关系,有机质作为土壤呼吸的底物,土壤中有机质含量越高,土壤呼吸越旺盛。再者,有机质能显著增强土壤微生物的活性和数量,进而影响土壤有机碳的转化及 $CO_2$ 的排放,提高土壤的呼吸强度(Zang et al.,2015)。此外,土壤含水量对土壤呼吸也有显著影响,当土壤处于过干或过湿状态时,土壤呼吸会受到抑制。土壤含水量的变化对土壤呼吸的影响机制在于:可溶性有机质、土壤的通透性、微生物与植物根系生命活动等都随土壤水分状况不同而发生相应的改变(陈全胜等,2003)。在本节研究中,随着生育期的不断推进,小麦根系逐渐增多,土壤呼吸速率逐渐增加,但在不稳定沉陷区由于地表沉降,土壤含水量增加,在一定程度上抑制了土壤呼吸,因此,$S_2$ 处理组的土壤呼吸速率较 $S_1$ 处理组和 CK 对照组显著下降。

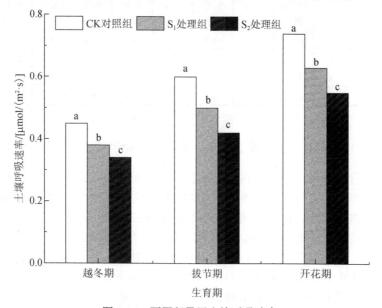

图 4-16 不同复垦区土壤呼吸速率

注:相同图例柱状图上不同小写字母表示处理间在 $p < 0.05$ 水平差异显著。

土壤酶是土壤生物化学过程的主要参与者,其活性反映了土壤中进行的各种生物化学过程的强度,也是衡量土壤肥力和质量的重要指标(马守臣等,2015)。其中,土壤蔗糖酶和脲酶分别用来反映土壤中碳素、氮素的转化能力和供应强度。由表 4-15 可以看出,在 3 个测试时期,$S_1$ 处理组和 $S_2$ 处理组各土层的土壤蔗糖酶和脲酶均显著小于 CK 对照组。这主要是因为土壤酶活性与土壤理化特性、肥力状况有着显著的相关性。尤其是土壤水分和空气状况会直接影响土壤酶的存在状态与活性。一般情况下，土壤湿度较大时，酶活性较高，但土壤过湿时，酶活性减弱。土壤中 $CO_2$ 和 $O_2$ 的含量比例决定了土壤微生物的活动强度，而土壤微生物数量又影响着土壤酶活性，所以土壤空气对土壤酶活性有直接影响。此外，土壤有机质、全氮通过直接效应和间接效应也成为影响蔗糖酶和脲酶活性的主要因素。研究表明，土壤蔗糖酶和脲酶活性与土壤有机质和全氮有显著相关关系（樊军等，2003）。在本节中，在三叶期 $S_1$ 处理组和 $S_2$ 处理组各土层的土壤蔗糖酶和脲酶活性没有显著差异，到拔节期和开花期，$S_2$ 处理组土壤受继续沉陷扰动和越冬期、返青期土壤渍水的影响，土壤养分和 $O_2$ 含量下降，从而影响了土壤酶活性，$S_2$ 处理组各土层的土壤蔗糖酶和脲酶均显著低于 $S_1$ 处理组，且各处理组 20cm 土层蔗糖酶和脲酶活性显著大于 40cm 土层。因此，在不稳定沉陷区，受沉陷扰动和土壤渍水的影响，$S_2$ 处理组的土壤酶活性和 $S_1$ 处理组相比均显著降低。

表 4-15　不同生长阶段的土壤酶活性　　　　　单位：mL/（g/d）

| 土壤酶 | 土壤深度/cm | 三叶期 | | | 拔节期 | | | 开花期 | | |
|---|---|---|---|---|---|---|---|---|---|---|
| | | CK 对照组 | $S_1$ 处理组 | $S_2$ 处理组 | CK 对照组 | $S_1$ 处理组 | $S_2$ 处理组 | CK 对照组 | $S_1$ 处理组 | $S_2$ 处理组 |
| 蔗糖酶 | 0~20 | 6.43a | 4.03b | 4.07b | 5.60a | 4.97b | 3.80c | 6.43a | 5.13b | 4.47c |
| | 20~40 | 4.33a | 3.80b | 3.47b | 3.87a | 3.63b | 1.97c | 4.17a | 3.50b | 2.83c |
| 脲酶 | 0~20 | 3.10a | 1.97b | 1.97b | 3.47a | 2.83b | 2.37c | 3.53a | 3.33a | 2.90b |
| | 20~40 | 2.33a | 1.90b | 1.87b | 2.73a | 2.30b | 1.63c | 2.73a | 2.23b | 1.60c |

注：同一生育期同一土层不同字母代表在 $p < 0.05$ 水平有显著性差异。

（三）不同复垦区小麦植株含氮量、叶绿素含量和光合速率的变化

植物的含氮量在一定范围内与土壤含氮量呈正相关关系（关义新等，2000）。复垦区土壤养分的变化，也影响到植物对土壤中养分的吸收。对小麦不同时期的植株含氮量进行测定，结果表明 3 个生长时期（三叶期、拔节期、开花期）植株含氮量均表现出 CK 对照组>$S_1$ 处理组>$S_2$ 处理组的趋势。在小麦三叶期、拔节期和开花期，不稳定沉陷区 $S_2$ 处理组和稳定沉陷区 $S_1$ 处理组植株含氮量分别比CK 对照组降低 12.6%和 4.1%，18.2%和 9.1%，14.2%和 10.3%（图 4-17）。植物含氮量的变化进而影响植物的生理特性。植物叶绿素含量和光合速率是植物的两个重要生理特征，其受内部因素和外界环境条件的限制。植物含氮量不但能影响植物叶绿素含量，还能影响作物的光合速率。对小麦不同时期的叶绿素含量进行测定，结果表明 3 个生长时期（三叶期、拔节期、开花期）叶绿素含量均表现出CK 对照组>$S_1$ 处理组>$S_2$ 处理组。在三叶期、拔节期和开花期，$S_2$ 处理组和 $S_1$ 处理组的叶绿素含量分别比 CK 对照组低 16.7%和 11.7%，30.7%和 16.6%，18.5%和 9.0%（图 4-18）。在拔节期和开花期，不同处理组小麦的光合速率也均表现出

CK 对照组＞$S_1$ 处理组＞$S_2$ 处理组。在拔节期，$S_2$ 处理组和 $S_1$ 处理组的光合速率分别比 CK 对照组降低 21.1%和 11.8%；而小麦开花期 $S_2$ 处理组和 $S_1$ 处理组的光合速率分别比 CK 对照组降低 17.8%和 9.5%（图 4-19）。可见，$S_2$ 处理组继续沉陷扰动影响植物对养分的吸收，$S_2$ 处理组植物生理活性和 $S_1$ 处理组相比均呈降低趋势。

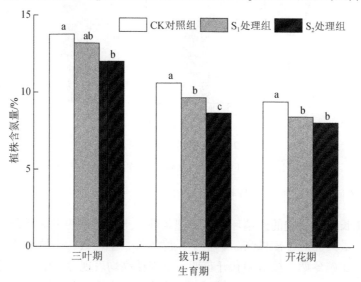

图 4-17　不同复垦区小麦植株含氮量

注：相同图例柱状图上不同小写字母表示处理间在 $p < 0.05$ 水平差异显著。

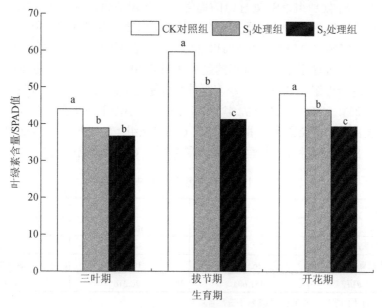

图 4-18　不同复垦区小麦植株叶绿素含量

注：相同图例柱状图上不同小写字母表示处理间在 $p < 0.05$ 水平差异显著。

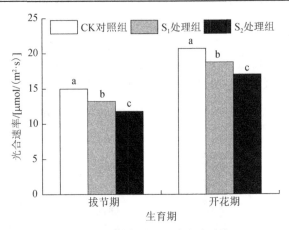

图 4-19　不同复垦区小麦光合速率

注：相同图例柱状图上不同小写字母表示处理间在 $p<0.05$ 水平差异显著。

### （四）不同复垦区小麦产量性状的变化

作物生长要求适宜的土壤环境和水肥条件，土壤质量的下降将会抑制小麦的生理作用，最终会对小麦株高、单茎重、群体数、穗粒数、千粒重及产量产生相应的影响。在越冬期、拔节期和开花期，小麦株高均表现出 CK 对照组＞$S_1$ 处理组＞$S_2$ 处理组的趋势，且 $S_2$ 处理组和 $S_1$ 处理组小麦株高分别比 CK 对照组降低35.7%和 23.6%，17.1%和 10.7%，16.3%和 10.0%。同样，小麦单茎重也表现出CK 对照组＞$S_1$ 处理组＞$S_2$ 处理组的趋势，且在越冬期、拔节期、开花期和成熟期，$S_2$ 处理组和 $S_1$ 处理组小麦单茎重分别比 CK 对照组降低35.1%和17.8%，33.2%和 22.4%，33.2%和 25.9%，36.8%和 27.2%。小麦不同生育期群体数也均表现出CK 对照组＞$S_1$ 处理组＞$S_2$ 处理组的趋势（图 4-20）。在三叶期、越冬期、拔节期和开花期，$S_2$ 处理组和 $S_1$ 处理组小麦群体数分别比 CK 对照组降低 15.0%和 7.2%，34.5%和 21.2%，29.8%和 20.7%，47.4%和 20.5%。小麦千粒重在 3 个区域差异不明显，但小麦穗数、穗粒数和产量均表现出 CK 对照组＞$S_1$ 处理组＞$S_2$ 处理组的趋势（表 4-16），$S_2$ 处理组和 $S_1$ 处理组小麦产量分别比 CK 对照组降低 72.3%和 34.0%。

表 4-16　不同复垦区小麦产量特征

| 性状 | CK 对照组 | $S_1$ 处理组 | $S_2$ 处理组 |
| --- | --- | --- | --- |
| 穗数/（$10^4$/hm$^2$） | 488.67a | 360.67b | 241.33c |
| 穗粒数/粒 | 37.50a | 34.07b | 22.73c |
| 千粒重/g | 36.97a | 36.40a | 34.17b |
| 产量/（kg/亩） | 451.60a | 298.21b | 124.87c |

注：同一行不同字母代表在 $p<0.05$ 水平有显著差异。

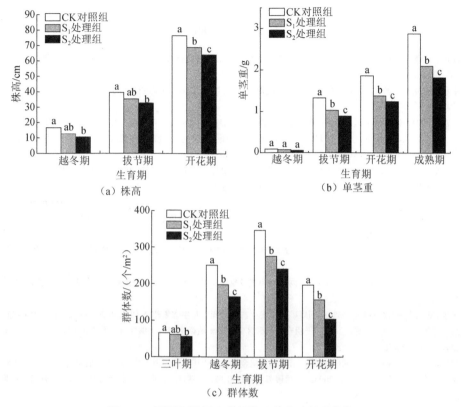

图 4-20 不同复垦区小麦株高、单茎重和群体数

注：相同图例柱状图上不同小写字母表示处理间在 $p<0.05$ 水平差异显著。

## 三、结论

1）受采煤沉陷的影响，$S_2$ 处理组和 $S_1$ 处理组土壤的含水量绝大多数显著高于 CK 对照组；$S_2$ 处理组和 $S_1$ 处理组土壤（0～20cm）的有机碳和全氮含量均显著低于 CK 对照组，成熟期 $S_2$ 处理组土层（0～20cm）土壤全氮和有机碳含量显著低于 $S_1$ 处理组。

2）地表沉降导致土壤含水量过高，从而使土壤呼吸受阻，$S_2$ 处理组和 $S_1$ 处理组土壤呼吸速率均显著低于 CK 对照组。受土壤理化性质的影响，$S_2$ 处理组和 $S_1$ 处理组土壤脲酶和蔗糖酶活性也显著低于 CK 对照组。受地表继续沉降的影响，$S_2$ 处理组土壤的微生物学特性劣于 $S_1$ 处理组。

3）复垦土壤的理化和微生物特性的变化影响地上作物的养分吸收和生理特性，并最终影响作物生产。沉陷区小麦植株含氮量、叶绿素含量、光合速率和产量均显著低于 CK 对照组。但 $S_1$ 处理组土壤小麦的植株含氮量、叶绿素含量、光合速率和产量均高于 $S_2$ 处理组。

# 参 考 文 献

安韶山，黄懿梅，郑粉莉，2005. 黄土丘陵区草地土壤脲酶活性特征及其与土壤性质的关系[J]. 草地学报，13（3）：233-237.

白中科，段永红，杨红云，等，2006. 采煤沉陷对土壤侵蚀与土地利用的影响预测[J]. 农业工程学报，22（6）：67-70.

卞正富，2004. 矿区开采沉陷农用土地质量空间变化研究[J]. 中国矿业大学学报，33（2）：213-218.

蔡太义，贾志宽，黄耀威，等，2011. 中国旱作农区不同量秸秆覆盖综合效应研究进展Ⅰ. 不同量秸秆覆盖的农田生态环境效应[J]. 干旱地区农业研究，29（5）：63-68.

陈竣，李传涵，1997. 杉木幼林根圈土壤磷酸酶活性、磷组分及其相互关系[J]. 林业科学研究，10（5）：458-463.

陈龙乾，邓喀中，赵志海，等，1999. 开采沉陷对耕地土壤物理特性影响的空间变化规律[J]. 煤炭学报，24（6）：586-590.

陈全胜，李凌浩，韩兴国，等，2003. 水热条件对锡林河流域典型草原退化群落土壤呼吸的影响[J]. 植物生态学报，27（2）：202-209.

樊军，郝明德，2003. 黄土高原旱地轮作与施肥长期定位试验研究Ⅱ. 土壤酶活与土壤肥力[J]. 植物营养与肥料学报，9（2）：146-150.

樊文华，白中科，李慧峰，等，2011. 不同复垦模式及复垦年限对土壤微生物的影响[J]. 农业工程学报，27（2）：330-336.

范英宏，陆兆华，程建龙，等，2003. 中国煤矿区主要生态环境问题及生态重建技术[J]. 生态学报，23（10）：2144-2151.

方辉，王翠红，辛晓云，等，2007. 平朔安太堡矿区复垦地土壤微生物与土壤性质关系的研究[J]. 安全与环境学报，7（6）：74-76.

冯凤玲，成杰民，王德霞，2006. 蚯蚓在植物修复重金属污染土壤中的应用前景[J]. 土壤通报，37（4）：809-813.

付国占，李潮海，王俊忠，等，2005. 残茬覆盖与耕作方式对土壤性状及夏玉米水分利用效率的影响[J]. 农业工程学报，21（1）：52-56.

付梅臣，胡振琪，刘爽，2008. 矿粮复合区农田恢复与污染防治[J]. 金属矿山，38（9）：119-122.

傅永斌，任全军，奚玉银，等，2013. 冀西北旱坡地南瓜田间沟垄集雨种植模式研究[J]. 干旱地区农业研究，31（1）：31-35.

高波，冯启言，孟庆俊，2013. 采煤塌陷地积水对土壤氮素矿化过程的影响[J]. 环境污染与防治，35（8）：1-5.

关义新，林葆，凌碧莹，2000. 光氮互作对玉米叶片光合色素及其荧光特性与能量转换的影响[J]. 植物营养与肥料学报，6（2）：152-158.

洪坚平，谢英荷，孔令节，等，2000. 矿山复垦区土壤微生物及其生化特性研究[J]. 生态学报，20（4）：669-672.

胡振琪，等，2008. 土地复垦和生态重建[M]. 北京：中国矿业大学出版社.

胡振琪，李玲，赵艳玲，等，2013. 高潜水位平原区采煤塌陷地复垦土壤形态发育评价[J]. 农业工程学报，29（5）：95-101.

胡振琪，龙精华，王新静，2014. 论煤矿区生态环境的自修复、自然修复和人工修复[J]. 煤炭学报，39（8）：1751-1757.

胡振琪，戚家忠，司继涛，2002. 粉煤灰充填复垦土壤理化性状研究[J]. 煤炭学报，27（6）：639-643.

胡振琪，张明亮，马保国，等，2009. 粉煤灰防治煤矸石酸性与重金属复合污染[J]. 煤炭学报，34（1）：79-83.

黄铭洪，骆永明，2003. 矿区土地修复与生态恢复[J]. 土壤学报，40（2）：161-169.

李金岚，洪坚平，谢英荷，等，2010. 采煤塌陷地不同施肥处理对土壤微生物群落结构的影响[J]. 生态学报，32（22）：6193-6200.

李晋川，王翔，岳建英，等，2015. 安太堡露天矿植被恢复过程中土壤生态肥力评价[J]. 水土保持研究，22（1）：66-71.

李娟，赵秉强，李秀英，等，2008. 长期有机无机肥料配施对土壤微生物学特性及土壤肥力的影响[J]. 中国农业科学，41（1）：144-152.

李俊颖，李新举，赵跃伦，等，2017. 不同复垦方式对煤矿复垦区土壤养分状况的影响[J]. 山东农业大学学报（自然科学版），48（2）：186-191.

李亮, 包耀贤, 廖超英, 等, 2010. 乌兰布和沙漠东北部沙区人工林土壤微生物及酶活性研究[J]. 西北植物学报, 30 (5): 987-994.

李鹏飞, 张兴昌, 朱首军, 等, 2015. 植被恢复对黑岱沟矿区排土场土壤性质的影响[J]. 水土保持通报, 35 (5): 64-70.

李新举, 胡振琪, 李晶, 等, 2007. 采煤塌陷地复垦土壤质量研究进展[J]. 农业工程学报, 23 (6): 276-279.

李智兰, 2015. 矿区复垦对土壤养分和酶活性以及微生物数量的影响[J]. 水土保持通报, 35 (2): 6-13.

栗丽, 王曰鑫, 王卫斌, 2010. 采煤塌陷对黄土丘陵区坡耕地土壤理化性质的影响[J]. 土壤通报, 41 (5): 1237-1240.

梁利宝, 洪坚平, 谢英荷, 等, 2011. 不同培肥处理对采煤塌陷地复垦土壤生化作用强度及玉米产量的影响[J]. 水土保持学报, 25 (1): 192-196.

林超文, 罗春燕, 庞良玉, 等, 2010. 不同覆盖和耕作方式对紫色土著人坡耕地降雨土壤蓄积量的影响[J]. 水土保持学报, 24 (3): 213-216.

林超文, 罗春燕, 庞良玉, 等, 2010. 不同耕作和覆盖方式对紫色丘陵区坡耕地水土及养分流失的影响[J]. 生态学报, 30 (22): 6091-6101.

刘美英, 高永, 汪季, 等, 2013. 矿区复垦地土壤碳氮含量变化特征[J]. 水土保持研究, 20 (1): 94-97.

刘梦云, 常庆瑞, 齐雁冰, 等, 2006. 宁南山区不同土地利用方式土壤酶活性特征研究[J]. 中国生态农业学报, 14 (3): 67-70.

刘迎新, 王凯荣, 谢小立, 等, 2007. 稻草覆盖对亚热带红壤旱坡地玉米早期生长的生理调节作用及其产量效应[J]. 生态与农村环境学报, 23 (4): 18-23.

龙健, 黄昌勇, 滕应, 等, 2003. 我国南方红壤矿区复垦土壤的微生物生态特征研究 I. 对土壤微生物活性的影响[J]. 应用生态学报, 14 (11): 1925-1928.

马桦薇, 师学义, 张美荣, 等, 2015. 待复垦村庄土壤养分特征研究: 以山西省西部村为例[J]. 水土保持研究, 22 (4): 107-112.

马丽, 李潮海, 付景, 等, 2011. 垄作栽培对高产田夏玉米光合特性及产量的影响[J]. 生态学报, 31 (23): 7141-7150.

马守臣, 吕鹏, 李春喜, 等, 2011. 不同改良措施对煤矸石污染土壤上大豆生长的影响[J]. 生态与农村环境学报, 27 (5): 101-103.

马守臣, 张合兵, 马守田, 等, 2014. 不同耕作措施对采煤沉陷区坡耕地玉米产量和水分利用效率的影响[J]. 生态与农村环境学报, 30 (2): 201-205.

马守臣, 张合兵, 王锐, 等, 2015. 煤矸石填埋场土壤微生物学特性的时空变异[J]. 煤炭学报, 40 (7): 1608-1614.

牟守国, 董霁红, 王辉, 等, 2007. 采煤塌陷地充填复垦土壤呼吸的研究[J]. 中国矿业大学学报, 36 (5): 663-668.

钱奎梅, 王丽萍, 李江, 2011. 矿区复垦土壤的微生物活性变化[J]. 生态与农村环境学报, 27 (6): 59-63.

秦俊梅, 王改玲, 2015. 不同培肥方式对复垦土壤玉米养分吸收及肥料利用率的影响[J]. 水土保持研究, 22 (4): 237-240.

邱莉萍, 刘军, 王益权, 等, 2004. 土壤酶活性与土壤肥力的关系研究[J]. 植物营养与肥料学报, 10 (3): 277-280.

任天志, CREGO S, 2000. 持续农业中的土壤生物指标研究[J]. 中国农业科学, 33 (1): 68-75.

孙纪杰, 李新举, 李海燕, 等, 2013. 不同复垦工艺土壤物理性状研究[J]. 土壤通报, 44 (6): 1332-1336.

孙建, 刘苗, 李立军, 等, 2010. 不同植被类型矿区复垦土壤水分变化特征[J]. 干旱地区农业研究, 28 (2): 201-207.

王帅红, 孙泰森, 周伟, 等, 2011. 黄土丘陵沟壑区煤矿沉陷耕地复垦[J]. 农业工程学报, 27 (9): 299-304.

王同朝, 卫丽, 王燕, 等, 2007. 夏玉米垄作覆盖对农田土壤水分及其利用影响[J]. 水土保持学报, 21 (2): 129-132.

王晓春, 蔡体久, 谷金锋, 2007. 鸡西煤矿矸石山植被自然恢复规律及其环境解释[J]. 生态学报, 27 (9): 3744-3751.

王晓玲, 冯永军, 李芬, 等, 2005. 沉陷废弃地新型复垦基质主要化学性质研究[J]. 水土保持学报, 19 (3): 42-45.

王笑峰, 蔡体久, 2008. 鸡西矿矸石山基质改良研究[J]. 水土保持学报, 22 (5): 134-137.

王心义, 杨建, 郭慧霞, 2006. 矿区煤矸石堆放引起土壤重金属污染研究[J]. 煤炭学报, 31 (6): 808-812.

席永慧, 胡中雄, 2004. 粉煤灰粘土膨润土等对$Cd^{2+}$吸附性能的比较研究[J]. 农业环境科学学报, 23 (5): 930-934.

谢龙莲, 陈秋波, 王真辉, 等, 2004. 环境变化对土壤微生物的影响[J]. 热带农业科学, 24 (3): 39-47.

谢文, 潘木军, 翟均平, 2007. 不同垄作覆盖栽培对土壤理化性状耗水特性和玉米产量的影响[J]. 西南农业学报, 20 (3): 365-369.

许传阳，马守臣，张合兵，等，2015．煤矿沉陷区沉陷裂缝对土壤特性和作物生长的影响[J]．中国生态农业学报，23（5）：597-604．

许其功，席北斗，沈珍瑶，等，2007．耕作措施对三峡库区土壤侵蚀和养分流失的影响[J]．生态与农村环境学报，23（3）：41-45．

杨玉盛，董彬，谢锦升，等，2004．森林土壤呼吸及其对全球变化的响应[J]．生态学报，24（3）：583-591．

姚槐应，黄昌勇，等，2006．土壤微生物生态学及其实验技术[M]．北京：科学出版社．

臧逸飞，郝明德，张丽琼，等，2015．26年长期施肥对土壤微生物量碳、氮及土壤呼吸的影响[J]．生态学报，35（5）：1445-1451．

张发旺，赵红梅，宋亚新，等，2007．神府东胜矿区采煤塌陷对水环境影响效应研究[J]．地球学报，28（6）：521-527．

张宏，高明，乔亮，等，2015．农村宅基地复垦耕地不同种植模式对土壤理化性质的影响[J]．水土保持学报，29（4）：91-96．

张锂，韩国才，陈慧，等，2008．黄土高原煤矿区煤矸石中重金属对土壤污染的研究[J]．煤炭学报，33（10）：1141-1146．

赵国栋，赵政阳，樊红科，2008．苹果根区土壤微生物分布及土壤酶活性研究[J]．西北农业学报，17（3）：205-209．

赵同谦，郭晓明，徐华山，2007．采煤沉陷区耕地土壤肥力特征及其空间异质性[J]．河南理工大学学报（自然科学版），26（5）：588-592．

周丽霞，丁明懋，2007．土壤微生物学特性对土壤健康的指示作用[J]．生物多样性，15（2）：162-171．

AKCIL A, KOLDAS S, 2006. Acid Mine Drainage (AMD): causes, treatment and case studies[J]. Journal of cleaner production, 14(12): 1139-1145.

BOSSIO D A, FLECK J A, SCOW K M, et al., 2006. Alteration of soil microbial communities and water quality in restored wetlands[J]. Soil biology and biochemistry, 38(6): 1223-1233.

BRADSHAW A D, 1997. Restoration of mined lands: Using natural processes[J]. Ecological engineering, 1997, 8(4): 255-269.

BROOKES P C, LANDMAN A, PRUDEN G, et al., 1985. Chloroform fumigation and the release of soil nitrogen: a rapid direct extraction method to measure microbial biomass nitrogen in soil[J]. Soil biology and biochemistry, 17 (6): 837-842.

CHANDER K, GOYAL S, NANDAL D P, et al., 1998. Soil organic matter, microbial biomass and enzyme activities in a tropical agroforestry system[J]. Biology and fertility of soils, 27(2): 168-172.

DILLY O, MUNCH J C, 1998. Ratios between estimates of microbial biomass content and microbial activity in soils[J]. Biology and fertility of soils, 27(4): 374-379.

ERWIN A C, GEBER M A, AGRAWAL A A, 2013. Specific impacts of two root herbivores and soil nutrients on plant performance and insect-insect interactions[J]. Oikos, 122 (12): 1746-1756.

HARRIS J A, 2003. Measurements of the soil microbial community for estimating the success of restoration[J]. European journal of soil science, 54(4): 801-808.

HOLMES P M, 2001. Shrubland restoration following woody alien invasion and mining: effects of topsoil depth, seed source ,and fertilizer addition[J]. Restoration ecology, 9(1): 71-84.

KOMNITSAS K, BARTZAS B G, PASPALIARIS I, 2004. Efficiency of limestone and red mud barriers: laboratory column studies[J]. Minerals engineering,17(2): 183-194.

LAVIGNE M B, BOUTIN R, FOSTER R J, et al., 2003. Soil respiration responses to temperature are controlled more by roots than by decomposition in balsam fir ecosystems[J]. Revue Canadienne de recherche forestière, 33 (9): 1744-1753.

LUNT P H, HEDGER J N, 2003. Effects of organic enrichment of mine spoil on growth and nutrient uptake in oak seedlings inoculated with selected ectomycorrhizal fungi[J]. Restoration ecology, 11 (2): 125-130.

NAEL M, KHADEMI H, HAJABBASI M A, 2004. Response of soil quality indicators and their spatial variability to land degradation in central iran[J] . Applied soil ecology, 27 (3): 221-232.

PHAIR J W, VAN DEVENTER J S J, SMITH J D, 2004. Effect of Al source and alkali activation on Pb and Cu immobilisation in fly-ash based "geopolymers"[J]. Applied geochemistry, 19(3): 423-434.

RAICH J W, TUFEKCIOGLU A, 2000. Vegetation and soil respiration: correlations and controls[J]. Biogeochemistry,

48(1): 71-90.

SCHAFER W, 2001. What can element budgets of false-time series tell us about ecosystem development on post-lignite mining sites?[J]. Ecological engineering, 17(2): 241-252.

SCHLOTER M, DILLY O, MUNCH J C, 2003. Indicators for evaluating soil quality [J]. Agriculture, ecosystems and environment, 98(1): 255-262.

SINGH J S, GUPTA S R, 1977. Plant decomposition and soil respiration in terrestrial ecosystems[J]. Botany review, 43(4): 449-528.

XU J Z, ZHOU Y L, CHANG Q, 2006. Study on the factors of affecting the immobilization of heavy metals in fly ash-based geopolymers[J]. Material letters, 60(6): 820-822.

ZANG Y F, HAO M D, ZHANG L Q, et al., 2015. Effects of wheat cultivation and fertilization on soil microbial biomass carbon, soil microbial biomass nitrogen and soil basal respiration in 26 years[J]. Acta ecologica sinica, 35(5): 1445-1451.

# 第五章 采煤影响区生态重建技术与模式

煤炭工业在促进国民经济发展的同时也带来了一系列的生态环境问题，如空气、地表水、地下水、土壤的质量下降，生态系统退化，生物多样性丧失，景观遭到破坏，农作物减产等。这些生态环境问题已不单纯是一个环境污染和破坏问题，而是关系到一个国家、区域经济可持续发展和人类生存质量的根本性问题。矿区生态重建已成为实现矿区社会经济持续、健康、协调发展的当务之急，也是中国实施可持续发展战略应首先关注的问题之一。

## 第一节 矿区生态恢复的理论基础

### 一、矿区生态恢复

生态恢复是现代生态学中活跃的关键行动之一，是在人为辅助下的生态活动。矿区生态恢复是指在采矿形成的排土场、尾矿和废弃物的堆积场、露天开采形成的采空区、地下开采形成的沉陷区等生态破坏区，通过一定的技术和人工措施，将其最终恢复成一个符合矿区实际、人与自然协调的生态系统。煤炭开采不仅破坏了矿山的原有地形、地貌和自然景观，还留下荒芜的采煤场和沉陷的采空区，沉陷的采空区往往大量积水，改变了生态环境。因此，重塑地貌、治理矿区内裂缝和塌陷坑是矿区土地复垦和生态恢复的重要内容。矿区生态恢复的主要步骤可简化为地貌重塑、土壤重构和植被恢复。矿区生态恢复的主要问题是矿区废弃地基质改良、土壤侵蚀控制和植物种类的选择，关键是在正确评价废弃地类型、特征的基础上，进行植被的恢复，进而使生态系统实现自行恢复并达到良性循环。矿区废弃地的生态恢复与其他退化生态系统的生态恢复程序相似，其恢复的理论基础也相似。

### 二、矿区生态恢复理论

（一）恢复生态学

生态恢复就是依据生态学原理，利用生物技术和工程技术，通过恢复、修复、改良、更新、改造、重建受损或退化的生态系统和土地，恢复生态系统的功能，提高土地生产潜力的过程。

恢复生态学是研究生态退化和生态恢复的机理和过程的科学。通过对生态系统演替规律的认识，来研究如何恢复和创造出高生产力的、在一定时间和空间尺度内具有稳定性的、有可持续利用性能的自然、人工及人工-自然复合生态系统。恢复生态学是农业技术、生物技术与工程技术综合的大尺度生态工程的研究。恢复生态学的对象主要是在自然灾变和人类活动压力条件下受到破坏的自然生态景观。因此，矿区生态重建应以恢复生态学为理论基础。

（二）土壤重构理论

土壤重构是以矿区被破坏土地的土壤恢复或重建为目的的。它采取适当的采矿和重构技术工艺，应用工程措施及物理措施、化学措施、生物措施、生态措施，重新构造一个适宜的土壤剖面与土壤肥力因素，在较短的时间内恢复和提高重构土壤的生产力，并改善重构土壤的环境质量（胡振琪等，2008）。土壤重构可以重构并快速培肥土壤，消除污染，改善土壤环境质量，恢复和提高重构土壤的生产力及其生态系统。

土壤重构的实质是人为构造和培育土壤，其理论基础来源于土壤学。在矿区土壤重构过程中，人为因素不仅可使土壤肥力在短时间内迅速提高，还能解决土壤长期发育、演变及耕作过程中产生的某些土壤发育障碍问题；但自然成土因素最终决定重构土壤的发育方向，因此，土壤重构必须全面考虑自然成土因素对重构土壤的潜在影响，采用合理有效的重构方法与措施，最大限度地提高土壤重构的效果。

（三）景观生态学理论

景观是一个地域综合体。从视觉审美、人类生存栖息地、系统等不同角度研究，它由不同的空间单元镶嵌组成，具有异质性；是具有明显形态特征和功能联系的地理实体，其功能和结构具有相关性和地域性；既是生物栖息地，又是人类的生存环境；具有经济、生态和文化多重价值，表现为综合性。

矿区既是一个生产功能体，又呈现特殊的地表景观。由采矿活动引起的挖损、压占和沉陷，使矿区土地由原来的农田或草地变为废弃地或受损地，形成干扰斑块，景观破碎度增加。虽然矿区开采破坏了土地和地面景观，但是景观生态重建为人们合理规划土地用途，建立新景观提供了机会。景观生态学就是依据生态学基本原理，结合矿区景观的异质性，基于物质、能量和信息在基质—廊道—斑块内的转化流动过程，构建不同的景观，重建健康的矿区生态系统和赏心悦目的矿区生态环境。因此，景观生态重建的理论研究更多地放在对地面景观的重塑和休闲场所的建立上。其理论研究重点为，景观规划、休闲场所的林地和水域的构建、娱乐休闲用地和矿区生态保护、娱乐休闲场地和自然保护区的协调，以及人为景观与周边环境的融合和协调等。

（四）开采沉陷理论

开采沉陷是指在地下矿产被采出后，开采区周围岩土体的原始应力平衡状态遭到破坏，岩土体出现位移和变形的现象。当应力重新分布，达到新的平衡后，沉陷稳定。为了分析、预测开采沉陷对环境的影响和正确选择环境保护与治理措施，首先必须对开采沉陷引起地表移动变形值、移动持续时间与下沉速度、开采沉陷的范围、冒落带和导水裂隙带的高度、地表的非连续变形等参数进行预测。据此为合理进行土地复垦和矿区生态重建提供理论依据。

（五）可持续土地利用理论

可持续发展理论是全球、全社会共同遵循的发展准则。一个国家、一个行业、一个企业的发展应以经济、社会、生态间协调、稳定、健康的发展为最终目标。片面追求经济发展必然导致经济崩溃；孤立追求生态可持续并不能最终防止全球环境的衰退。生态可持续是基础，经济可持续是条件，社会可持续是目的。

可持续土地利用的思想是 1990 年在新德里由印度农业研究会、美国农业部和美国 Rodale 研究所共同组织的首次国际可持续土地利用系统研讨会上正式确立的，至今已被世界普遍接受，成为世界公认的土地利用的最终目标。土地持续利用不仅包括物质持续性，也包括土地产权及制度的非物质的持续与连续。可持续土地利用是一种以技术可行性为保障、资源环境的可持续性为基础、经济的合理性为核心、社会的公平性为目标，旨在获取最佳生态效益、经济效益和社会效益的高度自觉的理性行为。

可持续土地利用是一个集生态、经济、社会等内容于一体的动态平衡系统，这一系统具有综合性和非线形、整体性和多目标性、时空性、目标递阶性。该系统应遵循公平性原则和生态、经济、社会统一原则。在空间和时间尺度上，注意代内、代际对土地资源需求的公平、资源分配的公平、生态功能的维持和环境影响与承受的公平等。代际遵循机会平等原则、损害最小原则和利益补偿原则，任何代际的人都有同等权利要求能够利用地球上所有曾拥有过资源的机会。在资源利用过程中，在当代人为了自己的基本需求不得不损害未来人利用资源的机会，甚至基本需求时，原则就要求当代人把对未来人利用资源机会的损害控制在最低限度内。如果前两项原则得不到完全履行，原则要求当代人留给未来人足够的资本、设备和技术知识，以帮助未来人使用节约资源技术和开拓可利用资源范围，补偿未来人利用资源机会方面的"损失"。代内遵循资源利用应满足同一代人的基本需求，并给予机会以满足他们较好生活的愿望。

对土地资源的利用要本着生态可容纳、经济可行性、社会可接受性相统一的原则。人类的各种活动应在土地生态系统所承受的范围，不应导致土地资源的退化；土地资源退化和系统污染物的排放量不应超过土地的再生能力和自净能力；

维护土地生态系统的多样性，保证土地生态功效的最大发挥；防止水土流失，保持可耕地面积和土壤肥力；土地系统的产出不应超过系统中自然资源的最大生产力等。土地生态系统的效益应大于输入成本；遵循节约原则，追求经济利益的最大化等。人口发展的速度和规模不应超过土地人口承载力的上限；所实施的土地调整和对土地保护措施应为人们所接受，所产生的社会价值应为最佳等。

矿区土地可持续发展归根结底是通过对矿区区域范围内矿产资源的开发，满足市场对煤炭产品的需求，促进矿区经济和社会的协调发展，并将资源开发和矿区经济增长对生态环境的扰动限定在区域环境容量的阈值内。

# 第二节　矿区土地复垦与生态重建专项技术

采煤造成的地表沉陷是矿区主要的地质灾害，不仅影响农业生产，还给煤炭生产带来很大影响，因此对采煤沉陷区进行土地复垦势在必行。矿区土地复垦的主要目的是重新开垦已被破坏的土地，恢复其应有的使用价值，同时消除或防治土地破坏所带来的各种危害。生态重建是通过人为措施，使退化的生态系统恢复到能进行自我维持的正常状态，使其能够按照原来的自然规律运行演替，进而达到恢复地生态系统的自稳定性。目前，国内外在采煤沉陷地、露天开采及废弃物堆积地等复垦方面已有比较成熟的技术。土地复垦的技术措施多种多样，因此在土地复垦整治的实施过程中，地方政府应与煤炭企业密切配合，根据矿区生产和发展的实际情况，因地制宜地对采煤沉陷土地进行科学合理的土地整治规划。针对中国煤矿区生态环境的特点，矿区土地复垦与生态重建技术大致可分为以下几类专项技术。

## 一、工程复垦技术

针对中国煤矿沉陷区生态环境特点，工程复垦技术主要包括疏干法、土地平整法、挖深垫浅法、充填复垦法、梯田复垦法等典型技术。

### （一）疏干法

疏干法应用于潜水位不太高、地表下沉不大的地段，正常的排水措施和地表整修工程能保证土地的恢复利用。疏干法多用在低浅水位地区或单一矿层和较薄矿层开采的高、中潜水位地区。它的优点是工程量小、见效快，且不改变土地原用途，但需对配套的水利设施进行长期有效的管理，以防洪涝。这种方法应用条件局限性大，因而仅适用于少量的沉陷地的缓坡地段。

### （二）土地平整法

对不积水而起伏不平的沉陷区或积水沉陷区的边坡地带，因地块保墒、保水、保肥效果差，不便耕种，可以通过土地平整法进行挖补平整，保证整个沉陷区海拔标高基本一致。平整后的土地标高要高于洪水位标高，以利于耕种和植物的生长。

### （三）挖深垫浅法

挖深垫浅法主要运用人工或机械作业，将局部的积水或季节性积水沉陷区下沉挖深，以适合养鱼、蓄水灌溉，把挖出来的泥土充填采煤沉陷较小的地区，推平施肥使其形成耕地，可以种植农作物，从而达到水产养殖和农业种植并举的目的。它主要用于沉陷较深、有积水的高、中潜水位地区，且水质适宜于水产养殖。这种方法操作简单、经济效益高、生态效益显著，被广泛用于采煤沉陷地的复垦。

### （四）充填复垦法

用矿区废矸石充填是目前较为普遍、效益较好的方法。这种方法多用于有足够的充填材料且充填材料无污染或污染可经济有效地防治的地区。充填复垦法实施的前提是充填物易经济地获取和充填物无其他更经济的用途，且充填物无污染。不少的矿区把充填复垦法与挖深垫浅法结合起来，在沉陷挖深后，先充填垫层再覆盖上泥土，这样更有利于农作物的生长。根据充填高度不同，充填复垦法分为全厚充填法和分层充填法。全厚充填法应经过一段时间的自然沉降，并经机械压实后再覆盖表土，以免发生不均匀沉降；分层充填法取决于压实类型和对地基的要求，分层厚度越小，压实效果越好。充填工艺的设计直接影响着充填的效果，充填料包括矸石、矿山废弃物、建筑垃圾等；不同的充填料对充填效果的影响很大，可以根据不同的要求进行选择。

### （五）梯田复垦法

对于丘陵山区或中、低潜水位采厚较大的矿区，特别是沉陷区水位较低的边坡地带，可采用人工平整土地，修建成梯田。梯田设计要根据沉陷后地形、土质条件与耕作条件确定断面要素。断面设计合理与否关系到边坡的稳定与否、土地利用率高低等。梯田复垦法多应用于山西省、河南省、山东省等矿区复垦，可解决充填复垦法充填料来源不足的问题。

## 二、矿区土壤改良和培肥技术

土壤肥力是指土壤能同时、持续、协调供给植物正常生长所需要的水、肥、气、热的能力，是土壤理化特性和生物特性的综合表现。矿区扰动后的地表大多是新生的、不成熟的"粗骨土"，严重影响着植物的正常生长。因此，人们必须通过土壤培肥来改良植物生长的立地条件，为提高土壤生产能力打下良好的基础。土壤培肥是指通过各种农艺措施，使土壤的耕性不断改善、肥力不断提高的过程。具体来讲，工矿区的土壤培肥就是通过人工措施加速岩石风化和生土熟化的过程，从而使土壤的理化、生物等性状渐趋正常化。煤矿区土壤改良和培肥技术具体可分为生物改良技术和农化改良技术两类。

（一）生物改良技术

工程复垦结束后的土地很贫瘠，一般有机质和腐殖质较少，土壤的透气性偏高或偏低，保墒性差，不宜马上种植一般农作物。一般先在复垦区种植草木樨、紫花苜蓿等绿肥作物，成熟后将其翻埋到土壤中，增加土壤养分，改善土壤理化性状。还可以利用菌肥或微生物活化剂改善土壤和作物的营养条件，迅速熟化土壤、固定空气中的氮素、参与养分的转化、促进作物对养分的吸收、分泌激素刺激作物根系发育、抑制有害微生物的活动等。

1. 绿肥法

在复垦区种植多年生或一年生豆科草本植物。这些植物的绿色部分在土壤微生物的作用下，除释放大量养分，还可以转换成腐殖质，其根系腐烂后也有胶结和团聚作用，能改善土壤理化性质。

2. 微生物法

微生物法是利用微生物、化学药剂或微生物与有机物的混合剂，对贫瘠土地进行熟化和改良，恢复其土壤肥力的方法。其中菌根技术是现代微生物的高新技术，张文敏等（1996）的研究将丛枝菌根用于矿区复垦，证明了此种技术对挖掘土壤潜在肥力、迅速培肥土壤和缩短矿区复垦周期有突出作用，具有经济、高效、持久、无污染的优点。在国外，微生物肥料（如含有固氮菌、磷细菌、钾细菌的肥料等）已在复垦土壤培肥中得到工业化应用。

（二）农化改良技术

矿区尾矿及废弃矿中均缺少植被生长所必需的有机质和 N、P、K 等物质。如果将修复后的土地用于农业生产，首先要恢复土壤肥力，提高土壤生产力。因此，对矿区土壤进行化学改良是必要的。农化改良技术就是采用适当的农业措施，通过施用大量有机物料来提高土壤中的有机物含量，改良土壤结构，消除过黏、过砂土壤的不良理化性质。有机废弃物料，如污水污泥、农业有机废弃物（如秸秆、菌渣）、生活垃圾或熟堆肥均可作为土壤改良添加剂，并在某种程度上充当一种缓慢释放的营养源。

## 三、污染土壤治理技术

煤矿区重金属主要是由于煤矸石风化、自燃及淋溶而迁移到土壤、水体中，因此，矿区重金属污染的治理首先要从清洁生产入手，发展煤矸石资源化技术，减少煤矸石堆放量；其次采取其他方法治理被污染的土壤、水体。目前，对重金属土壤污染进行治理的方法通常有使用土壤改良剂、客土法、排土法、化学冲洗法、酸淋失和电化学法等。这些方法各有优缺点，如电化学法虽然治理效果较为彻底、稳定，但投资大，易引起土壤肥力减退，适于小面积的重度污染。在现有的土壤重金属污染治理技术中，生物恢复技术被认为最有生命力。重金属污染生物恢复技术主要包括微生物修复和植物修复。选择合适的微生物和植物物种将对重金属的解毒和污染修复起到积极作用。

采矿活动对矿区地表的破坏及固体废弃物堆积造成的污染，使矿区土壤系统生物多样性降低，重金属含量过高，pH太低，给矿区生态重建带来不利的影响，因此在恢复植被前首先要对污染土壤进行修复。在很多煤矿废弃物中，酸性是限制植物生长的重要因素，而且酸性能提高重金属离子的溶解度，从而增强其毒性。对于土壤酸性，可以通过施用石灰来调节，但在 pH 过低时，一次性石灰用量会很大，不利于作物生长，因此可以用磷矿粉来改良酸性。这样既可以提高土壤肥力，又能在较长的时间内控制土壤 pH。重金属污染土壤治理技术有物理—化学法、生物修复技术、农业化学调控法。

（一）物理—化学法

物理—化学法通过物理、化学手段去除或固定土壤中的重金属，达到清洁土壤及降低污染物环境风险和健康风险的技术手段。物理—化学法包括物理工程措施、化学改良法、电动力法、化学淋洗法。物理—化学法实施方便灵活，处理周期较短，适用于多种重金属的处理，在重金属污染土壤修复中得到广泛应用。但该技术实施的工程量较大，成本较高，使用化学药剂时可能造成二次污染，这在一定程度上限制了其工业化推广。

1. 物理工程措施

物理工程措施主要包括排土、换土、去表土、客土、深耕翻土和隔离包埋法等措施。排土、换土、去表土都是直接将污染表土去除，集中处理。物理工程措施中常见的方法之一是客土和污土混合措施，利用无污的客土与污土成比例混合，从而降低土壤中单位体积重金属含量。深耕翻土，即采用深耕翻动上下土层，使表土中的重金属含量降低。深耕翻土用于轻度污染的土壤，而客土和换土则是用于重污染区的常见方法。物理工程措施被认为是一种高效率的方法，但是工程量大，并有污土需要再处理问题，不是一种处理矿区土壤重金属的理想方法。

2. 化学改良法

化学改良法是通过向污染土壤添加不同的改良剂，增加土壤有机质、阳离子代换量和黏粒的含量，及改变土壤 pH、氧化还原电位和电导率等理化性质，而使土壤中的重金属发生氧化、还原、沉淀、吸附、抑制和拮抗等作用，以降低土壤重金属的生物有效性。目前，磷酸盐、石灰和硅酸盐被认为是处理重金属污染的常用改良剂。该技术的关键在于选择经济有效的改良剂。不同改良剂对重金属的作用机理不同，因此在实际操作中必须明确改良剂的作用机理才能应用，避免形成二次污染。用改良剂措施来治理重金属污染土壤，其治理效果和费用比较适中，对污染不太重的土壤特别适用。但是对不同污染程度、不同类型土壤的适宜施用量及改良效果，尚待研究，而且，对改良后的土壤需要加强管理，以防重金属再度活化。

### 3. 电动力法

电动力法是使土壤中的重金属在外加电场作用下，通过电解、电渗析、带电阴阳离子电迁移、扩散等作用而使重金属在电极附近累积起来，再通过其他方法除去重金属的方法。矿区土壤中的重金属离子（如 Pb、Cd、Cr、Zn 等的离子），在电场的作用下以电渗透和电迁移的方式向电极移动集中，通过收集处理累积的重金属，从而达到去除土壤中重金属的目的，进行土壤修复。该技术方法对去除低渗透的黏土和淤泥土中的 Pb、Cu、Zn 等重金属非常有效，并且可以控制污染物的流动方向。但该技术只能处理溶解在水中的重金属离子，对土壤中众多不溶解的重金属，则需通过调整土壤 pH 呈酸性或者加入大量的有机螯合剂以使重金属离子溶解进入水溶液。

### 4. 化学淋洗法

化学淋洗法通过注入、抽吸含有一些金属配位体的清洁无污染的、具有溶解、乳化和化学作用的提取液，反复多次淋洗土壤，将土壤吸附的重金属污染物去除。配位体与土壤中的重金属络合成化学性质稳定的物质，随淋洗液的抽吸而脱离土壤环境，然后对含有重金属污染物的淋洗液进行集中处理与回用。化学淋洗法能够高效、快速地修复水溶性重金属污染的土壤。此法适合砂土和砂壤土等透水性好、污染面积较小的土壤，不适用于黏质土壤。化学淋洗法对重污染土壤的治理效果较好，但易造成地下水污染，同时也会使土壤中的营养元素淋失和沉淀，造成土壤肥力下降。化学淋洗法使用的试剂可能产生再次污染问题，所以尚不能大规模应用于重金属污染土壤的修复，今后的研究重点是环境友好型洗涤剂。

### （二）生物修复技术法

生物修复技术法是指利用动物、微生物或植物的生命代谢活动改变重金属在土壤中的化学形态和存在状态，以达到降低其毒性的方法，是一种高效、绿色、廉价、能最大限度地降低对环境的扰动的修复方法。按照修复主体来分，生物修复技术法分为植物修复技术法、微生物修复技术法、动物修复技术法等。该方法效果好且易于操作，是土壤重金属修复领域的研究热点，但是修复周期长，植物、动物、微生物修复重金属种类单一，目前不是一种理想的修复技术方法。

1. 植物修复技术法

植物修复技术法利用某些植物能忍耐和超量积累某种重金属的特性，通过绿色植物的转移、容纳或转化作用，降低重金属污染物的生物毒性。植物修复技术法按其原理，可分为植物提取技术法、植物挥发技术法和植物稳定技术法 3 种类型。

（1）植物提取技术法

植物提取技术法是利用超积累植物将土壤中的一种或多种重金属转移、储存到植物本身，通过收割植物、妥善处理（如灰化回收）达到重金属污染治理与生态修复的目的。植物提取技术法运行成本低，回收和处理富集重金属的植物较为容易，在最近几年矿区土壤重金属污染治理技术中研究应用得较多。

（2）植物挥发技术法

植物挥发技术法是指植物通过新陈代谢将土壤中的重金属元素吸收、转化为可挥发形态，并逸出植物表面，达到降低土壤中重金属浓度的方法。目前这方面研究最多的是类金属元素 Hg 和非金属元素 Se。这种方法只适应于具有挥发性的重金属污染物，应用范围较小，而且将污染物从土壤转移到大气，对环境仍有一定影响。

（3）植物稳定技术法

植物稳定技术法是指利用植物生理代谢降低重金属的活性，减少重金属的生物有效性，或促进土壤中重金属转变为低毒形态，减少其对环境和人类健康的危害的方法。研究发现，植物分泌的磷酸盐能与土壤中的 Pb 结合成难溶的磷酸铅使 Pb 得到固化稳定。另外，除植物分泌物直接与重金属发生作用，根系分泌物也可以通过改变根际环境 pH 等来转变重金属的化学形态，降低重金属的毒性。但是这种方式并未使土壤中的重金属去除，环境条件的改变仍可使重金属的生物有效性发生变化。

综上，植物修复技术法会在以后的矿区土壤重金属修复中发挥越来越重要的作用，以后的研究方向应该是筛选超富集和富集重金属的植物并建立资料库，为以后的应用推广提供支持。

2. 微生物修复技术法

微生物修复技术法是利用土壤中天然存在的或培养驯化的微生物群吸收、氧化还原、沉淀一种或多种重金属，改变土壤中重金属元素的存在形态，防止或降低重金属对周边环境的污染。该修复法具有成本低、工程量小的优点，但微生物修复专一性强，处理效果受土壤的温度、水分、含氧量、pH 等的影响，很难同时修复多种重金属污染土壤。目前，微生物修复技术法尚未获得突破性进展，难以大规模普及。

### 3. 动物修复技术法

动物修复技术法是利用土壤中的某些低等动物（如蚯蚓、鼠类等）能吸收土壤中重金属而不影响生长的特性，降低污染土壤中重金属含量的方法。动物修复技术法在修复矿区土壤重金属的同时，还能够改良土壤结构、分解枯枝落叶、增加土壤肥力、促进营养物质循环等。因此，在尾矿废弃地的生态恢复中若能引进一些有益的土壤动物，将使重建的生态系统的功能更加完善。

### （三）农业化学调控法

农业化学调控法是指应用各种改良剂或采取适当的农业措施来消减重金属污染危害的方法。作物从土壤中吸收重金属，不仅取决于重金属的含量，还取决于土壤性质、施肥种类和数量、植物种类、耕作制度等条件的影响。因此，可以通过调节土壤 pH、有机质、阳离子交换量（cation exchange capacity，CEC）、土壤水分等因素，改变土壤重金属的水溶性、扩散性，降低其生物有效性。

### 1. 调节土壤 pH

pH 显著影响重金属在土壤中的存在形态，当土壤溶液的 pH 小于 5 时，土壤对重金属的吸附量降低，重金属生物有效性增大。加入碱性物质，提高土壤 pH，可增加土壤表面负电荷对重金属的吸附，同时可使重金属与一些阴离子形成氢氧化物和弱酸盐沉淀。因此，通过施用石灰、矿渣等碱性物质或钙镁磷肥等碱性肥料，可减少植物对重金属的吸收（王新等，1994）。Cd 的活性通常受土壤酸碱性的影响很大，Naidu 等（1997）通过对 Cd 污染的土壤施用石灰，使土壤中重金属有效态含量降低 15% 左右，从而有效地抑制作物对 Cd 的吸收。施入硫化钠等含硫物质能使土壤中重金属形成硫化物沉淀，这种方法可以降低土壤溶液中重金属离子的溶解度，同时也会使土壤中植物必需的营养元素发生沉淀，易导致微量元素的缺失。

### 2. 调节土壤的氧化还原电位

土壤中重金属的活性受土壤氧化还原状况的影响，因而与土壤水分状况有着密切的关系。在灌溉或淹水时，土壤形成还原性的环境，土壤中的 $SO_4^{2-}$ 还原为 $S^{2-}$，有机物不完全分解产生硫化氢，硫化氢与重金属生成溶解度很小的硫化物沉淀。重金属在土壤中具有很强的亲硫性，可与水中 FeS 发生共沉淀，降低重金属的溶解度和生物活性。因此，可通过合理灌溉、旱田改水田等措施控制土壤水分来调节土壤氧化还原状况，改变土壤的氧化还原电位，降低重金属的活性，减小对植物的危害。

### 3. 施加有机肥

施加土壤有机质，可减轻重金属的生物有效性。有机质中含有大量的官能团且具有较大比表面积，对重金属具有吸附和络合能力。有机质又是促还原物质，可降低土壤的氧化还原电位，使重金属生成硫化物沉淀，减少作物对重金属的吸收量（陈世宝等，1997）。堆肥、厩肥、植物秸秆等有机肥在农业生产上已得到广泛应用，对改良土壤重金属污染和提高土壤肥力具有重要作用。张亚丽等（2001）向 Cd 污染土壤中加入有机肥，通过络合作用、土壤吸附作用，促使交换态 Cd 向有机态 Cd、锰氧化物结合态 Cd 转化，有机态 Cd 和土壤交换态 Cd 分别与土壤中有效态 Cd、水稻地下部分 Cd 含量呈显著或极显著正相关关系。另外，由于有机肥在矿化过程中分解出的低分子量有机酸和腐殖酸组分对土壤中的重金属具有活化作用，因此要系统地研究在不同 pH、氧化还原电位、土壤质地等条件下，腐殖酸组分对重金属的移动性和生物有效性的影响，合理施用有机肥。

　　采取适宜的农化调控措施，是合理利用和改良重金属污染土壤的良好途径。它能有效地减少重金属通过食物链进入人体的量，具有较好的经济效益、社会效益和环境效益。

## 四、矿井废水治理技术

　　矿井废水是伴随煤炭开采而产生的地表渗透水、喀斯特水、矿坑水、地下含水层的疏放水，以及生产、洗煤、防尘等用水。矿井废水中普遍含有以煤粉和岩粉形成的悬浮物、重金属、有毒有害物质及放射性元素等，有的矿井废水还呈现出高矿化度或酸性，是一种具有行业特点的污染源（胡文荣，1996）。排放的矿井废水作为矿区农田的灌溉水源，将影响到农田生态系统。因为使用酸性水灌溉农田，将降低土壤的 pH，而随着 pH 的降低，土壤溶液中 Cu、Zn、Cd 等重金属离子浓度将上升，这些重金属离子的浓度达到一定的程度时，将会对农作物产生毒性，导致农作物生长不良或死亡。与此同时，土壤的团粒结构也将遭到破坏，造成土壤板结和农作物枯黄。因为煤矿废水能影响矿区附近的河流生态系统和农田生态系统，所以煤矿废水必须在排放前进行处理。

　　酸性矿井废水可以用中和的方法来处理。含重金属的矿井废水的处理可以利用生物法，也可以通过物理方法。在日本已有利用生物法处理含重金属的矿井废水的实践。矿井废水的酸性是由煤层围岩中的含硫矿物（$Fe_2S$）经氧化后与水结合形成的 $H_2SO_4$ 引起的。因此在这种矿井废水中，$SO_4^{2-}$ 含量往往较高。研究发现，硫酸盐还原细菌（脱硫弧菌）能使 $SO_4^{2-}$ 在厌氧条件下转化为硫离子，而 $S^{2-}$ 与 Cu、Zn、Pb、Cd 等重金属离子很容易结合形成溶解度很小的硫化物沉淀，通过固液分离，重金属元素得以除去。物理方法则是采用吸附法达到除去重金属的目的，通常采用的吸附剂有活性炭、腐殖酸和树脂吸附剂等。

　　粉煤灰由于表面积大、来源广泛和成本低廉等，也可以作为吸附剂。在实际应用时，将粉煤灰投入废水中，不停地搅拌，经一定时间达到吸附平衡后，用沉淀或过滤的方法进行固液分离，重金属被吸附在粉煤灰表面，从而达到除去重金属的目的。如果经过第一次吸附，出水不能达到排放标准，则需增加吸附剂量和延长停留时间，或者对一次吸附出水进行二次或多次吸附。

## 五、水土流失与沙漠化防治技术

中国的大型露天煤矿大多处于干旱、半干旱的黄土高原、草原风沙区等生态脆弱区，故水土流失和沙漠化治理更应引起高度重视。水土流失和沙漠化治理的技术分为工程治理技术和生物治理技术。

### （一）工程治理技术

工程治理技术有涂层法、网席法、抗侵蚀被法等。其中，涂层法是国外广泛采用的方法之一。涂层材料包括沥青乳液和棉籽醇树脂乳液等黏性物质，通过对排土场表面做固结处理，可有效地防治风蚀和水蚀。网席法是将易侵蚀的坡面用草席或纤维织网压草覆盖，防止坡面侵蚀。抗侵蚀被法和网席法类似，抗侵蚀被由一面能光降解，一面能生物降解的草等材料组成。沙漠化的工程治理是利用杂草、树枝及其他材料，在沙丘上设风障或在沙面上覆盖。工程治理技术的优点是能够立即奏效，但成本高、费工大、不能长期保存。

### （二）生物治理技术

植被稀少是造成矿区水土流失和沙漠化的直接原因，因此要加强矿区的林草建设。林草建设要做到因地制宜，宜林则林、宜草则草，根据当地自然状况，选择合适的植物种类。沙漠化土地中水是最大的限制性因子，植物因缺水而不能成活和成活后难以生存，因此要选择适合沙地环境、易繁、速生、耐风蚀沙埋、灌丛大、生产力高、耐瘠薄、生长稳定、寿命长的物种。矿区沙漠化土地植被恢复中，保水剂和生态种植技术的应用，也可显著提高植物的成活率和保有率。

## 六、植被恢复技术

在生态重建过程中，只有恢复植被或农作物，才是真正的生态恢复。因为植被一旦建立后，动物和微生物才能赖以生存，生态系统才能够自我维持。所以在实施了上述土壤改良和水土流失治理等措施后，还必须在复垦的土地上恢复植被。

植物种类的选择是矿区植被恢复成功的关键因素之一。植物种类的选择一般是根据植被恢复的目标，当地气候、土壤等自然条件的现场植被调查等确定的。选定的植物一般具有较强的适应能力，如具有固氮能力强、根系发达、耐瘠薄、播种栽植较容易等特征的植物。树种的选择是植被重建中最为关键的一个环节，它应该遵循下列原则：①根系发达、生长快、适应性强、抗逆性好；②优先选择固氮树种；③播种栽培较容易，成活率高，种源丰富，育苗简易且方法较多，适宜播种栽植时期较长，发芽力强，繁殖力强；④尽量选择当地优良的乡土树种和先锋树种，也可以引进外来速生树种；⑤选择树种时不仅要考虑经济价值，还要考虑树种的其他功能效益。

另外，在植物根系接种真菌菌株可以促进植物根系对土壤中 P、K、Ca 等矿质元素的吸收，扩大根系吸收面积，提高植物抗旱、抗涝能力，增强植物对病虫害的抵抗能力。选用优良植物品种只是植被恢复工作的一部分，如何维持植被的覆盖度，如何建立一个能够自我调节的生态系统是相当重要的。根据生态学原理，物种多样性是生态系统稳定性的基础，使用多物种，特别是将乔、灌、草多层配置结合起来进行植被恢复，建立的生态系统稳定性及可持续性比单物种或少物种效果好。中国在这方面开展工作的时间较短，且主要停留在物种的引入和筛选上，缺乏群落结构优化配置模式的多样性研究，以后应当加强这方面的研究。

# 第三节　煤矿区生态恢复模式研究

煤矿区采用何种生态恢复模式，不仅取决于矿区环境的破坏形式和破坏程度，还取决于所处地区的自然地理条件。生态恢复模式的选择应本着因地制宜、经济可行的原则，在对矿区的土地利用现状、沉陷情况、自然和生态功能分区进行深度调查分析的基础上，对矿区的生态恢复技术进行集成与优化，对具体区域或地理范围所适用的生态恢复模式进行科学选择。根据矿区主要环境问题的性质，生态恢复模式主要分为稳定沉陷区生态恢复模式、潜在或动态沉陷区生态恢复模式、煤矸石山环境治理模式、废弃地生态恢复模式、环境污染区生态恢复模式、家园服务生态恢复模式 6 种。

## 一、稳定沉陷区生态恢复模式

### 1. 煤矸石充填和灌、林、草覆盖模式

煤矸石充填和灌、林、草覆盖模式主要是在沉陷地充填煤矸石，并在此基础上覆土造田，既可减少煤矸石对环境的影响，又可使沉陷区得以治理。可在治理的土地上种植农作物，也可营造用材林、经济林，还可在煤矸石回填沉陷区的基础上，进一步采用灌浆覆土的办法，种植牧草，发展畜牧业。

### 2. 粉煤灰充填生态恢复模式

粉煤灰充填生态恢复模式主要是利用矿区电厂排放的粉煤灰充填沉陷地，科学规划设计可形成采煤—发电—充填复垦沉陷地的良性系统，具有保护环境和复垦土地的双重效益。通过采取有效的管理措施，充填覆土后的沉陷地可以恢复成原来的高产稳产田。

### 3. 集约化农业生态恢复模式

集约化农业生态恢复模式主要适用于土地破坏程度较轻的区域，如在土层深厚、土壤肥沃、土壤养分状况变化不大、地下水资源丰富的区域，只要采取工程措施修复整平并改进水利条件即可恢复土地原有的使用价值。治理后的土地主要执行种植业生产功能，以高产、高质、高效农业为目标，建成以当地优势农作物为主，兼顾土特产种植和加工一体化的商品粮生产基地。

### 4. 水土保持型生态恢复模式

水土保持型生态恢复模式主要适用于丘陵和山区地带。在该种模式下，沉陷地坡度较大，不适宜进行农业复垦，可在坡度较大的地区栽种适宜的树种，增加林木覆盖率。对不适宜种树的地段，可种植当地适宜的牧草。对于受山洪、泥石流自然灾害威胁的地段，应修建相应的防护工程，并在工程内侧营造防护林带。

### 5. 农林鱼禽生态利用模式

农林鱼禽生态利用模式是充分利用沉陷形成积水的优势，根据鱼类等各种水生生物的生活规律和食性及它们所处的生态位，按照生态学的食物链原理，实现农一渔一禽一畜综合经营的生态农业模式。生物之间以营养为纽带的物质循环和能量流动，构成了以生产者、消费者和还原者为中心的三大功能群类，并在此过程中形成物质的多级循环利用。

### 6. 设施农业建设模式

设施农业建设模式是利用现代先进科学技术，实现高产、高效的现代农业生产方式。潞安矿区所在的长治市设施农业发展基础较好，市场流通体系比较健全，潞安矿区离市区较近的矿井，存在就近的技术优势和市场条件，因此设施农业建设模式可以作为潞安矿区沉陷地治理的利用方式之一。

### 7. 畜牧养殖模式

为了使沉陷区中的各种废弃物在生产过程中得到循环利用，可利用农田中的粮食、作物秸秆和废弃菜叶作为家禽和家畜的饲料，家禽和家畜的粪便作为有机肥施加在农田中可提高农田的肥力。这种模式将种植业和养殖业紧密地联系起来，进一步提高了经济效益。

### 8. 修建人工湖公园生态恢复模式

修建人工湖公园生态恢复模式主要适用于沉陷面积大、沉陷深的区域。结合矿区周围环境，利用大面积的沉陷水域修建人工湖公园，既可以为发展旅游业奠定基础，也可以为当地居民创造怡人的生存环境，改善矿区的生态环境质量。

## 二、潜在或动态沉陷区生态恢复模式

### 1. 牧草-农田生态复合模式

煤炭开采过程中，大面积土地处于动态沉陷之中。对于动态沉陷耕地，人们可进行生态恢复。在受地下采煤影响时，可使破坏的耕地尽量提高生产能力，并在严重破坏区域和丘陵区域种植牧草，改善生态环境，减少水土流失，也可在牧草地进行畜牧养殖，使牧草-农田形成一个复合的生态系统。

### 2. 立体开发模式

立体开发模式主要适用于积水的动态沉陷区，由于沉陷仍在进行，深浅不一，宜采取鱼、鸭混养短期粗放式的立体开发模式。这种模式是指在沉陷区开挖的鱼塘或深积水区栽培植物和养殖动物，按一定方式配置生产结构，并且在生物之间形成一种简单食物链的养殖模式。

## 三、煤矸石山环境治理模式

### 1. 煤矸石综合利用模式

煤矸石对生态环境造成的破坏作用不容忽视，必须采取切实可行的治理措施，最好能综合利用煤矸石，最大限度地发掘出煤矸石的经济价值。煤矸石综合利用模式主要包括：①煤矸石制砖；②煤矸石生产轻骨料；③煤矸石生产空心砌块；④煤矸石作原燃料；⑤煤矸石作水泥混合材料；⑥煤矸石作筑路材料；⑦煤矸石作碱掺合料；⑧煤矸石作燃料进行发电、供热；⑨从煤矸石中回收部分煤炭；⑩煤矸石作充填、灌浆材料。

### 2. 煤矸石山综合治理模式

煤矸石山综合治理模式主要针对长期堆积的煤矸石山，为了减少其对矿区生态环境的影响，对煤矸石山进行综合治理。煤矸石山综合治理模式主要包括：①煤矸石山土壤治理；②微生物恢复法；③煤矸石山的人工植被演替；④人工植物改良恢复法。

## 四、废弃地生态恢复模式

### 1. 矿区废弃地林灌草生态恢复模式

矿区废弃地林灌草生态恢复模式主要针对矿区废弃地和煤矸石山污染区。该类区域养分贫乏，植被稀少，水土流失严重，造成矿区水体、土壤和大气的严重污染。在该区域主要利用生物恢复技术，以植被恢复为主，采用林灌草结合种植的方式改善破坏区域的植被状况。

### 2. 村庄废弃地林果-畜禽复合生态模式

受矿区采煤的影响，有些村庄不得不整体迁移，对于搬迁后的村庄废弃遗址的生态恢复，可采取简单的充填式或非充填式复垦技术和必要的整平措施，将其恢复为具有可耕种能力的土地。该类型区域治理后的土壤肥力较差，土地生产能力较弱，可以选择栽植对土壤条件要求不高、生命力强的林木，进行林果园区规划，并在林地或果园内放养各种经济动物，对其进行以野生取食为主，辅以必要的人工饲养。

## 五、环境污染区生态恢复模式

### 1. 植物净化模式

一些植物能净化污水，它们的根可以吸收、富集和分解污水中的重金属元素和 P、N 等有害物质。矿区井下排水、选煤厂煤泥水、工业场地生产生活污废水，以及附近电厂排放的废水都可能对矿区水环境造成污染。所以，可以在矿区积水沉陷地和矿区污水排放区种植水生植物，起到净化污水的作用。一些植物对大气污染有很强的抵抗能力，在一定限度内可以吸收大量的污染物而起到净化空气的作用。煤矿开采过程中会产生大量粉尘和有害气体，污染环境。所以，可以在车间及设备四周种植绿篱、乔木、灌木和草坪，构成绿带以阻挡气流，减少粉尘在空气中的漂浮时间，吸收部分飘尘；特别是种植草坪，既可降尘，又可防止地面起尘。

### 2. 生态保护模式

为了减少矿区开采过程对生态环境的影响，应该根据煤炭开采的不同阶段和不同矿区的地表、地质和煤炭赋存等状况采取相应的沉陷控制和生态恢复工作，并辅助采取生态监测、生态监理、生态绿化和生态影响补偿等措施来保护矿区生态环境。

## 六、家园服务生态恢复模式

### 1. 旅游景观重建模式

旅游景观重建模式适用于离居民点较近的大型煤矸石山。可以对煤矸石山内部进行灭火处理，并对煤矸石山外部进行阶地化，即在坡面修建阶地，覆土，栽种树木。在此基础上，可以建设集休闲、娱乐为一体的生态园林区，形成不同地段各具特色景观的旅游景点。

## 2. 生态农庄建设模式

生态农庄建设模式是利用矿区特有的自然优势和当地特色农业优势，建设具有生产、观光、休闲度假、娱乐乃至承办会议等综合功能的经营性生态农庄的模式。农庄可以建设与开发赏花、垂钓、采摘、餐饮、健身、宠物乐园等设施与活动。

## 3. 湿地景观再造与生态旅游模式

湿地景观再造与生态旅游模式适于面积较大、水体深、水质好的沉陷区水域，可以把积水区开发为湿地景观，还可兴建游乐设施，发展旅游业。该模式不仅可以改变煤矿区脏、乱、黑的形象，改善矿区的生态环境质量，还可以为职工和当地居民提供良好的休闲场所。

## 4. 科普园区模式

矿山关闭之后，许多以前的井架和矿山建筑颇具历史价值。可以通过建立矿业博物馆将这些矿山建筑物提供给游人参观，并在周围进行绿化，使其与建立的矿业博物馆相融合，建成集教学、生态和旅游等多功能于一体的特色旅游区。

# 第四节　采煤沉陷区的土地复垦和生态重建技术体系

中国煤炭资源分布广泛，且资源分布呈现北富南贫、西多东少的特点，其中，华北地区的煤炭资源量约占全国煤炭总资源量的 49.24%，西北地区的煤炭资源量约占全国煤炭总资源量的 30.39%。适合井工开采的煤矿资源约占 96.4%，煤炭开采造成的地表沉陷，导致土地质量下降，使地表生态系统受到严重干扰、破坏，甚至发生滑坡、崩塌等地质灾害。根据中国部分重点矿区和重点产煤省（区）调研统计资料，每万吨煤炭开采后，沉陷、破坏的土地面积为 1 300～3 300m$^2$。因此，对采煤沉陷区的生态治理，是煤矿区环境治理的重中之重。

根据中国主要产煤基地分布、区域地形地貌等自然环境特征，可将矿区分为中东部平原高潜水位矿区，中部平原、山地或丘陵矿区，西北干旱半干旱矿区，西部荒漠草原及戈壁矿区，西南喀斯特山石煤矿区 5 类区域。不同区域采煤沉陷的特征存在显著差异，适宜的生态恢复技术也不尽相同。

## 一、中东部平原高潜水位矿区

### （一）沉陷特征

中东部平原高潜水位矿区主要是指黄淮海平原矿区，该区域煤矿开采历史长、开发强度大，具有采深与采厚比较大、累计采出煤层厚度大、地表下沉系数大、沉陷面积与深度大等特征（胡振琪等，1997）。潜水位高，沉陷后地表形成大面积常年积水，造成耕地、林地、草地被淹没，耕地绝产，植被死亡；积水区周边沉陷斜坡地发生季节性积水，农田水利设施等地表建（构）筑物破坏严重，房屋出现裂缝甚至倒塌，道路扭曲，路面破坏，甚至被淹没。

（二）主要生态恢复措施

针对该区域煤矿开采易形成永久、季节性积水区的特点，生态恢复遵循"宜耕则耕、宜林则林、宜草则草、宜水则水"的基本原则，充分利用区域自然生态修复能力强的优势，恢复沉陷区植被。同时，该区域多为中国重要的产粮区域，分布着大量的基本农田，耕地恢复至关重要。土地复垦主要采用挖深垫浅法、疏排法和充填复垦法等（范英宏等，2003）。

## 二、中部平原、山地或丘陵矿区

（一）沉陷特征

中部平原或丘陵矿区地势起伏不大，地下水位埋藏较深，土地利用以旱地为主。例如，平顶山、邯郸、邢台、徐州、鹤壁、焦作、晋城、潞安等矿区，沉陷后地表一般不积水，采煤沉陷以下沉盆地为主。由于地下水位较深，沉陷盆地中央一般不会出现积水（但雨季可能形成季节性积水），土地未造成毁灭性损害，仍可耕种；但盆地边缘区域，土地下沉不均匀，出现地表裂缝，形成坡地，导致土壤养分流失，作物生长状况不佳。

（二）平原矿区主要生态恢复措施

该区域是中国粮食主产区之一，因此，土地复垦的重点方向是复垦为农业用地。农田保护及配套设施建设是该区域土地复垦的重点任务。复垦后的耕地适宜种植小麦、玉米、谷子、高粱、棉花、大豆等作物。

1. 土地修整法

该区域土地复垦重点为坡面治理。在沉陷区的边缘部分，地面坡度将加大，形成坡地。这些坡地上的水土流失现象较为严重。该区域主要通过将坡地改造成梯田等方式恢复利用土地。将坡地改为梯田的方法，可以有效地减少坡地水土流失。此法的采用需要综合考虑工程量、坡度、坡向及灌溉等多方面的条件。在坡面上沿等高线开沟、筑埂，修成不同形式的台阶。25°以下的坡耕地，一般修筑为水平梯田、隔坡梯田和坡式梯田；在15°~20°的区域，可修筑复式梯田，平台部分耕作，斜坡部分恢复草本植物。

2. 土地平整法

土地平整法主要针对的是大面积无积水的沉陷盆地。对地面高差不大的农田，可结合耕种，有计划地移高垫低，逐年达到平整。对于需要深挖高填的地块，可采用人工或机械的方法平整。无论是人工法还是机械法施工，都应注意保留熟土。人工施工常采用倒槽施工工艺，即将待平整土地分成 2～3m 宽的若干条带，依次逐带先将熟土翻到一侧，然后挖去沟内多余的生土，按施工图运至预定填方部位。填方部位也要先将熟土翻到另一侧，填土达到一定高度后，再把熟土平铺在生土上。机械法施工常用的机械有推土机、铲运机、平地机等，施工工艺有分段取土、抽槽取土、过渡推土等方法，选用哪种工艺方法应结合所用机械类型和实际地形而定，且应尽可能地避免机械碾压造成的土壤板结现象或采取相应的措施，如用平整后的耕翻来解决土壤板结问题，并增施有机肥，改善土壤质量。

### 3. 配套设施建设法

沉陷区耕地复垦的配套工程包括道路工程和水利工程，并在道路两侧加强农田防护林建设。防护林建设宜选用乡土树种，如杨树、柳树、榆树和刺槐。水利工程应大力发展节水灌溉技术，如低压喷灌、地面软管灌溉。复垦区防排水工程应对原有防排水系统加以修整或改建。防排水系统主要有截水和排水渠道。

### （三）山地矿区主要生态恢复措施

采煤沉陷对植物的影响情况主要与区域气候和地质条件有关。一般情况下，山区采煤沉陷对植物的影响不大，与丘陵矿区的影响情况类似。但在某些干旱的山区，如在山西的一些矿区，由于采煤沉陷引起地表非连续变形（裂缝、台阶、塌陷坑、滑坡）发育，地表水流失严重，土壤微气候变得更为干燥，土地更容易被风、水等侵蚀，严重影响植物生长，造成农作物减产。

高山区应注重发展林地，中低山区在恢复耕地、提高地力的同时，应加大发展畜牧业、林果基地，合理开发、综合利用植物资源。对损毁的土地也可以按照乔灌草相结合的方式，恢复林牧业用地。在土石山区地表存在大量裸露的基岩，有效土层厚度较小，应特别注意表土剥离、储藏、回覆的技术应用。

### （四）丘陵矿区主要生态恢复措施

在丘陵地区，采煤沉陷对植物的影响既有有利的一面，又有不利的一面。当地下开采使地表上凸部分下沉时，将减小地面凸凹不平的程度，使地面变得较平坦，对植物生长有利；当地下开采使地表下凹部分下沉时，将增大地面凸凹不平的程度，同时使地面坡度变陡，对植物生长不利；另外，在干旱的丘陵矿区，如果地下开采引起地表裂缝发育，将使地表水易于流失，土壤变得更为干燥，也影响植物生长。

1. 生态工程复垦技术

生态工程复垦技术将土地复垦工程技术与生态工程技术结合起来，综合运用生物学、生态经济学、环境科学、农业技术及系统工程学等理论，运用生态系统的物种共生和物资循环再生原理，结合系统工程方法，针对破坏土地设计多层次利用工艺，促进各生产要素的优化配置，实现物质、能量的多级分层利用，不断提高土地生产力，获得较大的经济、生态和社会综合效益。对需要复垦成耕地的土地，人们可以通过生态工程复垦技术实现复垦。

2. 水土保持生态恢复技术模式

井工开采对地表扰动极大，造成表层土质疏松。局部采空区经常出现陷落柱或沉陷坑，地表裂缝较大，地表植被和生态系统遭到严重破坏，加上地表起伏不定、沟壑纵横，很容易造成水土流失。丘陵矿区的土地复垦应加强水土保持工作，预防和减少煤矿开采对本区造成的水土流失。丘陵矿区应大力推广集流造林技术、深栽埋苗技术和截杆造林技术。以乡土树种为主，适当引进外来植被，依据不同的立地条件与土壤水分，进行不同树种的混交、乔灌草相结合，建立立体式的绿化带，提高植被的稳定性。

复垦成耕地的区域要加强土壤改良措施，增施有机肥改善土壤的理化性质，推广生物改良技术，不仅要使矿区损毁土地恢复原有地力水平，还应该提高质量级别，保障农作物的产量，维持矿区的和谐稳定发展。

## 三、西北干旱半干旱矿区

### （一）沉陷特征

该区域主要包括山西、陕西、甘肃等地区，煤炭开采条件好，为中国今后一段时期内重要的产煤区。但生态环境脆弱，地形复杂，地表起伏较大，在地质采矿和地形条件的共同作用下，其地表移动向量为指向采空区的移动向量与沿坡面指向下坡的移动向量的矢量和，移动范围一般大于平地。沉陷使山顶表土层滑移、沟谷受压隆起，一般不积水，局部出现裂缝或漏斗沉陷坑，个别区域引发山体滑坡、泥石流，导致水土流失加剧，植被损毁，但不会改变区域总体地形地貌特征。

该区域生态恢复侧重于地表裂缝的修复、沉陷台阶的平整，以恢复土地原有功能为主。该区域植被稀疏，生态脆弱，降水量小，生态恢复较困难，应做好植被管护工作。

### （二）裂缝与沉陷坑充填技术

黄土抗拉伸变形能力很小，受煤炭高强度开采影响，地表极易形成垂直裂缝破坏。加上黄土结构疏松、多空隙、垂直节理发育、富含 CaCO₃、极易渗水，黄土渗水后，部分 CaCO₃ 被水溶解，部分黄土颗粒被水带走，使黄土空隙扩大形成空洞，导致地表沉陷、裂缝进一步增强，甚至造成某些裂缝和沉陷坑直通矿井，造成地表水沿沉陷裂缝（坑）渗入井下。如果这些裂缝（坑）仅用一般方法进行充填，一旦到雨季，流水冲刷，裂缝（坑）又会出现。为了防止地表水下渗，结合黄土区地表土壤自上而下断面的结构特点，在沉陷裂缝（坑）仿造黄土剖面结构设计采用防渗层、黄土覆盖层来进行复垦，其中防渗层包括衬垫层与隔水层，黄土覆盖层主要采用熟黄土进行覆盖的复垦方法。沉陷裂缝（坑）区充填复垦设计剖面图见图 5-1。

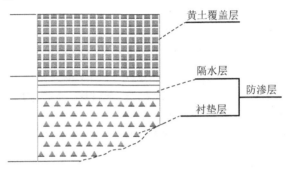

图 5-1　沉陷裂缝（坑）区充填复垦设计剖面图

在沉陷裂缝（坑）区上部充填的黄土覆盖层应该选用含有一定营养成分的熟土。黄土覆盖层厚度设计应根据种植植物的种类和水土等因素来确定，不同植物的种类对上部充填黄土覆盖层厚度的要求不一样，一般确定为 0.5～1.0m。农作物种植要求充填的黄土覆盖层厚度大；浅根系的草本植物则要求充填黄土覆盖层厚度小；乔灌木则要求充填黄土覆盖层厚度适当增大；水土流失严重的地区则应加厚充填的黄土覆盖层。为了防止地表水下渗，使上部黄土覆盖层保持较好的水分、养分，可在黄土覆盖层下设计防渗层，而防渗层包括衬垫层与隔水层。衬垫层的充填材料可采用既经济又实用的一些废料，如煤矸石或粉煤灰等矿区废弃物。在衬垫层和黄土层之间设计隔水层，隔水层处理的效果直接影响充填复垦的效果。充填隔水层的材料具有较好的塑性、黏结性和一定的防渗性，达到半黏土的抗渗性能。隔水层材料的选择坚持就地取材、合理选材、节约用材的原则，并适当考虑下部充填体的材料及结构类型。隔水层的设计高度一般控制在 15～20cm，隔水层材料中黏土、粉煤灰、石灰的最佳比例控制在（5∶3∶2）～（4∶4∶2）（体积比）。

（三）沉陷区生态重建技术模式

1. 黄土沟壑区生态重建技术模式

黄土沟壑区的形成主要是因为长期受水侵蚀。黄土沟壑区内地表黄土裸露，受矿区地下开采的影响，加上雨水冲刷，很容易形成山体滑坡、坍塌、切落和泥石流等地质灾害。地貌重塑是该区域生态重建的基础工程，主要采用挡墙、护坡、鱼鳞坑、水平阶等工程措施，进行黄土沟壑区的土地再造，防止衍生新的地质灾害。对沉陷、崩塌和山体滑坡等地质灾害形成的坡度大于 25°的区域，首先要实施推平、堆垒等工程措施，进行地貌重塑和土地复垦。黄土具有很强的湿陷性，一旦遇到雨水冲刷，就可能继续下沉，重新成为沟壑，因此可采用煤矸石和粉煤灰等充填底部，上覆表土，这样可防止新复垦的土地再次出现沉陷。

（1）生态农业复垦技术模式

生态农业复垦技术模式是指根据生态学原理，应用复垦工程技术和生态工程技术，通过合理配置农作物和果树等，进行生态种植的方式。它不仅可整治利用被破坏的土地，恢复并改善沉陷区生态环境，还有利于提高农业生产的综合效益。例如，对新复垦的阶地和沟底较为平整的土地，在进行土壤基质改良的基础上，可以继续种植燕麦、玉米等农作物及特色果树。新复垦的土壤质量差、肥力低、结构不良。在黄土沟壑区，土壤基质改良方法可采用施肥法（主要是有机肥）和绿肥法来提高土壤中的有机物和养分含量，改良土壤结构，消除土壤的不良理化特性。

（2）水土保持型林草复垦技术模式

黄土沟壑区的水土流失比较严重，因此黄土沟壑区的植被恢复尤为重要。在黄土沟壑区，对立地条件比较好的地区，可以草灌乔结合，乔木种植应选用乡土树种，如刺槐和新疆杨等优良树种，这些树种不仅生长速度快，还能防治水土流失；对立地条件比较差的地区，可以种植禾本科的沙打旺、苜蓿、类芦、五节芒、象草、糖蜜草、宽叶雀稗等，这些植物生长速度快，适合在各种黄土沟壑区生长，在一定程度上，还可以发展为牧业用草。

2. 黄土台塬区生态重建技术模式

黄土台塬区属黄土高原，是陕西北部的一种特殊地貌类型，主要地形特征是塬、峁、台，生态环境比较脆弱。这些地区干旱少雨，植被覆盖率比较低，主要以野生草灌为主，遇到暴雨等灾害性天气，水土流失比较严重。

（1）高效生态农业复垦技术模式

在立地条件较好的台塬区，在对区内裂缝、塌陷坑和沉陷盆地利用工程措施科学治理后，结合本区域干旱少雨的实际，采用滴灌、渗灌、喷灌等技术，把高效种植与节能结合起来，发展高效生态农业复垦技术模式，种植农作物或者发展特色林果业。

（2）林牧业复垦技术模式

在立地条件比较差的台塬区，在辅以工程措施防止水土流失的基础上，种植乔木，主要以耐旱、速生的树种为主，如刺槐、国槐、侧柏和新疆杨，发展经济林；或者种植优良牧草如沙打旺、苜蓿等。该区域应充分考虑种植、养殖一体化的林牧业复垦技术模式，把种植品种与养殖饲料需求结合起来发展畜牧养殖业。

## 四、西部荒漠草原及戈壁矿区

### （一）沉陷特征

西部荒漠草原及戈壁矿区主要包括内蒙古鄂尔多斯矿区及新疆戈壁矿区。该区域气候干燥，水资源缺乏，地表植被不良，水土流失和荒漠化严重。地表沙石较多，黏性不高，沙石在外力作用下向沉陷盆地移动，使沉陷盆地逐渐成为漏斗状，盆地中央区域面积减小。采煤形成的地表沉陷及地表裂缝，将进一步加剧草场荒漠化或砾幕破坏，风蚀作用将加剧水土流失（钱者东，2011）。

该区域生态环境极其脆弱，一旦破坏，很难恢复，应本着生态保护优先的原则，尽可能减少对地表的扰动。在荒漠草原区域，较窄的裂缝一般经风沙移动可自然充填（邹友平等，2013）；对无法自然恢复的裂缝，采取人工充填的方式，并实时补播适生物种，采取封育措施逐步恢复。而对戈壁矿区，宜自然恢复戈壁砾幕，或局部喷洒固结剂。

### （二）裂缝与沉陷坑充填技术

沙地区的裂缝和沉陷坑的充填复垦难度较大，这些地区植被覆盖率本身就比较低，还比较干旱，土质类型主要为风沙土，有机质含量低，生态条件恢复到开采前的状态需要较长的时间。对裂缝和沉陷坑较小的区域，主要采取人工回填的方法；对裂缝和沉陷坑较大的区域，可以将煤矸石或粉煤灰等其他废弃物作为充填材料，用动力机械推平，上覆表土后，直接种植耐干旱的草类和灌木，防风固沙，防止地面上的沙土随暴雨的冲刷而流失；对有条件发展成农业用地的沙土区，充填后，还要加上防渗层，防止在农业灌溉的时候，灌溉用水大量下渗，造成水资源的浪费。

### （三）沉陷区生态重建技术模式

#### 1. 沙丘区生态重建技术模式

沙丘区的形成主要是由于长期的水蚀和风蚀。因此，沙丘区生态治理的关键是固定沙丘，防止土地沙漠化扩大。沙丘区的野生植被以油蒿、沙柳、沙蓬、柠条等为主，丘间洼地多为农耕区。

（1）沙丘区生态农业模式

在丘间洼地的农耕区，在通过土壤改良提高耕地生产力基础上，种植适合北方干旱半干旱区种植的农作物（如荞麦、玉米等），同时，充分考虑当地生态脆弱、风沙严重、气候干燥的特点，注重农林结合，把生态涵养与现代生态农业结合起来。对沙丘，用麦草按宽 1m 的方格，扎到沙里设置草方格，可有效地固定沙丘，防止沙丘的移动，也可以在较短时间恢复矿区的植被；沙丘间可以人工种植沙柳、柠条等比较耐旱的植物；对一些离生活区较近的沙丘区，还可以利用景观生态学的原理，种植柳树、侧柏等乔木，并用净化过的矿井废水灌溉，既可以防风固沙，又可以建设矿区的生态景观。

（2）沙丘生态治理模式

治理流动沙丘应采取造、封、管并举的方针，生物措施与工程措施相结合的形式，大力营造以灌木为主、乔灌草相结合的防护林治理体系。治理流沙的关键技术是先期设置网格沙障，对流动沙丘迎风坡上部、丘顶和背风坡，设置 2.5m×2.5m 规格的紧密结构沙障；在迎风坡中下部和平缓沙地设置行间距 3m 疏透结构的带状沙障；在丘间低地与河滩地，地下水较高，网格内可种植杂交杨、樟子松、油松等乔木树种，营建针阔混交的乔木防护林；在迎风坡上部、丘顶栽种沙柳、杨柴和紫穗槐等灌木；对平缓沙地，雨季时人工撒播沙打旺种子。

2. 沙地区生态重建技术模式

沙地区立地条件比较好，主要以农耕为主，部分区域被油蒿、沙柳、沙蓬、柠条等野生植物覆盖。沙地区主要进行生物性复垦，也就是说主要提高矿区土地的植被覆盖率。

（1）沙地区生态农业模式

在立地条件较好的沙地区，在对区内裂缝、塌陷坑和沉陷盆地利用工程措施科学治理后，充分考虑当地生态脆弱、风沙严重、气候干旱少雨、沙地保水保肥性差的实际特点，在农耕地采用滴灌、渗灌、喷灌等水肥一体技术，并结合土壤改良措施，提高土地生产力，种植荞麦、玉米、土豆等适合沙地生长且比较耐旱的农作物。沙地区生态农业模式把作物种植与节水结合起来，发展高效生态农业模式，同时注重农林结合，在农耕地周围建立防护林体系。

（2）沙漠化防治技术模式

在沙地区，治理沙漠化土地先由人工设置固沙网格障，加大地表粗糙度、提高起沙风速，继而在网格内不同沙丘部位栽种不同树种。在矿区沙漠化土地植被恢复中，还可以应用保水剂和生态种植技术，显著提高植物的成活率和保有率。在野生植物覆盖比较好的地区，要继续封沙育林、育草；对野生植物覆盖比较差、立地条件又比较好的地区，可以种植一些经济林木，如刺槐和新疆杨等，这些树种生长迅速、对生存条件要求比较低；对立地条件比较差的地区，可以种植灌木和草，灌木可以选择沙柳、柠条、紫穗槐等，草品种主要应选择牧草品种，如苜蓿和沙打旺等，这些草生长速度快、抗旱能力比较强。该模式在恢复植被的同时，还发展了牧业用地。

### 五、西南喀斯特山石煤矿区

（一）沉陷特征

西南喀斯特山石煤矿区主要位于贵州、云南、广西等地。采煤沉陷后，地形、地貌无明显变化，基本不积水，但采煤沉陷引起地表非连续变形（裂缝、台阶、塌陷坑、滑坡）发育，地表水平移动较大，地表水流失严重，可能出现山体滑坡和泥石流，土地损毁、建筑物破坏较严重。

（二）主要生态恢复措施

该区域治理重点为山坡地的植被恢复和沟谷阶地土地平整，以防治土地侵蚀及采矿引起的次生滑坡、泥石流等地质灾害。该区域气候湿润，植物易成活，但土源较贫乏，土地复垦时应做好土壤的调配与管理，及时充填裂缝，加强地表变形、滑坡情况的监测等。

1. 井口周围植被生态恢复模式

井口周围植被生态恢复模式主要以客土回填、植树造林为主。停产矿井采取地面防护措施，防止地表径流污染地下河，同时防止对所在区域造成其他地质隐患。

2. 边坡稳定治理模式

矿区内开采扰动，极易造成滑坡、崩塌等地质灾害，因此在矿区内开展边坡的地质灾害防治是复垦工作的重点任务。在堆积边坡坡脚设置重力式抗滑挡墙，墙顶以上部分顺适坡面后采取挂网锚喷等防护工程。在大面积高陡边坡地段同样采用挂网锚喷防护工程，同时在坡体下侧设置浆砌片石护坡进行防护，以提高坡体稳定性，降低发生次生灾害的可能。对道路开挖弃土下边坡也要进行处理，可在坡脚处分台修建干砌石挡墙。在弃土坡面及防护网内种植草木，进行植被绿化。

## 第五节　矿区废弃物堆放场地生态重建技术体系

大规模的煤炭资源开发，为中国国民经济的高速发展提供了充足的能源，为国家和人民创造了巨大的物质财富。但是，近年来煤炭资源开采等也导致矿区环境质量明显下降。直接挖损、采掘引起地表沉陷及矿区废弃物堆放等，破坏和占用大量的土地，使本已十分脆弱的自然生态系统不断退化，系统的土壤结构性变差、养分及水分含量急剧降低、物种组成简单、天然植被稳定性差、自我调控能力低，最终造成诸如植被退化甚至死亡、耕地质量恶化、农作物减产等现象，表现出极端的脆弱性，甚至已威胁到矿区生态和生产安全，给矿区生态环境和社会经济带来极大危害。因此，在探明矿区生态系统退化机理的基础上，针对矿区土地破坏特征整合矿区生态重建技术，为矿区生态系统康复提供科学依据，具有重要的理论意义和实践价值。

## 一、矿区废弃物堆放场地植被重建模式

矿区废弃物（煤矸石、粉煤灰）堆放场地、排放场和尾矿场作为一种特殊的、扭曲的景观类型，它的存在对生态环境产生了很大危害，是矿区环境污染和恶化的主要源泉之一。因此，对矿区废弃物堆放场地进行生态治理是矿区环境治理的基础和核心。在矿区废弃物堆放场地上，建立稳定、高效的人工植被群落，是治理矿区废弃物对生态环境破坏与污染的根本途径。

（一）人工干预植被自然演替模式

废弃物堆放场地土壤基质存在极端贫瘠、缺乏养分、重金属胁迫等问题，植物在该地块定居，自然演替过程极端缓慢，因而，人类可通过加强人工干预来促进植物的着生和演替。该模式首先改善矿区废弃物堆放场地立地条件，增加土壤有机质，增强微生物活性，促进植被演替，然后遵循群落演替规律，通过植物种类筛选和合理的植被顺序，达到植被恢复效果。具体步骤为改造地貌—促进定居—改良基质—促进演替。

自然植被演替规律为裸地——一年生草本—多年生草本—灌丛—乔木。该模式可在人为改善立地条件的基础上，在各演替阶段积极地引进下个演替阶段的植物种类。在裸地阶段，生境恶劣，可发展耐性强的先锋草类，如狗尾草、马唐、杠柳等，使裸地较快被植物覆盖，形成草丛群落。由于植被的遮荫，水分蒸发减少，土壤温湿条件得到改善，土壤中真菌、细菌和小动物的活动增强，基质逐渐得以改良，生境条件适宜更多的植物生长。此时可以通过人工措施对草类进行更新，引入优良牧草或绿肥植物，如紫花苜蓿、沙打旺等，改良土壤，加快群落演替。草本植物群落发展到一定阶段，特别是土壤的改良程度能够适宜木本灌木生长时，及时引进先锋灌木，如酸枣、荆条、紫穗槐等一些阳性、喜光灌木，使群落向草-灌群落转化，并逐渐增加灌木数量，促进灌丛群落的出现。灌木群落之后，土壤条件和小气候进一步改善，生境开始适宜阳性先锋乔木树种生长，逐渐形成森林群落，最后形成稳定的群落。

这种植被恢复模式的特点是投入的人力、物力、财力少，生态效益明显，但恢复历史较长，经济效益较低。

（二）客土复垦模式

客土复垦法是对矿区废弃物堆放场地最直接、最快速的一种复垦方法。它是

指在有覆土条件的废弃物堆放场地，覆盖一定厚度（通常为 50cm 左右）有生产能力的土壤，并通过一些土壤改良措施直接对废弃地进行利用的一种途径。它能解决废弃物堆放场地立地条件极端贫瘠问题，并能迅速为植物所定居。

该模式首先对废弃物堆放场地进行整形设计、机械碾压，然后覆土造地，重建植被。在进行人工植被重建的过程中要根据生物间及其与环境间的相互关系，以及生态位和生物多样性原理，构建生态系统结构和生物群落，力求达到土壤、植被、生物同步和谐演替。植被重建的主要技术：在覆土初期，先对未经熟化的生土进行熟化改良，可引入绿肥植物，如紫花苜蓿、沙打旺、沙棘、草木樨、达乌里胡枝子、柠条、锦鸡儿等植物，使土壤得到改良的同时获得一定经济效益。当土壤培肥后，根据利用目的加强植物栽培管理技术。研究发现，栾树群落、紫花苜蓿群落、垂柳群落适宜在覆土初期生长。

客土复垦模式的优点是能很快实现植被恢复；缺点是需要大量客土资源，工程量大，投资高。

（三）景观配置模式

1. 绿化型配置模式

绿化型配置模式是废弃物堆放场地复垦景观配置的基本模式，注重的是绿化造林树种在时间和空间上的搭配，强调造林树种水平和垂直方向的生态配置。植被的水平景观效果是指群落的水平布局，包括不同种植物的聚散、植被的季相变化、树种的物候期变化和树种的叶色变化等。植被的垂直景观效果主要是指在植被生态结构合理的基础上，合理地配置乔木、灌木和地被植物，使之形成合理的植物群落，又具有较好的景观效果。植被景观配置在满足植被生长的基本要求的基础上，要充分考虑植物的季相变化，根据植物在不同季节的景观效果，合理安排植物种类的空间关系，创造绿化植被的季节性景观变化，突出区域植被的季相特点，或者突出某些植物的季相特点，形成具有区域特色的绿化景观。

2. 风景型配置模式

矿区废弃物堆放场地，如煤矸石山，一般呈坡度较大的山体形状，其地形本身就是一些地形独特的风景景观要素。因此，在煤矸石山治理规划中要考虑治理后的观赏性。煤矸石山风景型配置要根据煤矸石山所处的环境特点，规划设计符合矿区环境和地方人文特点的设施和建筑，既可以按照传统园林的"宜亭斯亭，宜榭斯榭"的风格设计风景建筑小品，也可以结合现代风景景观的设计手法设计现代的景观小品。植物景观的规划设计要根据当地植被分布特点，充分考虑煤矸石山植被群落的树种要具有不同的生态特性和物候特征，选择能够满足煤矸石山立地条件要求的、具有较高观赏价值的植物材料进行合理配置。植物材料的选择可以考虑植物的形体、叶色、花色及果实的颜色等，结合山体的形状、风景园林小品，创造"山花烂漫、四季常青、景观幽雅"的煤矸石山复垦景观。

这两种配置模式的优点是快速，生态效益、社会效益好；缺点是需要大量客土资源，工程量大，投资高。该模式适用于距生活区、城区较近的矿区废弃物堆放场地的生态治理。

## 二、矿区废弃物堆放场地植被重建技术体系

矿区废弃物堆放场地坡度较大、结构松散，而且没有经过压实和覆盖处理，在大风和暴雨条件下，容易产生风蚀与水蚀，以及容易发生滑坡和塌方等重力侵蚀。另外，矿区废弃物堆放场地地表组成物质有机质含量少，物理结构极差；同时存在限制植物生长的物质，缺乏营养元素和土壤生物。因此，对矿区废弃物堆放场地的整形整地和基质改良技术的优劣直接关系到植被恢复工作的成败。

（一）基质改良技术

煤矸石山地表组成物质的物理结构极差，尤其是孔隙性、保水及持水能力差；有机质含量少，缺乏营养元素，尤其缺乏植物生长必需的 N 和 P，以及土壤生物；存在限制植物生长的因子，包括 pH、重金属及其他有毒物质。因此，矿区废弃物堆放场地的基质改良在整个植被恢复工作中占有举足轻重的地位。

1. 化学改良法

煤矸石成分中的黄铁矿等氧化后能够产生硫酸等酸性物质，煤矸石山一般呈酸性，若酸性煤矸石废弃地未经处理就直接种植，则会严重影响土壤微生物的生成和植物生长。而且酸性能提高重金属离子的溶解度，从而增强其毒性。对于 pH 不太低的酸性土壤，可以通过施用石灰来调节酸性，一般采用的改良方法是把石灰均匀地撒入煤矸石山。但在 pH 过低时，可以用磷矿粉来改良酸性。粉煤灰是矿区火电厂的废弃物，通常呈碱性，也可通过对粉煤灰循环利用来改变煤矸石废弃地的酸性环境。此外，粉煤灰也可用来改变土壤质地、增加土壤持水量和土壤肥力。粉煤灰的颗粒较细，可以填充煤矸石中较大的空隙，减少空气流通，降低自燃概率，显著改善煤矸石的物理性状，同时能以废治废，有效降低复垦成本。煤矸石废弃地重金属含量普遍超标，对于重金属含量过高的废弃地，可施用 $CaCO_3$ 和 $CaSO_4$ 来减轻金属毒性。另外，施用有机物质可以螯合部分重金属离子，缓解其毒性，同时改善基质的物理结构，提高基质的持水保肥能力。

2. 生物改良法

生物改良法是利用对极端生境条件具有耐性的固氮植物、绿肥作物、固氮微生物、菌根真菌等改善矿区废弃地的理化性质的方法。

（1）微生物法

微生物法是利用微生物+化学药剂或微生物+有机物的混合剂来改善土壤的理化性质和植物生长条件的方法。此外，在植物根系接种真菌菌株，可以扩大根系的吸收面积，促进植物根系对土壤中 P、K、Ca 等矿物质元素的吸收，提高植物对不良环境条件的抵抗能力。

（2）绿肥法

绿肥植物多为豆科植物，含有丰富的有机质、N、P、K 和其他微量营养元素等。绿肥植物耐酸、耐碱、抗逆性好、生命力强，能在贫瘠的土壤中获得较高的生物量。绿肥改良法就是在煤矸石山种植绿肥植物，成熟后将其翻埋在土壤中以改良土壤的方法。绿肥腐烂后还有胶结和团聚土粒的作用，既能增加土壤养分，又能改善土壤结构和理化特性。

（3）生物固氮法

生物固氮法就是将具有固氮能力的植物，如红三叶草、白三叶草、洋槐和相思树等，种植在煤矸石山上，通过固氮植物将大气中的 $N_2$ 还原成氨，并在植物体腐败后，将 N 元素释放到土壤中，达到改良土壤的一种方法。生物固氮是化肥和有机肥的很好替代。

3. 客土法

客土法就是将外来的土壤覆盖到煤矸石山的表面，或在整好的植树带和植树穴内进行适量客土覆盖，以增加栽植区的土层厚度，迅速有效地调整煤矸石山粒径结构，达到改良质地、提高肥力的目的。污水污泥和生活垃圾一般养分含量较高，有条件的煤矿，可以用污水污泥与生活垃圾等代替客土，既能提高煤矸石山的肥力水平、改善煤矸石山表层的结构，又能提高废物利用率，达到"以废治废"的目的。

4. 灌溉与施肥

适当的灌溉措施可以缓解煤矸石山酸性大、盐度高和重金属污染严重的问题。煤矸石堆积地土壤缺乏 N、P 等营养物质，解决这类问题的方法是添加含有 N、P 的速效化学肥料。在使用速效化学肥料时，由于煤矸石山的结构松散、保水保肥能力差，化肥很容易淋溶流失，因此应采取少量多施的办法或选用长效肥料。如果煤矸石山上存在 pH 极端、盐分或金属含量过高的问题，首先要进行土壤排毒，然后施用化学肥料。速效的化学肥料在结构不良的废弃地上易于淋溶，因此添加有机肥也是改良土壤的一种有效方法。污水污泥、生活垃圾、泥炭及动物粪便都被广泛地用于矿业废弃地植被重建时的基质改良。其因富含养分且养分释放缓慢，可供植物长期利用。

（二）植物抗旱栽植技术

在煤矸石山植被恢复过程中不仅要重视植物种类的选择，还要考虑植被栽植的技术，以保证煤矸石山植被的成活率。当苗木从苗圃起苗后，苗木的水分平衡关系受到严重破坏，若不及时采取措施尽快恢复这种平衡关系，将导致苗木失水死亡，植被恢复工作失败。而这种平衡关系的维持与恢复，除与起苗、运输、种植、栽后管理这 4 个主要环节的技术直接有关外，还与影响生根和蒸腾的内外因素有关。

1. 苗木保护与保水技术

在煤矸石山这种极端缺水的立地条件下复垦造林，苗木的水分保持是植物成活和生长的关键。因此，要在苗木的栽植工程中避免苗木失水。其主要措施包括以下几个方面。

1）起苗前要浇水。起苗前浇水可以使苗木保有足够的水分，避免过早失水而枯萎。同时注意起苗时间：一是尽量在早春、晚秋起苗，充分利用苗木的休眠期，减少苗木失水速率；二是在早晨、晚上、阴雨天气湿度大时起苗，以减少水分蒸腾损失。另外，注意尽量保护根系，减少伤根。

2）运输时要洒水。苗木由苗圃地向造林地运输时，要进行包装，长距离运输时要注意不断洒水或对苗木进行蘸泥浆、浸水等处理。尽量在早晨、晚上、阴雨天气湿度大时运苗，以尽量减少苗木失水。

3）假植时要浇水。苗木栽植前，因苗木数量较多，不能及时栽植时，要进行假植和浇水，保持土壤湿润。这样既能防止苗木失水，又能为苗木补充水分。

4）栽植时要蘸水或浸水。苗木栽植时要保持苗木根系湿润，不受或少受风吹日晒；栽前要将苗木放入盛水的容器中，增加苗木的含水量。

5）栽植后要浇透水。煤矸石山含水量低，栽植完毕后要对植树穴适量浇水，提高苗木根际区的土壤含水量，促进苗木根系快速生长。

6）对萌芽力较强的阔叶树可进行"截干栽植"。去掉苗木茎干可以大大降低水分蒸腾，防止苗木的干枯，提高造林的成活率。对常绿针叶树或大苗造林时，可适量进行修枝剪叶，以减少枝叶面积和水分蒸腾量。

2. 保水剂技术

保水剂是一种吸水能力特别强的功能高分子材料。它无毒无害，可以反复释水、吸水，因此农业上人们把它比喻为"微型水库"。保水剂可吸收自身质量数百倍至上千倍的纯水，并且这些被吸收的水分不能用一般的物理方法排挤出来，因此具有很强的保水性。树木根系能直接吸收储存在保水剂中的水分，这一特性决定了保水剂在农林业抗旱节水植物栽培技术中的广泛应用。保水剂技术的 3 种主要实施方式如下。

1）蘸根。蘸根主要用于保根苗造林。可先让保水剂吸足水成为凝胶状后进行蘸根，也可蘸混有保水剂的泥浆。蘸根应力求均匀，蘸根后须立即包裹，不要晾晒。

2）泥团裹根。泥团裹根即把保根苗根部放进塑料袋，装上混有保水剂的土，栽正压紧并用细绳绑好袋口，在塑料袋上扎若干小孔，置于水中浸泡，待其充分吸水后进行造林。泥团裹根造林效果较好，但劳动强度大，不适宜大面积造林。

3）土施。土施就是将保水剂拌到土壤中，在降雨或浇水后，保水剂可吸收和保持水分，供植物利用。

保水剂必须施在林木根系周围，才能被有效吸收。土施后，为防止保水剂在阳光下过早分解，要在混有保水剂的土层上面覆盖5cm浮土。首次使用时，一定要浇足水。每穴保水剂的施入量一般以占施入范围（植树穴）干土重的0.1%为最佳。施入量过大，不但成本高，而且雨季常会造成土壤储水过高，引起土壤通气不畅而导致林木根系腐烂。

3. 地表覆盖技术

地表覆盖是改变土壤蒸发条件的有效方法，主要利用秸秆、地膜、草纤维、保墒剂等覆盖地表。覆盖可以充分利用地表蒸发的水分，提供苗木成活后生长所需的水分，防止苗木因干旱造成生理缺水而死亡。此外，覆盖还可以在寒冷的季节，通过提高地温促进土壤中微生物的活动，加快有机质的分解和养分的释放，从而有利于根系的生长、水分的吸收及营养物质的合成和转化，保证苗木的成活和生长。

（1）地膜覆盖技术

首先根据树种和苗木规格等将地膜裁成大小合适的小块，然后栽植、浇水，待水渗下后将小块地膜在中心破洞，从苗木顶端套下，展平后，将苗木根基部及四周用薄膜盖严，做成漏斗状，以便吸收自然降水。再将边缘压实，最好再在地膜上敷一层薄土，以防大风将地膜刮走。漏斗式地膜覆盖的优点是，雨水集中到树干中心的破洞，渗到土层中，使无效小雨变为有效降雨，同时避免蒸发。

（2）秸秆纤维覆盖技术

采用麦秸、稻草和其他含纤维素的野生植物的地上部分为主要原料进行地表覆盖。覆盖后土壤温度变化小，有利于根系生长，具有明显的保墒作用。另外，还可采用矿山废弃地杂草、紫穗槐及石片等进行覆盖。

（3）土壤保墒剂覆盖技术

土壤保墒剂为黄褐色或棕色膏状物，属油型乳液，加水稀释后喷洒在土壤表面能形成一层均匀薄膜，是一种田间化学覆盖物，又称液体覆盖膜。将其直接覆盖在土壤表面，可以阻挡土壤水分蒸发，减少无效耗水。土壤保墒剂具有一定黏着性，与土壤颗粒结合紧密，覆盖地表等于涂上一层保护层，能避免或减轻农田土壤风吹水蚀。

4. 生根粉应用技术

生根粉是一种广谱、高效、复合型的植物生长调节剂，能通过强化、调控植物内源激素的含量和重要酶的活性，调节植物代谢强度，促进生物大分子的合成，诱导植物不定根或不定芽的形成，应用于植树造林和扦插，可促进苗木生根、生长，达到提高植被成活率的目的。在造林上，有浸根法、喷根法、速蘸法、浸根包泥团法。浸根法是将苗木根部浸泡在生根粉溶液中或用生根粉药配成泥浆浸苗根，带泥浆造林。喷根法是用生根粉溶液喷湿苗根，要喷匀、喷透，直至有药液滴下，然后用塑料薄膜覆盖根部保湿，待药液充分吸收后造林。速蘸法是将苗根在生根粉的高浓度溶液中，速蘸 5～30s，随即造林。浸根包泥团法是将苗根浸在生根粉溶液中，然后包上湿泥团造林（赵方莹等，2009）。

5. 局部防渗保水技术

煤矸石山多为块砾状弃渣，保水性极差，并且缺少植物生长的土壤条件。为了满足植物正常生长的需要，在苗木栽植时一般会进行局部客土改良。为了保证局部客土能够有效地保留，避免从块石缝隙间渗流，同时加强对人工补水和天然降雨的有效利用，客土回填前，在坑底及周边采用地膜铺垫，起到蓄水减渗的效果。客土回填前，根据种植坑规格裁减地膜，折叠后铺于坑底和侧壁。对于底部块石棱角分明的，先适当回填土壤少许，然后铺设地膜。客土回填过程中下部块石的挤压会使地膜出现孔洞，具有一定的透水透气性，因此并不需特意将底部地膜捅漏。采用的地膜相对较薄，当苗木成活、根系充分发育后，苗木能够扎破地膜，进入深层，解除了地膜对苗木生长的禁锢。

6. 菌根菌育苗造林技术

菌根是自然界普遍存在的一种植物共生现象，它是一类土壤有益真菌（菌根真菌）与高等植物根系形成的复合吸收器官，是一种共生互惠联合体。在自然界中约有95%的植物具有菌根共生关系，其中常见的是外生菌根、内生菌根和内外生菌根。

菌根菌育苗造林技术就是在育苗和造林时配套使用高效菌根制剂，利用形成的菌根互惠共生体提高成苗率及苗木质量，大幅度地提高林木成活率的造林技术。菌根苗的根系能扩大对水分及矿质营养的吸收；增强植物的抗逆性；提高植物对土壤传染病害的抗性，在干旱、贫瘠的矿区废弃地环境中作用尤其显著，具有高效、低耗、简单、易行和维护地力、促进生态平衡的特点。菌根制剂的使用方法主要有以下几种。

1）播种菌根化育苗，即在播种的同时施用菌根制剂，可以进行拌种、沟施、穴施及种子包衣。

2）无性繁殖菌根化育苗，即在扦插的同时施用菌根剂，可进行穴施，或将菌根剂按一定比例混入扦插基质中。

3）移栽菌根化育苗，即在移栽幼苗时或苗木换床时施用菌根制剂，可进行泥浆蘸根，也可穴施。

4）非菌根化苗造林。如果造林中使用的是培育好的非菌根化苗，在造林的同时可以进行菌根化，可以采用穴施和泥浆蘸根的方法。

5）大苗移植菌根化方法。首先将苗木就位，然后撤去包裹土球的材料，从土球顶部向下 20cm 左右开始，将菌根制剂均匀地涂抹在土球表面，再填土压实。

（三）植被的抚育和管理技术

抚育管理是植物栽培工作中非常重要的技术环节。依据煤矸石山立地条件、植被恢复与生态重建的主要目标，植被抚育管理的主要技术措施有以下几种。

1. 平茬

平茬是在造林后对生长不良的幼树进行补救的措施，是利用植物的萌蘖能力保留地茎以上一小段主干，截除其余部分，促使幼树长出新茎干的抚育措施。当幼树的地上部分由于种种原因生长不良，失去培养前途，或在造林初期由于缺水而失去水分平衡影响成活时，可进行平茬。平茬一般在造林后 1～3 年内进行，幼树新长出的萌条一般能赶上未平茬的同龄植株。

2. 整形修剪

煤矸石山造林的目的主要是防护，应尽快促进枝叶扩展，增加郁闭度，一般不提倡修剪。但有时为了增加植株的美观和观赏性，或者为了减少枝叶面积、降低植株的蒸腾耗水量，可适量进行整形修剪，但修剪强度不宜过大，而且要注意修剪的季节和时间，一般以植物休眠期为好。通过合理的修剪，可以培养出优美的树形。

3. 幼林保护

幼林保护通常包括对病虫害、极端气候因子（大风、高温、低温、暴雨等）危害、火灾及人畜破坏等自然灾害和人为灾害的防治。有条件的矿区应安排专职人员进行护理，特别注意人畜对植株的破坏。

4. 灌溉

煤矸石山特殊的物理结构导致其持水力弱，含水量低；而且煤矸石中含有大量的碳，吸热快，温度高，水分蒸发快，植被可利用的水分极少。一方面，灌溉能提高土壤的含水量，有利于植被的生长；另一方面，灌溉能降低地温，防止夏季高温对苗木的灼伤，同时能加速煤矸石的风化，促进微生物的活性，减缓煤矸石养分的释放速度,提高煤矸石山的肥力水平。所以,煤矸石山造林要铺设灌溉设施,及时灌溉。

### 5. 施肥

煤矸石风化物中速效养分缺乏,尤其是缺乏植物生长必需的N和P。虽然可以通过栽种具有固氮能力的植物来缓解,但固氮植物对缺N和P的土壤条件敏感,并不能解决整个煤矸石山的所有养分问题。施肥是煤矸石山造林抚育管理最突出的措施。煤矸石山的施肥应以氮肥为主,同时辅以磷肥和钾肥,最好施用有机肥。在煤矸石山上施用化学肥料时,由于煤矸石山土壤缺乏保水保肥的能力,要坚持多次少施。

# 第六节　边坡治理技术

在煤矿区露天采空区、排土场、矿区废弃物堆放场地,常常存在坡度较大的边坡。另外,在黄土区,采煤沉陷很容易导致边坡块体移动,特别是滑坡、崩塌易形成大量坡度较大的边坡。边坡治理技术是以生态理念为主导,采用生物与工程相结合的综合技术措施,在首先保证边坡整体稳定的基础上,在边坡面上建立具有一定厚度的、利于植物生长的营养土层,创造适合植物生长的良好环境,使坡面上形成一道以植物根茎交织而成的保护网,起到固坡、护坡的作用,因地制宜地建设特色景观,并恢复生态环境的综合效果。

## 一、坡体稳定处理技术

当边坡坡度较大、无法直接覆土夯实时,必须进行人工削坡。在治理过程中,尽量因地制宜,利用现有地形削坡平整,确保治理后的边坡稳定。不稳定坡体的稳定措施包括削坡工程、阶梯状分级整理工程、坡脚拦挡和坡面防护工程等。对因坡面过长导致径流集中造成强烈侵蚀的不稳定边坡,为了减缓地表径流的流速,一般结合排水工程把坡面做成阶梯形。削坡工程以减缓不稳定坡面的坡度,使之成为稳定坡面为主要目的,削坡坡度应根据安息角的大小来确定。

（一）削坡分级处理技术

对边坡高度大于4m、坡度大于1∶1.5的,宜采取削坡分级处理技术。土质坡面的削坡分级主要有直线形削坡分级处理技术、折线形削坡分级处理技术、阶梯形削坡分级处理技术、分级马道形削坡分级处理技术4种类型,见图5-2。

1. 直线形削坡分级处理技术

直线形削坡分级处理技术适用于高度小于15m且结构紧密的均质土坡,或高度小于10m的非均质土坡。该技术将边坡从上到下削成同一坡度,削坡后坡度减缓,可达到该类土质的稳定坡度。对有松散夹层的土坡，其松散部分应采取加固措施。

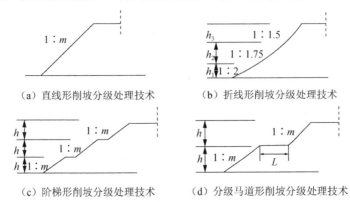

（a）直线形削坡分级处理技术　　　　（b）折线形削坡分级处理技术

（c）阶梯形削坡分级处理技术　　　　（d）分级马道形削坡分级处理技术

图 5-2　削坡分级断面形式

**2. 折线形削坡分级处理技术**

折线形削坡分级处理技术适用于高 12～15m、结构比较松散的土坡，特别适用于上部结构较松散、下部结构较紧密的土坡。该技术的重点是削缓土坡上部，削坡后保持上部较缓、下部较陡的折线形；上下部的高度和坡比，以削坡后能保证稳定安全为原则。

**3. 阶梯形削坡分级处理技术**

阶梯形削坡分级处理技术适用于高度在 12m 以上、结构较松散，或高度在 20m 以上、结构较紧密的均质土坡，阶梯分级后应保证土坡稳定。坡面削坡后，应留出齿槽，在齿槽上修筑排水明沟或渗沟，在距最终坡脚 1m 处，修建排水沟渠。

**4. 分级马道形削坡分级处理技术**

分级马道形削坡分级处理技术适用于高度在 10m 以上的弃渣场和排土场，一般每隔 5m 或 8m 修一条宽 2m 的分级马道；分级后方便弃土、弃渣运输的同时，也为植被恢复提供了作业通道，提高了坡体的稳定性。

**（二）坡脚拦挡处理技术**

坡脚拦挡处理技术的主要措施是砌石挡墙。根据防护强度不同，坡脚拦挡处理可分为干砌石、浆砌石挡墙，结构形式多为重力式，此外还有仰斜式、直立式、俯斜式、凸形折线式、衡重式等断面形式（图 5-3）。干砌石挡墙透水性较好，适用于低矮边坡；浆砌石挡墙防护效果持久、稳定。在矿区应用时，干砌石挡墙尤其适用于防护等级要求不高的边坡；浆砌石挡墙除用于边坡外，还可用于高度大于 6m 的排土场边坡。浆砌石挡墙和干砌石挡墙设计示意图分别见图 5-4 和图 5-5。

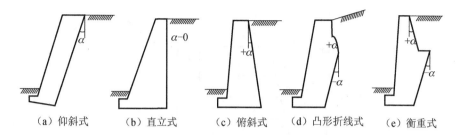

图 5-3　砌石挡墙断面形式

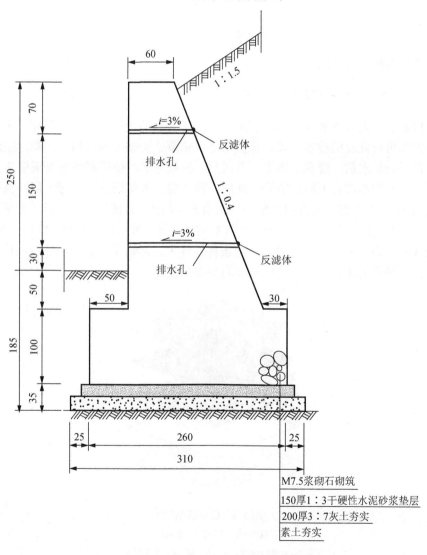

图 5-4　浆砌石挡墙设计示意图（单位：cm）

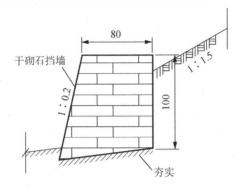

图 5-5　干砌石挡墙设计示意图（单位：cm）

## 二、坡面植被恢复技术

### （一）植被毯坡面植被恢复技术

植被毯坡面植被恢复技术是利用人工加工复合的防护毯结合灌草种子进行坡面防护和植被恢复的技术方式。植被毯是以稻草、麦秸等为原料，在载体层添加灌草种子、保水剂、营养土等生产而成的。植被毯根据使用需要可以采用 2 种结构形式：一种结构分上网、植物纤维层、种子层、木浆纸层、下网 5 层，具体结构见图 5-6。对于施工地点相对集中、立地条件相仿，且能够提前设计、定量加工的项目，可以直接采用 5 层结构的生态植被毯。另一种结构分上网、植物纤维层、下网 3 层。对于施工地点分散且立地条件差异大、运输保存条件不好的项目，可以直接播种后再覆盖由 3 层结构组成的生态植被毯。

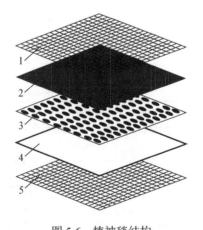

图 5-6　植被毯结构

资料来源：赵方莹等（2009）。

1—上网；2—植物纤维层；3—种子层；4—木浆纸层；5—下网

1. 技术特点及适用范围

植被毯坡面植被恢复技术施工简单易行，维护管理粗放，养护管理成本低廉，后期植被恢复效果好，水土流失防治效果明显，是简洁有效的坡面植被恢复技术。植被毯能够固定表层土壤，增加地面粗糙度，减少坡面径流量，减缓径流速度，缓解雨水对坡面表土的冲刷；植被毯中的纤维层具有保水保墒的作用，有利于干旱少雨地区植物种的顺利出苗成长，提高了植被恢复的成功率；植被毯中加入肥料、种子、保水剂等，可为植物种子出苗、后期生长提供良好的基础条件。植被毯一般适用于坡度不陡于 1：1.5 的稳定坡面，不受坡长的限制；土壤立地条件较差的坡面，在对土壤进行改良的基础上也可以再应用植被毯坡面植被恢复技术。

2. 施工要点及养护管理要求

植被毯坡面植被恢复技术的施工要点及养护管理要求如下。根据工程所在项目区气候、土壤条件及周边植物等情况，确定植物品种的选配和单位面积播种量；根据工程特点及立地条件差异，确定选择相应 5 层或 3 层结构的生态植被毯；落实植被毯铺设前的坡面整理、土壤改良、坡面排水等相关工作；生态植被毯应随用随运至现场，尤其要做好含种子的 5 层结构生态植被毯的现场保存工作；生态植被毯铺设时应与坡面充分接触并用木桩固定。植被毯之间要重叠搭接，搭接宽度为 10cm。

施工后立即喷水，保持坡面湿润直至种子发芽；植被完全覆盖前，应根据植物生长情况和水分条件，合理补充水分；植被覆盖保护形成后的前 2~3 年，注意对灌草植被的人工调控，以利于目标群落的形成。植被毯坡面植被恢复技术应用现场见图 5-7。

图 5-7　植被毯坡面植被恢复技术应用现场

（二）植生袋坡面植被恢复技术

植生袋坡面植被恢复技术是将选定的植物种子通过两层木浆纸附着在可降解

的纤维材料编织袋内侧，加工缝制或是胶粘成植生袋（图 5-8）。该技术施工时在植生袋内装入现场配置的可供植物生长的土壤材料，封口后按照坡面防护要求码放，结合后期的浇水、养护，起到拦挡防护、防止土壤侵蚀、恢复植被的作用。

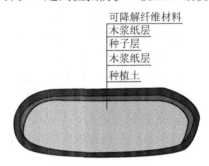

图 5-8　植生袋结构

资料来源：赵方莹等（2009）。

### 1. 技术特点及适用范围

植生袋坡面植被恢复技术使用简单方便，施工速度快，可根据不同地形灵活施工，且对坡面质地无限制性要求，尤其适宜于坡度大的坡面。植生袋可以对表层欠稳定的边坡起到生物防护和拦挡作用；植物出苗率高，坡面绿化效果持续稳定；植生袋的纤维材料直到植物根系具有一定的坡面固着能力时才逐渐老化，具有较好的抗侵蚀防护作用；植生袋柔韧性高，不易断裂，可以承受较大范围的变形而不坍塌，避免了由于基础变形引起的工程防护措施破坏。植生袋施工码放见图 5-9。植生袋技术适用于坡度为（1∶4）～（1∶1）的坡面，并常用于陡直坡脚的拦挡和植被恢复；对于较陡的坡面，当坡长大于 10m 时，应进行分级处理；结合土工格栅、钢筋笼、铁丝网等加筋措施，植生袋可以应用在更大的坡度范围上。

### 2. 施工要点及养护管理要求

植生袋坡面植被恢复技术的施工要点及养护管理要求如下。首先要合理选择施工季节，根据坡面的立地条件选配植物种，注意乡土植物的使用，以利于目标群落的形成。要分析立地条件，根据坡体的稳定程度、坡度、坡长来确定码放方式和码放高度；对坡脚基础层进行适度清理，保证基础层码放的平稳；根据现场土壤状况，在满足植物生长需求的前提下，在植生袋内混入适量弃渣，实现综合利用；码放中要做到错茬码放，且坡度越大，上下层植生袋叠压部分要越大。如果是垂直叠摆或接近垂直叠摆植生袋，每叠摆 1m 高时，还应该在基面上打固定桩，用绳把整层植生袋绑紧，分别固定在固定桩上，防止墙体倒塌。植生袋之间及植生袋与坡面之间采用填充物填实，防止变形、滑塌。植生袋坡面植被恢复技术应用现场见图 5-9。

　　铺设前将作业面浇足浇透水，施工后立即喷水，保持坡面湿润直至种子发芽；种子发芽后，对未出苗部分，采用打孔、点播的方式及时补播；植被完全覆盖前，应根据植物生长情况和水分条件，合理补充水分；植被覆盖保护形成后的前2～3年，注意对灌草植被的人工调控，以利于目标群落的形成。在植被成坪后加强对植物抗逆性的锻炼，逐渐减少浇水、施肥次数，促进深根性的灌木生长。

图 5-9　植生袋坡面植被恢复技术应用现场

（三）生态灌浆坡面植被恢复技术

　　生态灌浆坡面植被恢复技术即将有机质、肥料、保水剂、黏合剂、壤土合理配比后，加水按照一定的比例搅拌成浆状，然后对废弃地的植物生长层进行灌浆、振动、捣实，使块状空隙充盈、填实，达到防渗并稳定块状废弃物的目的，同时为植物生长提供土壤及肥力条件，使植被恢复成为可能（图5-10）。在表层2～3cm的混合材料中加入植被恢复的植物种。

图 5-10　生态灌浆坡面植被恢复技术应用现场

1. 技术特点及适用范围

　　生态灌浆坡面植被恢复技术是建筑行业混凝土工程灌浆技术在生态恢复领域的跨行业应用，需要借助高压喷射设备完成。生态灌浆能够避免客土下渗和坡面变形，提高渣体表层的稳定性；可提高表层渣体的防渗、保水能力，缓解土壤水分对植被恢复的不利影响；可为矿区废弃地提供植物生长的土壤及肥力条件。生态灌浆坡面植被恢复技术主要是针对坡度不陡于1∶1.5，煤矸石呈块状、空隙大、缺少植物生长土壤的煤矸石废弃地，改善植被恢复限制性因子的一种技术方式，也是对类似地表物质组成区域实现生态修复的有效途径。

2. 施工要点及养护管理要求

生态灌浆坡面植被恢复技术施工要点及养护管理要求：①根据立地条件，对边坡进行整理，并确定最终坡度；②对坡面进行适度平整，保证灌浆作业的正常实施；③在坡脚设置围堰拦挡措施，避免下渗泥浆溢流；④根据矿区废弃地的立地条件和恢复目标，科学选定植物品种，并合理搭配；⑤工程用土应就地取材，同时根据可利用土壤的特性，调整保水剂、黏合剂的用量；⑥施工中注意基材中水的比例不宜过大，否则可能引起坡面滑塌；⑦根据植被恢复需要，合理设计、控制灌浆深度，一般要求满足 30～50cm；⑧灌浆实施后，表层采用无纺布或植被毯覆盖，有利于蓄水保墒，促进种子出苗生长。生态灌浆坡面植被技术在工程应用实践中还可以采用简易方式进行，可先分层少量覆盖基质材料，然后用水浇灌、入渗，形成植被生长的土石结合层。具体灌浆深度根据所需种植的植物类型确定，不同区域应有所区别。

灌浆成型稳定后，在泥浆未干前应进行适度水分补充，保证苗木成活对水分的需求。但应避免浇大水，以免影响坡面稳定。施工结束后的第一个雨季，注意观察有无空洞现象，并及时进行填充、补苗。施工结束后 2 年内需要对植物浇灌返青水和冻水，遇天气持续干旱还应适度进行人工补水。

（四）土工格室坡面植被恢复技术

土工格室坡面植被恢复技术是将土工格室固定在缺少植物生长土壤条件和表层稳定性差的坡面上，然后在格室内填充种植土，撒播适宜混合灌草种的一种坡面植被恢复技术。土工格室是由高强度的高密度聚乙烯（high density polyethylene，HDPE）宽带，经过强力焊接而形成的立体格室，也可就近取材用木材围成（图 5-11）。格室规格有多种形式，根据坡面的立地条件进行选择。常见土工格室展开尺寸为 4m×5m，格室深度为 15cm，宽度为 6cm。

图 5-11　土工格室坡面植被恢复

## 1. 技术特点及适用范围

土工格室内有植物生长所需的土壤条件，植被恢复效果显著；能有效防治强风化石质边坡和土石混合坡面的水土流失；土工格室抗拉伸、抗冲刷效果好，具有较好的水土保持功能。该技术一般适用坡度不陡于1∶1的边坡，坡长超过10m后进行分级，也适用于矿区填方或挖方泥岩、灰岩、砂岩等岩质、土石混合、土质的稳定边坡的植被恢复，但前者植被恢复效果更为理想，在植被恢复的同时还能增强坡面的稳定性。

## 2. 施工要点及养护管理要求

土工格室坡面植被恢复技术的施工要点和养护管理要求如下。首先按设计要求平整坡面。铺设时先在坡顶固定，再按设计要求展开，注意各土工格室单元之间连接、土工格室与坡面之间固定的处理。土工格室固定后，即可向格室内填土，充填时要使用振动板使之密实，且高出格室面1～2cm。施工结束后及时浇水，并可在表层覆盖稻草、麦秸、草帘等材料，防止坡面径流冲刷，保持表层湿润，促进植物种子发芽。植物出苗后，对稀疏区域进行补播；初期人工养护浇水应避免直接对土工格室中回填土壤的冲刷。为了保证后期坡面景观效果，也可选取2～3年生的花灌木按设计要求栽植于坡面。

## 参 考 文 献

陈世宝，华珞，白玲玉，等，1997. 有机质在土壤重金属污染治理中的应用[J]. 农业环境和发展，14（3）：26-29.

范英宏，陆兆华，程建龙，等，2003. 中国煤矿区主要生态环境问题及生态重建技术[J]. 生态学报，23（10）：2144-2152.

胡文荣，1996. 煤矿矿井水处理技术[M]. 上海：同济大学出版社.

胡振琪，等，2008. 土地复垦与生态重建[M]. 北京：中国矿业大学出版社.

胡振琪，胡锋，李久海，等，1997. 华东平原地区采煤沉陷对耕地的破坏特征[J]. 煤矿环境保护，11（3）：6-10.

钱者东，2011. 干旱半干旱地区煤矿开采生态影响研究[D]. 南京：南京师范大学.

王新，吴燕玉，梁仁禄，等，1994. 各种改良剂对重金属迁移、积累影响的研究[J]. 应用生态学报，5（1）：89-94.

张文敏，张美庆，孟娜，等，1996. VA菌根用于矿山复垦的基础研究[J]. 矿冶，5（3）：17-20.

张亚丽，沈其荣，姜洋，2001. 有机肥料对镉污染土壤的改良效应[J]. 土壤学报，38（2）：212-218.

赵方莹，孙保平，2009. 矿山生态植被恢复技术[M]. 北京：中国林业出版社.

邹友平，张华兴，贺平，2013. 资源枯竭矿区建筑物及水体下特厚残煤安全开采技术[J]. 煤矿开采，18（2）：64-66.

NAIDU R, KOOKANA R S, SUMNER M E, et al., 1997. Cadmium sorption and transport in variable charge soils[J]. Journal of environmental quality, 26 (3): 602-617.

# 第六章　矿区景观生态质量评价研究

在矿产资源开发利用的过程中，人们过度追求产量，忽视了对资源和环境的保护。同时历史、政策、资金及环境保护技术手段的落后等，使矿区的生态环境问题没有得到有效、及时的解决，矿区原有景观组分及其结构遭到严重破坏，景观破碎化程度加大，景观稳定性降低，导致景观生态质量下降（徐嘉兴等，2013a）。因此，如何对矿区进行生态整治及综合利用已成为矿区可持续发展战略研究中亟待解决的重点问题。由于矿产资源的开发对矿区生态的影响是一个持续累积的过程，在这个过程中景观稳定性发生改变、景观生态质量遭到破坏、景观生态效应受到影响。因此，研究煤矿区的景观生态质量变化及景观生态效应，对于矿区生态治理具有重要的理论意义和实践价值。

## 第一节　国内外研究现状

### 一、景观生态质量评价

景观生态质量是景观生态系统维持自身结构与功能稳定性的能力，对景观生态质量进行评价对于未来景观和环境建设都有重大意义。

国外关于景观生态质量评价的研究起源于对景观生态的研究。1939 年，德国著名的区域地理学家 Troll 提出景观生态学一词，自此，景观生态学进入大众视野，慢慢被人们了解。随着学科的发展及研究的不断深入，国外学者对景观生态做了积极探索，并取得了一定的成果。但宏观资料累积的局限性、多来源尺度信息的不兼容性，导致对景观生态质量方面的研究还较少（安晨，2010）。对景观生态质量的研究主要集中在景观生态质量评价、生态系统综合性评价及在森林生态系统下对景观生态质量的评价等方面。Barrett 等（1994）对栖息地破碎化进行景观生态评价，分析了栖息地的景观生态系统；有的学者将景观生态评价用于研究农业生产区景观规划等方面；Dudley（1999）从景观角度对森林景观生态质量进行了评述；Dudley 等（2000）对威尔士地区进行了景观水平的森林质量定性化评价。

随着景观生态学的发展及其在不同领域的应用，国内一些学者从景观角度出发，利用景观生态学的数量研究方法，对不同领域的景观生态质量评价做了相关研究。在流域水系方面，吴秀芹等（2003）以 2000 年的 TM 影像为数据源，对塔里木河下游典型区进行了景观生态质量综合评价；蒙吉军等（2005）基于 RS 和

GIS 技术，等价选取 7 个指标，建立了景观生态综合评价模型，对三峡库区景观生态质量进行评价。在区域城镇方面，黄裳华（2005）以地貌为基础，建立了广东省龙门县景观生态分类系统，应用景观生态学中的评价方法，从景观生态格局、稳定性和生态质量等方面进行景观生态分析；王旭熙等（2015）基于景观生态学理论从景观类型组成、斑块特征及景观异质性 3 个角度分析泸县低丘缓坡区土地利用景观格局，并从景观受胁度、景观稳定性、景观生产力 3 个方面构建景观生态质量评价指标体系，对泸县低丘缓坡区景观生态质量进行了综合评价。许洛源等（2011）以福建省海坛岛为例，基于土地利用的角度，从景观稳定性、景观受干扰度和景观产出功能 3 个方面构建了景观生态质量评价指标体系，对该区两期的景观生态质量状况进行了评价。张秋琴等（2008）以景观生态学理论为支撑，以景观格局分析为技术手段，以重庆市江津区为个案，从景观功效性、景观受胁度与景观稳定性 3 个方面构建土地利用可持续性的景观生态评价指标体系，对研究区进行土地可持续利用景观生态评价。

近年来，矿区的生态问题也受到广大学者的关注。徐嘉兴等（2013b）从景观学的角度对矿区土地生态质量进行综合评价；郭金陵等（2011）从社会经济发展、生态环境问题和资源开发利用 3 个层次构建矿区生态环境质量评价指标体系；江红利（2009）综合自然环境和社会经济系统，采用层次分析及模糊评判方法，对韩家湾煤矿开发产生的生态环境影响进行了综合评价。总体来看，目前国内关于景观生态质量评价的研究进步明显，但这些研究大部分是从土地利用、土地生态角度对研究区进行景观生态质量综合评价的，对景观类型变化下特别是矿区景观类型变化下景观生态质量的评价还较少。

## 二、景观生态效应研究进展

景观与生态过程相互作用的研究已成为生态环境领域的热点课题（毕如田等，2007；倪绍祥，2003）。景观生态质量反映景观生态系统的稳定性，景观稳定性又在一定程度上影响景观的生态效应。景观变化下的景观生态效应引起国内外学者的广泛关注。作为景观生态效应评价的量化指标，生态系统服务功能反映生态系统与生态过程所形成、维持的人类赖以生存的自然环境条件与效用。因此，研究景观生态质量变化对生态系统服务价值的影响，可以帮助人们加深对景观质量的认识，减少生产活动中对景观生态的破坏，为人类适度、合理地使用生态系统服务，维持生态系统的稳定性提供理论依据。

20 世纪 70 年代，联合国大学在《人类对全球环境的影响》中首次提出生态系统服务功能的概念，同时列举了生态系统对人类的环境服务功能，开启了生态系统服务价值研究的先河。其后，Westman（1977）对全球生态系统服务价值进行评估，但由于当时生态系统提供的服务难以准确地计量并缺乏相应的评估理论与方法体系而进展缓慢。直到 20 世纪 90 年代，关于生态系统服务价值评估的研究和探索才逐渐增多。例如，Costanza 等（1997）有关全球生态系统服务价值的研究引起了国内外学者的关注；Loomis 等（2000）对流域生态系统服务价值的变化进行了分析；Kreuter 等（2001）以 Landsat MSS 遥感影像为数据源，对美国得克萨斯州圣安东尼奥（San Antonio）地区的生态系统服务价值变化进行了分析；Grêtregamey 等（2008）利用 GIS 技术对高寒地区的生态系统服务价值进行估算；Seidl 等（2000）以 Costanza 的研究为基础，利用当地更详细和准确的数据对巴西湿地的生态系统服务功能进行了定性评价和重新估算，并对 Costanza 确定的各种生态系统服务价值进行了修正。许多学者在评估方法、生态系统评估尺度问题及生态学方法与经济学方法结合等方面进行了深入的研究。例如，Woodward 等（2001）运用多元统计分析方法估算了湿地生态系统服务价值；Hein 等（2006）将空间尺度划分为生态尺度（在该尺度上产生生态系统服务价值）和组织尺度（在该尺度上利益相关者获取生态系统服务价值），提出需在两种尺度下分别计算生态系统服务价值，还提出了应避免重复计算生态系统服务价值的观点。综上所述，国外对生态系统服务价值的研究，经历了从认识和了解生态系统的服务功能，到描述和定义生态系统服务价值，再到探讨不同区域生态系统的生态功能及所提供的服务，最后到运用各种方法和跨学科对生态系统服务价值进行定量计算和评价的过程，并融合了现在蓬勃发展并为广大生态学者普遍运用的 3S 技术，使生态系统服务价值功能评估更为准确。

国内在生态系统服务价值评估方面起步较晚，但发展速度较快。1999 年，李金昌等出版了《生态价值论》一书，该书以森林生态系统服务价值为例，全面总结了森林生态价值计量的理论和方法，并相继开展了对全国、区域生态系统服务功能价值的核算，以及对单个生态系统的服务价值与生态系统单项服务价值的评估研究。欧阳志云等（1999）运用影子价格、替代工程和损益分析等方法计算了中国陆地生态系统的间接经济价值；薛达元等（1999）使用市场价值法、影子工程法等方法对长白山自然保护区森林生态系统间接经济价值进行了评估研究；陈仲新等（2000）参照 Costanza 的分类方法、经济参数与研究方法，按照面积比例对中国生态系统的服务功能经济价值进行了评估；谢高地等（2001）参照 Costanza 等提出的方法，逐项估计了各类草地生态系统的生态系统服务价值，得出中国自然草地生态系统服务价值；蔡守华等（2008）对小流域生态系统服务功能价值评估进行了系统研究，提出了小流域生态系统服务功能类型划分方法，并系统总结了各项服务功能价值评估方法。在扩大应用的同时，在评价方法及影响机制方面也有新的研究。例如，宗文君等（2006）通过对研究案例的分析和总结，提出生态服务价值评估在方法和技术上的几个改进方面，主要包括生态服务单价的生物量订正法、空间尺度问题的转换、条件价值评估法的改进及动态模拟模型的应用。

近年来，对矿区生态系统服务价值的研究也逐渐增多。杨璐等（2007）首次分析邹城矿粮复合区的土地利用变化及其生态系统的服务价值；顿耀龙等（2015）利用生态系统服务经济价值评估方法，分析了山西平朔露天煤矿生态系统的食物生产等生产服务价值；邱文玮（2014）以徐州九里矿区为研究对象，研究矿区不同时期采煤过程中的生态系统服务功能价值的动态变化；张耿杰（2009）以平朔矿区为对象，采用市场价值法、成本法和影子工程法等研究了该区域 1985～2005年土地利用变化所引起的生态系统服务价值的变化。综上所述，这些研究大多基于 Costanza 提出的生态系统服务价值计算公式，结合修整后的生态服务价值系数进行宏观尺度上的生态系统服务价值估算，缺少对微观尺度下生态效应的定性分析。

矿区景观的演变及生态效应研究一直是景观生态学研究的重点，特别是近年来可持续发展理念的深入人心，让各专家学者对矿区开采活动后生态效应的变化更加关注。目前，对生态效应的研究整体可划分为 3 个方面：一是以景观格局变化为基础，构建景观生态效应评价指标体系。例如，李保杰等（2012）应用景观生态学方法和 3S 技术，结合景观格局优化目标建立相应的指标体系，用景观指数变化来描述矿区复垦的生态效应；孟磊等（2011）基于景观格局指数分析了矿区水体演变的景观生态效应；侯鹏等（2011）从景观格局生态效应和生态功能效应方面选取景观生态格局、植被覆盖、生物丰度、水土保持等指标参数对辽河流域的生态效应进行了分析。二是构建基于土地利用变化的生态效应评价指标体系（于兴修等，2003）。例如，周强（2006）在土地利用/覆被变化研究理论与景观生态学理论基础上，借助 RS、GIS 技术，从土地利用/覆被变化和这种变化引起的景观生态效应入手，对潍河下游滨海平原土地利用/覆被变化的景观生态效应进行分析；安晨（2010）在比较土地整理工程实施前后的景观生态效应的基础上，选取指标对项目区景观生态效应进行了测算与评价；李名勇等（2013）通过构建生态效应指数与生态效应模数指标，对福州市土地利用/覆被变化的生态效应进行了测算。三是基于影响生态效应的各个因素，对生态效应进行综合分析。例如，胡巍巍等（2008）总结了国内外景观格局与生态过程的研究进展；杨永均等（2015）采用综述法、实地调查法和比较研究法，对不同地域矿区煤炭开采引起的生态效应进行了对比分析；马宗文等（2011）对土地变化的大气、水文、土壤、生物单要素效应及区域综合生态效应的主要研究方法和技术手段进行了总结。

综上所述，虽然关于生态效应的研究取得了很大的进步，但是大多研究集中在生态系统服务价值测算、景观格局生态效应及土地利用变化的生态效应等方面，针对景观生态质量变化下生态效应的相关研究较少。因此，本章针对煤矿区景观生态质量变化下的生态效应来展开论述，从景观变化、景观生态质量变化两方面对研究区动态变化下的景观生态效应进行研究，旨在为改善矿区生态状况、加强矿区生态管护、加快矿区生态文明建设提供理论依据。

## 第二节　矿区景观生态质量评价——以赵固煤矿为例

### 一、研究区概况

赵固煤矿区位于新乡市辉县市南部、凤泉区西北部，35°23′～35°28′N，113°33′～113°57′E。矿区影响范围涉及冀屯乡、赵固乡、峪河镇、占城镇、北云门镇、大块镇和孟庄镇 7 个乡镇，1 个街道办事处，共 95 个村庄，面积为 18 547.95hm²。

#### （一）自然地理条件

**1. 地貌特征**

研究区位于新乡市，紧邻太行山脉，位于第二级地貌台阶向第三级地貌台阶的过渡地带，地势由西北向东南呈阶梯形下降的趋势。研究区属于太行山前冲洪积平原，地形简单，地面海拔为 75～100m。

**2. 气候特征**

研究区处于太行山与华北平原结合部，属暖温带大陆性季风气候区。受海拔和山脉走向影响，研究区季风作用较为明显，表现为春季多风少雨，夏季多雨较热，秋季气候凉爽，冬季较冷少雪。研究区年均降水量约为 589.1mm，多集中在 7 月和 8 月。年均无霜期为 214d，最长为 239d，最短为 194d。研究区年均相对湿度为 68%，7 月、8 月相对湿度分别为 79%和 80%。

**3. 水文特征**

研究区属于海河流域卫河水系，湖泊众多，水资源较丰富。其中，主要河流包括淇河、百泉河、刘店干河、黄水河、石门河、峪河、纸坊沟河等。修建的南水北调中线工程从西至东贯穿全境。研究区北部的太行山岩层裸露，接受降雨补给后在河谷地带形成许多喀斯特大泉，并成为河流的发源地，多数河流上游河段有水，距山口 10～20km 开始漏失或全部漏失，成为煤矿的主要充水水源。

**4. 土壤和植被状况**

土壤普查资料显示，辉县市境内分布 7 个土类，13 个亚类，29 个土属，62 个土种，土壤类型复杂多样。赵固煤矿区范围内以潮土和水稻土为主。潮土是河流沉积物受地下水运动和耕作活动影响而形成的土壤，其土层深厚、表层疏松、供肥保肥性较强，适合多种作物种植。水稻土是指在长期淹水种稻条件下，受到人为活动和自然成土因素的双重作用而形成的土壤。土壤下层较为黏重,适合小麦、棉花、油菜等旱生作物生长。

（二）社会经济环境状况

辉县市位于新乡市西北部,地处豫晋两省之交,是豫晋交通要道。至 2016 年年末全市总人口达到 84.95 万人,常住人口为 74.58 万人。

2016 年,辉县市生产总值为 306.78 亿元,比上年增长 5%。其中,第一产业的增加值为 38.18 亿元;第二产业的增加值为 177.33 亿元;第三产业的增加值为 91.27 亿元。三次产业结构为 12.4∶57.8∶29.8。人均生产总值达到 41 283 元。

2016 年,辉县市粮食种植面积为 134.31 万亩,比上年增长 0.4%。其中,小麦种植面积为 66.09 万亩,增长 0.4%;玉米种植面积为 65.43 万亩,增长 2%。油料种植面积为 10.46 万亩,下降 4.3%;蔬菜及食用菌种植面积 16.49 万亩,下降 7.6%。

2016 年,粮食总产量为 59.28 万 t。其中,夏粮产量为 30.38 万 t,秋粮产量为 28.90 万 t;小麦产量为 30.38 万 t,玉米产量为 28.41 万 t。

2016 年,辉县市规模以上工业增加值为 189.06 亿元,其中,规模以上轻工业增加值为 69.98 亿元;规模以上重工业增加值为 119.08 亿元。规模以上工业增加值中,非金属矿物制品业增加值为 36.18 亿元,增长 24.2%;煤炭开采和洗选业增加值 11.45 亿元,下降 8.7%;黑色金属冶炼和压延加工业增加值为 10.80 亿元,增长 7.0%。

## 二、评价单元的划分

评价单元是景观评价对象的基本单位,也是景观生态质量评价的基础。同一评价单元内,景观类型和基本属性基本一致,不同单元之间则具有明显的差异性。景观生态质量评价是一种从景观生态学角度及土地利用角度定量分析景观生态系统变化特征并划分等级的综合评价过程,因此,景观生态质量评价单元的划分对评价结果至关重要。

（一）评价单元划分的原则

（1）综合性原则

评价单元的划分是一个综合的过程。根据综合性原则,在评价单元划分的过程中,人们需要对各个因素之间的联系及组合特点进行综合分析,从中找出变异的界限。

（2）主导因素差异性原则

主导因素差异性原则是指影响景观生态质量评价的因素有明显差异的不能放在同一个评价单元。

（3）针对性原则

评价单元的选取取决于研究者评价的目的及意义，评价单元的确定依赖于数据获取的难易程度及研究目的所需样本量。根据针对性原则，人们在划分评价单元时，针对研究的目的、数据获取难易程度等，选择大小合适的评价单元，以满足评价的要求。

（4）实用性原则

评价单元不仅是景观生态评价的基本单元，还是评价成果应用的基本单位。因此，评价单元应具有明显的、易区分的界限。

（二）评价单元划分的结果

结合评价单元划分的原则，参考相关文献发现：景观生态质量评价中，以行政单元、栅格为评价单元进行研究的居多。例如，蔡静（2016）从数据获取程度、研究区大小及区域景观完整性考虑，采用 2km×2km 的栅格为遗址旅游区景观生态质量评价的评价单元；朱永恒等（2007）参考加拿大和美国的生态土地分类分级方法，选取与生态组相对应的村级行政单位为景观生态质量评价的评价单元。本节为了更加精确地评估研究区景观生态质量，保护行政单位的完整性，综合考虑数据获取的难度、研究区的面积及区域受影响程度等，选取以行政村为评价的基本评价单元。评价单元分布见表 6-1。

表 6-1　评价单元分布

| 乡镇名称 | 行政村名称 |
|---|---|
| 北云门镇（19 个） | 南姚固村、任村、老格村、雷店村、北云门村、大花木村、中小营村、中瞳村、圪垱村、魏小庄村、张小庄村、东丁庄村、西丁庄村、金华寺原种场、姬家寨村、宋坦村、后凡城村、西木庄村、前凡城村 |
| 大块镇（5 个） | 孟庄村、小块村、石庄村、块村营村、秀才庄村 |
| 胡桥街道办事处（9 个） | 太平庄村、南翼庄村、裴闸村、刘小庄村、董小庄村、请下佛村、南观营村、南云门村、时小庄村 |
| 翼屯乡（23 个） | 亮马台村、白草岗村、益三村、赵流河村、小麻村、麻小营村、文庄村、大麻村、东王河村、西北流村、西王河村、翼屯乡良种场、东北流村、岳村、南王河村、范屯村、马正屯村、南流村、包公庙村、翼屯村、南坦村、张千屯村、前姚村 |
| 孟庄镇（3 个） | 侯村、徐村、郭村 |
| 峪河镇（1 个） | 小屯村 |
| 占城镇（15 个） | 冯官营村、北小营村、大梁冢村、小马庄村、陈张莫村、北马营村、周圪垱村、马张莫村、宋张莫村、张莫小营村、何张莫村、李连屯村、蔡其营村、和庄村、大占城村 |
| 赵固乡（20 个） | 前田庄村、下官庄村、聂桥村、胡村、板桥村、张庄村、武庄村、苗固村、安庄村、小花木村、赵固东村、毛屯村、胡村店村、园庄村、小岗村、赵固西村、南小庄村、韩营村、大罗召村、小罗召村 |

## 三、矿区景观生态质量评价指标体系

### （一）指标选取的原则

正确选择景观生态质量评价指标是评价工作准确开始的第一步。根据景观生态质量的概念，确定合理的评价指标，为综合评价景观生态质量奠定坚实的基础。因此，指标体系的选择应遵循以下原则。

#### 1. 科学性原则

各评价指标的选取必须以科学性为导向，既要立足于现有的基础资料和研究方法，又要考虑景观生态质量的动态变化，旨在能客观真实地反映出矿区景观生态质量的变化情况，且在不同的评价时间进行评价时，同一指标的评价所采用的评价标准和评价方法必须一致，以便于科学准确地分析评价各指标。

#### 2. 系统性原则

各指标之间要有一定的逻辑关系，它们不仅要从不同的角度反映景观类型的主要特征和状态，还要反映景观各类型之间的内在联系。每一个准则层都是由不同的指标构成的，各指标之间既相互独立，又彼此联系，以保证评价的全面性和可靠性。

#### 3. 可比性、可操作、可量化的原则

指标体系的构建是为景观生态质量评价服务的，因此，在指标的选择上要特别注意指标的选取是否具有可比性，是否具有可操作性；同时还要考虑所选取的指标是否能定量处理，是否便于后续的计算和分析。

#### 4. 综合性原则

所建立的景观生态质量评价指标体系应该能够从不同的角度反映景观生态质量的基本内涵和特征。因此，指标体系的构建既要包含景观生态系统自身结构、自身稳定性方面的指标，又要考虑在自然因素和人为因素干扰下动态变化的指标，以求综合反映影响区域景观生态质量的各种内在和外在干扰因素。

### （二）评价指标体系的构建

构建评价指标体系是评价的关键环节，其合理与否将直接影响评价结果的科学性。景观生态质量评价立足于景观生态系统的稳定性，而稳定性又取决于景观生态系统在自身稳定程度、受外界干扰程度综合作用下所表现的状态（许洛源，2011），故构建景观生态质量评价指标体系必须从景观稳定程度、干扰程度两个方

面综合考虑。本节根据赵固矿区煤炭开采活动下景观的变化特征，考虑到当地的社会经济状况，遵循景观生态质量评价指标体系构建原则，从景观稳定程度、景观干扰程度两个方面来构建赵固矿区景观生态质量评价指标体系，见表6-2。

表 6-2　景观生态质量评价指标体系

| 目标层 | 准则层 | 指标层 |
|---|---|---|
| 景观生态质量 | 景观稳定程度 | 景观多样性指数（$Q_1$） |
| | | 景观利用结构指数（$Q_2$） |
| | | 植被覆盖度指数（$Q_3$） |
| | | 水域面积指数（$Q_4$） |
| | 景观干扰程度 | 建设用地干扰度指数（$R_1$） |
| | | 单一化土地利用优势度指数（$R_2$） |
| | | 景观破碎度指数（$R_3$） |

**1. 景观稳定程度**

景观稳定程度是系统对干扰或扰动所表现出来的一种自身的反应能力。从研究区未受到剧烈扰动前的景观类型出发，在研究演变规律的基础之上，结合研究区发展的需求，构建如下景观稳定程度指标体系。

（1）景观多样性指数（$Q_1$）

景观多样性是不同景观类型及同一景观类型要素在空间结构、功能机制和时间动态方面多样化和变异性的体现，景观多样性指数是景观多样性的指标。景观多样性能反映研究区内不同景观类型分布的均匀化和复杂化程度，有助于景观质量评价工作的开展。本节采用香农多样性指数来计算景观多样性指数。计算公式为

$$Q_1 = \sum_{i=1}^{n} P_i \ln(P_i) \tag{6-1}$$

式中，$i$ 为景观类型；$P_i$ 为景观类型 $i$ 占评价单元面积的比例。

（2）景观利用结构指数（$Q_2$）

景观利用结构是指景观单元中各景观利用类型的组合。不同景观利用类型对景观生态质量的贡献程度不同，因此通过对不同景观利用类型进行定量化处理，可以反映研究区景观生态系统的稳定性（董丽丽等，2014）。根据各景观利用类型对景观生态质量的贡献程度，把景观利用类型定量化：其中，林地为3，耕地和水域为2，未利用地为1，建设用地为0，分别乘以各景观利用类型的面积比例。然后取4种主要利用类型（面积较小的地类，可忽略不计），分别赋予权重0.4、0.3、0.2、0.1，采用加权求和的方法计算景观利用结构指数。如果主要景观利用类型的面积超过一定的比例，构成景观中相互连通的景观斑块（连通斑块），则景观破碎化对种群动态的影响将大大减小（朱永恒等，2007）。所以，若景观基

质面积比大于 60%，则按 100% 计算。景观利用结构指数计算公式为

$$Q_2 = \sum_{k=1}^{4} g_k w_k \qquad (6\text{-}2)$$

式中，$g_k$ 为各景观利用类型得分；$w_k$ 为相应的权重。

（3）植被覆盖度指数（$Q_3$）

植被覆盖度反映研究区植被覆盖程度。从景观生态系统的稳定性角度来讲，植被覆盖度对于维持生态系统的稳定性具有直观的指示作用，植被覆盖度越高，生态系统的稳定性越强。故植被覆盖度指数对于确保研究区景观自身稳定程度、保障景观生态系统可持续发展具有重要意义。植被覆盖度指数计算公式为

$$Q_3 = \sum_{m=1}^{5} a_m w_m \qquad (6\text{-}3)$$

式中，$a_m$ 为评价单元中景观利用类型的面积；$w_m$ 为各评价单元权重；$m=1,2,\cdots,5$ 分别代表林地、耕地、水域、建设用地和未利用地，其相应权重 $w_m$ 分别为 0.48、0.27、0、0.15 和 0.10。

（4）水域面积指数（$Q_4$）

水域面积指数反映研究区水域面积丰富程度，其变化能够反映研究区水域面积的变化程度。煤炭开采的动态过程中，采煤沉陷区的形成会在一定程度上影响水域面积比例。水域面积指数计算公式为

$$Q_4 = \lambda_i / A \qquad (6\text{-}4)$$

式中，$\lambda_i$ 为评价单元中水域面积；$A$ 为土地利用总面积。

2. 景观干扰程度

景观干扰程度即景观受外界干扰程度，是景观生态质量评价综合模型中的重要模块，建设用地干扰度指数、单一化土地利用优势度指数、景观破碎度指数是景观干扰性评价的重要因子。对景观受外界干扰程度进行评价可以客观地反映研究区人类采矿活动对景观生态质量的影响程度，指出景观生态质量的潜在威胁，为改善景观生态质量提供参考依据。

（1）建设用地干扰度指数（$R_1$）

随着研究区煤炭开采活动的日渐频繁，大量的农村居民点受到扰动，迁村行为下的人类活动对原有的景观造成干扰，使景观生态质量受到非自然因素的威胁。从空间角度来讲，当景观中受干扰面积和景观总面积的比值增加时，景观生态受扰动的可能性就会变大，景观生态系统维持其自身平衡稳定的能力就会降低，从而造成景观生态质量下降。建设用地干扰度指数计算公式为

$$R_1 = \beta / A \qquad (6\text{-}5)$$

式中，$\beta$ 为景观评价单元中建设用地总面积（$hm^2$）；$A$ 为景观评价单元中土地利用总面积（$hm^2$）。

（2）单一化土地利用优势度指数（$R_2$）

在景观生态系统中，丰富的景观类型斑块组合有助于生态系统平衡稳定的保持。在景观生态系受外界干扰程度的评价中，景观利用类型过度单一会使景观生态质量降低，因此本节将 Haber（1971）在分析土地利用战略中，单一的土地利用类型不能超过 8～10hm²，特别强调在人口密集地区的测算结论应用到景观生态系统中（蔡静，2016）。根据对景观生态系统的贡献，以 10hm² 为标准，统计超过标准面积的景观利用类型的面积 $\partial$（hm²），除去林地、水域类型（因为这些类型越大，土地生态系统越好）。单一化土地利用优势度指数计算公式为

$$R_2 = \partial / A \tag{6-6}$$

式中，$\partial$ 为超过标准面积的景观利用类型的面积（hm²）；$A$ 为景观评价单元中土地利用总面积（hm²）。

（3）景观破碎度指数（$R_3$）

景观破碎度指数是景观被分割后破碎程度的数值化。在煤矿开采活动作用下，原有的地形地貌所决定的自然状态下景观利用方式与格局受到干扰，景观斑块发生改变，原有的生态系统受到扰动，景观破碎化现象明显。因此，借景观破碎度指数的变化来反映人类活动对景观生态质量的干扰程度。景观破碎度指数计算公式为

$$R_3 = (N_P - 1)/A \tag{6-7}$$

式中，$N_P$ 为景观评价单元内各类斑块总数；$A$ 为景观评价单元中土地利用总面积（hm²）。为消除评价单元不一致，$A$ 值用研究区最小斑块面积除总面积的值代替。

（三）数据来源

为能真实反映研究区景观生态状况，并对其做出科学合理的评价分析，相关资料的收集与整理显得十分重要。在景观生态质量评价及生态效应分析中，所需数据大致分为基础地理数据、遥感影像数据及其他相关数据。

1. 基础地理数据

景观生态质量评价所需的基础地理数据包括新乡市村级、乡级、县级行政边界数据，赵固煤矿区范围界限数据等。行政边界采用新乡市 2013 年土地利用变更调查数据重新确定的行政区边界线。

2. 遥感影像数据

景观生态质量评价及生态效应分析应以获取准确可靠的景观分类数据为前提，景观类型的变化能反映景观生态质量及生态效应变化的趋势。随着 3S 技术等的快速发展，空间信息获取途径日渐广泛，其中遥感以其多空间分辨率、波谱分

辨率和时间分辨率的优势被广泛应用于景观变化的研究中。同时考虑赵固煤矿开采的时间及生产周期，本节选择经过辐射定标、大气校正和几何校正等预处理的2009 年和 2011 年 ALOS、2013 年资源三号和 2015 年高分一号等影像数据，影像衍生数据包括将对象信息提取分类后经目视解译形成的景观分类数据。

3. 其他相关数据

景观分类准确与否，除了需要利用 Google Earth 进行校核，还需要实地考察，收集相关资料信息，确定景观分类的准确性，以准确反映景观类型的变化。

## 四、矿区景观生态质量评价模型

（一）指标标准化

各评价指标的单位往往不一致，为了消除评价指标数据的单位限制，使指标之间具有可比性，常需要对获取指标的原始数据进行标准化处理，使其转化为无量纲的纯数值。当指标处于同一数量级时，综合对比评价才有意义。常见的指标标准化方法有小数定标标准化、z-score 标准化和 Min-max 标准化等。小数定标标准化是通过移动数据的小数点位置来进行标准化的方法，标准化的过程中会对原始数据做出改变；而 z-score 标准化在计算过程中会消除指标变异程度上的差异，不能准确反映原始数据所包含的信息（许洛源，2011）。Min-max 标准化是对原始数据的线性转化，在标准化的过程中保留了各指标变异程度的信息。因此，综合考虑景观生态评价体系中所选取的客观评价指标，本节选取 Min-max 标准化方法处理原始数据。Min-max 标准化方法的计算公式为

$$Y_i = \frac{X_i - X_{\min}}{X_{\max} - X_{\min}} \tag{6-8}$$

式中，$Y_i$ 为标准化后的标准值；$X_i$ 为原指标值；$X_{\max}$ 为最大值；$X_{\min}$ 为最小值。

（二）主客观组合赋权法

1. 层次分析法

层次分析法是美国运筹学家托马斯·L. 塞蒂（T. L. Saaty）于 20 世纪 70 年代初率先提出的层次权重决策分析方法。层次分析法的一个重要特点是用两两重要性程度之比的形式表示出两个指标的相应重要性程度等级。其主要是根据赋权者的实践经验和专业知识，利用九标度法进行评分，然后构造判断矩阵（魏中龙，2017）。本节参考相关文献中同一类型指标权重的同时，采用专家打分法，以评价指标体系为基础构建层次模型，采用九标度法对各层次评价因子的相对重要程度进行数理化表达，通过层次分析法 yaahp 软件计算得到各指标层的权重。

2. 熵权法

熵权法根据指标变异的程度来确定客观权重。某个指标的变异程度越大，表明它提供的信息量越多，在综合评价中所占的比例也越大，其权重就越大。相反，某个指标的变异程度越小，表明它提供的信息量越少，在综合评价中所占的比例也越小，其权重就越小。在权重的计算过程中，主要步骤如下。

1）数据的标准化：将各个指标的数据进行标准化处理。对于给定的 $n$ 个指标 $X_1, X_2, \cdots, X_n$，其中 $X_i = \{X_1, X_2, \cdots, X_n\}$，各指标数据标准化之后的值为 $Y_1, Y_2, \cdots, Y_n$，那么，

$$Y_{ij} = \frac{X_{ij} - \min\left(X_{ij}\right)}{\max\left(X_{ij}\right) - \min\left(X_{ij}\right)} \qquad (6-9)$$

式中，$Y_{ij}$ 为第 $i$ 个样本的第 $j$ 个指标标准化后的数值；$X_{ij}$ 为第 $i$ 个样本的第 $j$ 个指标的数值。

2）求各指标的信息熵：

$$E_{ij} = -\ln\left(n\right)^{-1} \sum_{i=1}^{n} p_{ij} \ln p_{ij} \qquad (6-10)$$

式中，$p_{ij} = Y_{ij} \Big/ \sum_{i=1}^{n} Y_{ij}$，如果 $Y_{ij} = 0$，则 $\lim_{P_{ij} \to 0} p_{ij} \ln p_{ij} = 0$。

3）确定各指标权重：根据信息熵的计算公式，计算出各个指标的信息熵为 $E_1, E_2, \cdots, E_n$，由信息熵计算出各指标的权重：

$$W_{ij} = \frac{\left(1 - E_{ij}\right)}{\left(n - \sum_{ij=1}^{n} E_{ij}\right)}, \quad j = 1, 2, \cdots, n \qquad (6-11)$$

基于矿区景观生态系统受多因素的综合影响，本节采用层次分析法和熵权法相结合的主客观赋权法计算各指标相应的权重，最终确定的各指标的权重为层次分析法和熵权法的算术平均值。

（三）指数计算

最终确定的景观稳定程度指数（landscape stability index，LSI）和景观干扰程度指数（landscape disturbance index，LDI）计算公式分别为

$$LSI = \sum_{z=1}^{n} Q_z W_z \qquad (6-12)$$

$$LDI = \sum_{x=1}^{n} R_x W_x \qquad (6-13)$$

式中，$Q_z$、$R_x$ 分别为标准化后的各稳定程度、干扰程度指标值；$W_z$、$W_x$ 分别为各稳定程度、干扰程度指标权重；$n$ 为评价指标的个数，LSI、LDI 的取值为[0,1]。

（四）四象限模型

四象限模型是将定性与定量分析结合起来研究房地产市场变化、分析房地产市场长期均衡发展的一种工具，本质上是一种静态模型（赵娟等，2008）。随着学科的发展和融合，四象限模型在不同的领域内得到飞速发展。本节基于已有的研究成果，将四象限模型应用到景观生态质量评价中。

在景观生态质量评价研究中，景观稳定程度指数是指生态系统自身的能力，景观干扰程度指数是指生态系统抵抗外界干扰的能力。虽然两个层次影响景观变化的要素不同，但两个层次之间存在着紧密的联系。基于此，本节将四象限模型建立在景观稳定程度和景观干扰程度两个景观层次上，同时在两个层次划分的基础上，以景观稳定程度为横轴，景观干扰程度为纵轴，划分出4个象限，构建四象限模型，以指标值所在象限的位置反映景观生态质量的差异程度（表6-3）。

表6-3　景观生态质量的四象限评价

| 项目 | | 景观稳定程度 | |
|---|---|---|---|
| | | 景观稳定程度指数低 | 景观稳定程度指数高 |
| 景观干扰程度 | 景观干扰程度指数低 | 景观生态质量良的区域<br>（第Ⅱ象限） | 景观生态质量优的区域<br>（第Ⅰ象限） |
| | 景观干扰程度指数高 | 景观生态质量差的区域<br>（第Ⅲ象限） | 景观生态质量良的区域<br>（第Ⅳ象限） |

## 五、矿区景观生态质量评价

（一）评价指标权重系数

根据主客观赋权相结合的权重分析方法，结合研究区概况，计算各评价指标权重系数。景观生态质量指标权重值见表6-4。

表6-4　景观生态质量指标权重值

| 目标层 | 准则层 | 指标层 | 层次分析法权重 | 熵权法权重 | 综合权重 |
|---|---|---|---|---|---|
| 景观生态质量 | 景观稳定程度 | 景观多样性指数 | 0.29 | 0.23 | 0.26 |
| | | 土地利用结构指数 | 0.45 | 0.39 | 0.42 |
| | | 植被覆盖度指数 | 0.14 | 0.22 | 0.18 |
| | | 水域面积指数 | 0.12 | 0.16 | 0.14 |
| | 景观干扰程度 | 建设用地干扰度指数 | 0.39 | 0.47 | 0.43 |
| | | 单一化土地利用优势度指数 | 0.36 | 0.32 | 0.34 |
| | | 景观破碎度指数 | 0.25 | 0.21 | 0.23 |

（二）四象限评价模型象限划分

本节采用四象限评价模型，基于 ArcGIS 软件中的分位数法，对 95 个评价单元的景观稳定程度和景观干扰程度进行区间划分，得到景观指数的四象限分区表，见表 6-5。

表 6-5　景观指数的四象限分区表

| 景观指数 | 第 I 象限 | 第 II 象限 | 第 III 象限 | 第 IV 象限 |
|---|---|---|---|---|
| 景观稳定程度 | 0.64～0.76 | 0.37～0.64 | 0.37～0.64 | 0.64～0.76 |
| 景观干扰程度 | 0.23～0.43 | 0.23～0.43 | 0.43～0.69 | 0.43～0.69 |

（三）基于四象限模型的景观生态质量评价

景观生态的变化趋势受时间、空间的影响，不同时间、不同空间范围下，景观生态的变化趋势不同。而景观生态质量是对景观生态的定量评价，不同时间、不同空间，景观生态质量变化趋势也不相同。基于此，本节从时间尺度和空间尺度两个方面对矿区景观生态质量变化进行分析。

1. 时间尺度下景观生态质量的变化

根据景观生态质量评价过程，经分析整理后，得到时间尺度下景观生态质量变化的四象限分布表，见表 6-6。

表 6-6　时间尺度下景观生态质量变化的四象限分布表

| 象限 | 2009 年 | | 2011 年 | | 2013 年 | | 2015 年 | |
|---|---|---|---|---|---|---|---|---|
| | 村数/个 | 面积/hm² | 村数/个 | 面积/hm² | 村数/个 | 面积/hm² | 村数/个 | 面积/hm² |
| 第 I 象限 | 32 | 6 547.36 | 18 | 3 760.52 | 21 | 4 249.02 | 24 | 4 886.86 |
| 第 II 象限 | 23 | 5 018.63 | 20 | 4 495.31 | 21 | 4 231.81 | 24 | 4 503.54 |
| 第 III 象限 | 13 | 2 222.18 | 25 | 4 159.62 | 23 | 4 073.67 | 19 | 3 290.64 |
| 第 IV 象限 | 27 | 4 747.78 | 32 | 6 120.50 | 30 | 5 981.45 | 28 | 5 854.91 |

由表 6-6 可知，赵固矿区所涉及的 95 个村，面积共 18 535.95hm²。2009 年分布在第 I 象限（景观稳定程度指数高、干扰程度指数低）的土地面积为 6 547.36hm²，占土地总面积的 35.32%，包含 32 个行政村；分布在第 II 象限（景观稳定程度指数低、干扰程度指数低）的土地面积为 5 018.63hm²，占土地总面积的 27.08%，包含 23 个行政村；分布在第 III 象限（景观稳定程度指数低、干扰程度指数高）的土地面积最小，为 2 222.18hm²，占土地总面积的 11.99%，涉及 13 个行政村；分布在第 IV 象限（景观稳定程度指数高、干扰程度指数高）的区域包含 27 个行政村，其土地面积为 4 747.78hm²，占土地总面积的 25.61%。

2009～2015 年，随着时间的推移，景观稳定程度指数高、干扰程度指数低的行政村数及其面积都呈现先减少后增加的趋势，到 2015 年，分布在第Ⅰ象限的行政村较 2009 年减少 8 个，面积减少 1 660.50hm²。景观稳定程度指数低、干扰程度指数高的区域呈现先增加后减少的趋势，到 2011 年，分布在第Ⅲ象限的行政村最多，达到 25 个村庄，面积达到 4 159.62hm²，占评价区域土地总面积的 22.44%。2009～2015 年，景观稳定程度指数高、干扰程度指数高的区域呈现先增加后减少的趋势，到 2011 年，受干扰区域达到最大值；景观干扰程度指数低、稳定程度指数低的区域呈现先减少后增加的变化趋势，到 2015 年，受干扰程度逐渐减轻。

由上述变化趋势可知，2009 年，赵固一矿刚投入生产，赵固二矿仍在建设期，矿井的建设及煤矿的开采活动对矿区周边区域的扰动不明显，矿区周边大部分区域仍处在景观稳定程度高的状态。其中，景观稳定程度指数高、干扰程度指数低的区域占土地总面积的 35.32%。因此，2009 年研究区景观生态质量整体较好。2009～2011 年，随着赵固二矿的投产，煤矿开采力度加大，开采程度加深，矿区周边的村庄不可避免地受到煤矿开采活动的影响和干扰。房屋倒塌、大面积地表沉陷的出现都表明区域受到剧烈的干扰。到 2011 年，分布在第Ⅰ象限的区域减少到 18 个，与 2009 年相比面积比例下降 15.03%；分布在第Ⅲ象限的区域增加到 25 个，与 2009 年相比面积比例增加 10.45%。大部分的区域稳定程度减弱，受干扰程度增加，景观生态质量总体呈现下降趋势。2011～2013 年，受煤矿开采活动的持续影响，采煤沉陷区不断增加，受季节性降水及地下水的影响，采煤沉陷区形成集中连片的大面积水域，景观稳定程度指数上升。另外，部分村庄废弃地被复垦为耕地，景观受干扰程度减轻。到 2013 年，分布在第Ⅰ象限的区域略有增加，分布在第Ⅲ象限的区域有所减少，景观生态质量虽有所提高，但景观生态质量水平仍不高。2013～2015 年，随着景观生态概念的深入人心，人们对矿区环境越来越重视。村庄废弃地的整理、破碎土地的复垦、积水区域的再利用等一系列土地复垦及景观生态修复工作的开展，使景观生态系统逐渐稳定，景观生态质量逐步得到改善。2015 年，分布在第Ⅰ象限的区域较 2013 年增加了 3 个，面积增加 637.84hm²，分布在第Ⅲ象限的区域较 2013 年减少了 4 个，面积减少 783.03hm²，表明景观生态质量正逐步提升，景观生态环境逐步得到改善和提高。而与 2009 年相比，分布在第Ⅰ象限的区域减少 8 个，面积减少 1 660.50hm²，分布在第Ⅲ象限的区域增加了 6 个，面积增加 1 068.46hm²，表明研究区景观生态质量虽有所改善，但仍未恢复到受扰动前的景观生态水平。

2. 空间尺度下景观生态质量的变化

景观生态质量是景观稳定程度和景观干扰程度的综合体现。景观稳定程度指数高、景观干扰程度指数低的区域景观生态系统稳定，景观生态质量高；反之，景观稳定程度指数低、景观干扰程度指数高的区域景观生态系统处于不稳定的状态，景观生态质量差。研究区景观生态质量变化呈现明显的区域性，且越靠近煤矿开采点，景观生态质量受影响程度越大，景观生态变化越大。

2009 年，赵固一矿矿井建成并开始投入生产，赵固一矿周边的村庄最先受到影响。建设用地的增加，其他用地类型的减少，都导致景观类型发生改变，景观稳定程度指数降低，干扰程度指数增加，景观生态质量变差。在煤矿开采活动的影响下，距煤矿开采点 1km 内的西北流村、东北流村及范屯村等在 2008 年就陆续开展搬迁工作，土地利用率下降，景观稳定程度降低，受干扰程度增加，导致景观生态质量分布在第Ⅲ象限，即生态质量较差的区域。赵固二矿矿井建设的扰动，使赵固二矿周边的自然景观也受到一定程度的影响。赵固二矿开采点附近的西木庄村，受影响程度剧烈，景观生态质量分布在第Ⅲ象限，即生态质量较差的区域。但开采点附近大部分的区域受到扰动，景观生态类型变化不大，景观稳定程度指数不变，景观干扰程度指数升高，景观生态质量分布在第Ⅳ象限。远离矿区的区域景观生态质量分布在第Ⅰ象限、第Ⅱ象限、第Ⅳ象限，大部分分布在第Ⅰ象限。总体来说，景观生态质量处于较好的水平。

2011 年，矿区周边的村庄景观生态发生较大的变化，受影响的区域以开采点为中心向外扩散，如分布在赵固一矿开采点附近的文庄村、麻小营村、南坦村等，分布在赵固二矿开采点周边的大罗召村、北小营村、大梁家村等景观生态质量变差。采煤沉陷区的形成，改变了地表和地下水的走向，也间接影响了矿区周边的村庄，使其景观生态质量发生改变。但远离矿区的村庄受影响程度较小，整体变化不大。这些变动导致景观生态分布逐渐由第Ⅰ象限向第Ⅱ象限、第Ⅳ象限转移，第Ⅱ象限、第Ⅳ象限逐渐向第Ⅲ象限转移，分布在第Ⅰ象限的区域逐渐减少、分布在第Ⅲ象限的区域逐渐增多，整体景观生态质量呈现下降趋势。

2013 年，矿区周边的沉陷区形成集中连片的积水区，矿区周边斑块破碎程度减缓，使景观受干扰程度降低，在一定程度上改善了矿区周边的生态环境。例如，赵固一矿开采点附近的东北流村、冯官营村，赵固二矿开采点附近的宋坦村、东丁庄村、姬家寨村等，景观生态分布逐渐由第Ⅱ象限向第Ⅰ象限转移，景观稳定程度提高，景观生态质量呈现变好的趋势。而远离矿区的村庄，地下水位持续下降，影响到动植物的生长，且影响程度逐渐增加，景观生态质量下降。总体来说，分布在第Ⅰ象限的区域有所增加，分布在第Ⅲ象限的区域有所减少，景观生态质量较 2011 年有所改善，但景观生态质量仍处在较低的水平。

2015 年，景观生态质量为优的区域零星地分布在矿区开采点周边，主要集中在赵固一矿开采点的南部村庄及赵固二矿的北部村庄。与赵固一矿相比，赵固二矿规模更大，煤炭的开采力度更强，对矿区周边造成的扰动更剧烈，所以受赵固二矿影响的村庄更多，其生态系统的稳定性受到更大程度的波动，景观生态质量变化更大。到 2015 年，部分受扰动的区域逐渐稳定下来，对稳定沉陷区域的再利用，使景观利用类型增多，景观多样性变大，景观稳定性增强，景观生态质量逐步得到改善。与 2013 年相比，分布在第 I 象限的区域增多，分布第Ⅲ象限的区域减少，景观生态质量有了较大的提高，景观生态质量逐渐得到改善。

## 六、矿区景观生态效应分析

通过对景观类型的变化特征及景观生态质量的变化进行分析，发现煤矿开采活动造成景观类型变动。景观生态系统的稳定性下降，受干扰程度上升，生态状况出现不同程度的波动，对区域景观生态系统具有负面的生态影响。基于上述研究，矿区景观生态状况呈现以下特点。

### （一）景观类型变化分析

在煤矿开采等人为活动的干预下，各景观类型、斑块面积发生了一定程度的改变。2009～2015 年景观类型转移矩阵见表 6-7。2009～2015 年赵固矿区景观结构指数见表 6-8。

表 6-7　2009～2015 年景观类型转移矩阵

| 研究阶段 | 景观类型 | 耕地 | 建设用地 | 水域 | 林地 | 未利用地 |
|---|---|---|---|---|---|---|
| 前期 | 耕地 | 14 270.14 | 19.25 | 0.26 | 5.93 | 1.96 |
| | 建设用地 | 244.27 | 3 730.72 | 2.03 | 5.55 | 4.14 |
| | 林地 | 10.50 | 2.85 | 0.42 | 13.25 | 0.14 |
| | 水域 | 39.96 | 28.98 | 133.43 | 0.30 | 0.02 |
| | 未利用地 | 2.65 | 18.62 | 1.64 | 0.50 | 10.35 |
| 中期 | 耕地 | 14 148.70 | 97.99 | 2.30 | 2.49 | 7.20 |
| | 建设用地 | 97.53 | 3 845.03 | 0.18 | 6.19 | 5.62 |
| | 林地 | 2.92 | 2.66 | 0.31 | 16.10 | 1.22 |
| | 水域 | 36.04 | 28.99 | 195.81 | 0.77 | 4.01 |
| | 未利用地 | 12.35 | 12.05 | 4.08 | 1.62 | 15.70 |
| 后期 | 耕地 | 14 230.37 | 25.77 | 39.97 | 1.45 | 22.07 |
| | 建设用地 | 6.73 | 3 869.98 | 1.58 | 0.16 | 2.92 |
| | 林地 | 1.75 | 1.66 | 1.65 | 20.86 | 0.37 |
| | 水域 | 16.54 | 16.22 | 221.78 | 0.15 | 4.60 |
| | 未利用地 | 3.30 | 40.92 | 0.64 | 0.59 | 15.84 |

注：前期为 2009～2011 年；中期为 2011～2013 年；后期为 2013～2015 年。

表 6-8　2009～2015 年赵固矿区景观结构指数

| 年份 | 结构指数 | 耕地 | 建设用地 | 水域 | 林地 | 未利用地 | 合计 |
|---|---|---|---|---|---|---|---|
| 2009 | 面积比重/% | 78.54 | 20.49 | 0.74 | 0.14 | 0.09 | 100 |
| | 平均斑块面积/hm² | 7.53 | 4.22 | 0.97 | 0.24 | 0.33 | 13.30 |
| | 斑块数量 | 1 935 | 901 | 141 | 107 | 50 | 3 134 |

续表

| 年份 | 结构指数 | 耕地 | 建设用地 | 水域 | 林地 | 未利用地 | 合计 |
|---|---|---|---|---|---|---|---|
| 2011 | 面积比重/% | 77.08 | 21.49 | 1.09 | 0.15 | 0.18 | 99.99 |
| | 平均斑块面积/hm² | 8.25 | 3.45 | 0.63 | 0.22 | 0.28 | 12.83 |
| | 斑块数量 | 1 732 | 1 156 | 323 | 124 | 121 | 3 456 |
| 2013 | 面积比重/% | 76.87 | 21.32 | 1.43 | 0.13 | 0.25 | 100 |
| | 平均斑块面积/hm² | 9.28 | 3.24 | 0.92 | 0.17 | 0.26 | 13.88 |
| | 斑块数量 | 1 536 | 1 219 | 289 | 138 | 175 | 3 357 |
| 2015 | 面积比重/% | 77.2 | 20.93 | 1.4 | 0.14 | 0.33 | 100 |
| | 平均斑块面积/hm² | 8.63 | 3.43 | 0.97 | 0.20 | 0.32 | 13.55 |
| | 斑块数量 | 1 660 | 1 132 | 267 | 130 | 189 | 3 378 |

1. 耕地变化情况

从表 6-7 可以看出，2009～2011 年有 297.38hm² 的耕地转换为其他地类，其中主要是耕地转化为建设用地，27.40hm² 其他地类转化为耕地，耕地总体呈现下降趋势；2011～2013 有 148.84hm² 的耕地转化为其他地类，其中有 97.53hm² 的耕地转化为建设用地，109.98hm² 的其他地类转化为耕地，耕地面积小幅度降低；2013～2015 年只有 28.32hm² 的耕地转化为其他地类，89.26hm² 的其他地类转化为耕地，耕地面积增加。由此可以看出耕地减少主要是建设用地占用。

从表 6-8 可以看出，2009～2013 年耕地面积呈现递减的趋势，2013～2015 年耕地又有小幅度的增加，2015 年耕地较 2009 年减少 247.89hm²，占土地总面积的比例下降 1.34%。耕地的景观斑块数量总体表现为 2009～2013 年迅速减少，2013～2015 年逐渐增加；而平均斑块面积与斑块数量呈负相关关系，表现出先增加后减少的趋势。耕地减少主要是矿井的建设占用耕地、建设用地增加占用耕地、沉陷及压占致使耕地损毁。2015 年，人们对稳定沉陷区及村庄废弃地的复垦再利用，使耕地面积小幅度增加，同时也增加了耕地的斑块数量。耕地是动植物生产生活的直接场所，耕地的减少直接影响到动植物的生长，影响到人们生产生活。采煤沉陷引起积水、坡地和裂缝等景观破坏类型，使土壤的物理化学特性受到影响，耕地的生产力和农业生产效率下降，进而影响到耕地的可持续利用。耕地破坏的同时，景观生态功能减弱，景观生态效应降低。

2. 建设用地变化情况

根据景观类型转移矩阵及建设用地景观结构数据可以看出，建设用地总面积及斑块数量总体表现为先增加后减少的变化趋势，平均斑块面积呈现先减少后增加的趋势。建设用地增加主要是由耕地等地类转化而来，建设用地减少主要是建设用地转化为水域和未利用地等。2015 年，建设用地总面积较 2009 年增加

80.54hm²，所占土地总面积的比例增加 0.44%；斑块数量较 2009 年增加 231 块，平均斑块面积减少 0.79hm²。通过现场调查与分析可知，建设用地减少的区域主要分布在矿区周边，新增加的建设用地分布在研究区外边围。2009～2011 年，矿井建设、采矿活动使居民建筑受到影响，建筑物变形、歪斜、倒塌等现象的出现，影响到居民的正常使用。为解决受扰动区域居民的安全问题，需要对受扰动区域开展搬迁工作。而迁村行为需要新增大量的建设用地，导致建设用地逐渐增加。2011～2013 年，煤矿开采活动愈加频繁，更多的农村居民点受到扰动，需要新增大量的建设用地安置搬迁的居民。但是遗弃的居民点并未得到有效的整理，景观多样性降低，景观破碎程度加大，景观生态效应变差。2013～2015 年，居民迁村所需建设用地得到解决，被遗弃的建设用地一部分经复垦后转化为耕地投入使用，一部分经整理后转化为未利用地，还有部分建设用地因沉陷形成积水而被淹埋，建设用地逐渐减少，其他地类逐渐增多，景观多样性增加，生态效应逐渐变好。

### 3. 水域变化情况

水域是变化趋势较明显的景观类型。根据景观类型转移矩阵及水域景观结构数据可以看出，2009～2013 年水面积逐渐增多，到 2015 年有减少的趋势；2009～2011 年水域的斑块数量逐渐增多，主要是采煤过程中沉陷积水形成沉陷水体，这种类型的水体完全是由于沉陷后地下水出露形成的，没有地表积水区，分布上相对独立，造成区域内景观被分割成更多的独立小斑块，景观破碎度增加。2011～2013 年，小面积的积水区不断扩大，形成集中连片的水面，斑块数量大幅度减少，水域的空间集聚度不断增强。2013～2015 年，沉陷水域不断扩大，不仅影响地下水走势，还导致江河蓄水量的变化，同时受季节性降水的影响，研究区水域面积有下降的趋势。

通过现场调查与分析可知，水域沉陷区主要分布在矿区周边，随着时间的推移，水域面积逐渐扩大。水是人类生产生活、动植物生长过程中必不可少的重要资源。采煤活动中矿区水面积虽有所增加，但是采煤活动严重破坏了覆岩层原始应力，影响覆岩层结构，破坏了水资源，导致江河蓄水量减少。沉陷区大面积的积水，还会改变地下水走势，降低地下水的水位，使人们生活必需用水及动植物生长所需水资源减少。除此之外，煤的生产过程中会产生大量的污染物质，经雨水的冲刷作用，会汇集到积水区，污染水源。水储存量的减少、水质的降低，都会降低人们的生活质量，不利于动植物的生长，影响生态系统的生态效应。

### 4. 林地及未利用地变化情况

林地作为区域重要的景观类型，对涵养水源、净化污染、保持生态系统结构稳定等具有重要意义。2009～2015 年，研究区林地是比较稳定的景观类型，其面积比重、斑块数量都变化不大。但由于耕地和建设用地需求量的增多，毁林开荒的现象时有发生，造成景观生态质量下降，景观生态功能减弱。

2009～2015 年未利用地面积及斑块数量逐年增多，2015 年未利用地增加到 61.28hm$^2$；平均斑块面积先减少后增加。未利用地分布在矿区周边区域，主要包括迁村行为留下的建筑垃圾堆放地、沉陷未形成积水的区域及煤矿废弃物的堆放地等。在采矿活动的影响下，地表结构改变引起的地表沉陷、房屋裂缝等问题造成大量的农村居民点废弃，被废弃的建筑残留垃圾未得到合理有效的整治，采煤洗煤过程中堆放的固体废物未能得到妥善处理，在季节性降水的影响下未能永久被水面覆盖的建筑垃圾，都导致未利用地面积呈现递增的趋势。未利用地的增多，影响景观利用，加剧了景观破碎化程度，对景观生态效应产生负面影响。

综上所述，2009～2013 年，由于矿井的建设、采煤活动对居民点的扰动、建设用地需求量增加等，耕地数量减少，建设用地增加。同时，煤矿开采导致的地下结构和承力严重变化，常常会引起地表的坍塌，形成大面积沉陷区，沉陷区周边的耕地和建设用地废弃，使未利用地增加。地表结构的改变也会影响地下水走势，部分地势低的沉陷区会形成积水区域，水域面积增多。2013～2015 年，受扰动的区域逐渐稳定下来，对稳定沉陷区域的复垦及再利用使耕地增加，建设用地减少。受季节性降水的影响，水域略有减少的趋势。未利用地和水域的增加主要分布在矿区周边的区域。随着受影响程度的降低，稳定沉陷的区域逐渐增多，对耕地的需求促使人们对稳定的废弃地进行整理、复垦，景观多样性逐渐升高，景观生态效应逐渐提升。

（二）景观稳定程度指数变化分析

从景观稳定程度变化分析，2009～2013 年景观稳定程度降低，煤矿的开采活动使景观生态系统结构发生变化，不利于景观稳定的景观类型增多，景观生态系统抵抗外来干扰的能力减弱。2013～2015 年，随着稳定沉陷区域的出现，一些村庄废弃地被复垦再利用，积水区域增多，增加了景观多样性，提升了景观稳定性，使景观生态系统慢慢恢复（图 6-1）。

1. 景观多样性指数

景观多样性指数用于评价单元内景观类型的多样化程度，其值越大，表明景观类型越丰富。由景观多样性指数变化（图 6-2）可知，2009～2013 年景观多样性指数呈现下降趋势，2013～2015 年，景观多样性指数呈现上升趋势。受开采活动的影响，景观结构遭到破坏，景观多样性降低，生态状况下降。

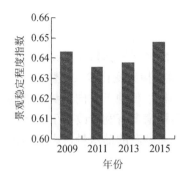

图 6-1 2009～2015 年景观稳定程度指数

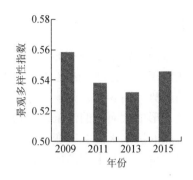

图 6-2 2009～2015 年景观多样性指数

## 2. 景观利用结构指数

景观利用结构指数反映一个时期内景观利用的集约程度。景观利用结构指数值越大，表明景观利用越合理。就景观利用结构指数而言（图 6-3），矿区的景观利用结构指数的变化过程和整个景观稳定性变化过程一致，即呈现先减后增的趋势。煤炭开采破坏了基本的景观类型，对生态系统的稳定性造成干扰，使景观结构不合理。随着景观类型的集中连片，生态系统结构逐渐稳定，生态效应逐渐增强。

## 3. 植被覆盖度指数

植被覆盖度指数反映研究区植被覆盖程度。植被覆盖度指数值越大，表明研究区林地、耕地越多，水域越少。由图 6-4 可知，2009～2015 年，植被覆盖度指数值呈现先减少后增加的趋势。初期的煤矿开采破坏耕地、林地等景观类型，使耕地、林地减少，同时，建设用地的增加、沉陷水域的形成，使研究区植被减少，植被覆盖度下降，景观生态效应下降。煤矿区废弃地复垦耕地，建设用地减少、耕地增加，植被覆盖度指数增加，景观生态效应得到提高。

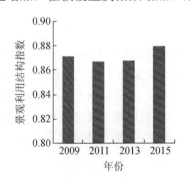

图 6-3 2009～2015 年景观利用结构指数

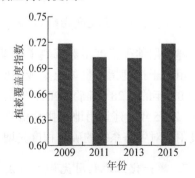

图 6-4 2009～2015 年植被覆盖度指数

4. 水域面积指数

水域面积指数是水域面积变化的直观体现。水域面积指数越大，表明水域所占的比例越大。赵固煤矿区 2009～2015 年水域面积指数变化较大，整体呈现先增后减的趋势（图 6-5）。煤炭开采，改变了地表结构，使地下水向地势较低的沉陷区聚集，形成大面积的沉陷区水域。虽然水域面积增多有利于改善生态环境，但沉陷形成的沉陷水面会改变地下水走势，影响江河湖海的储水量，影响周围动植物的用水量，会对生态造成一定程度的负面影响。

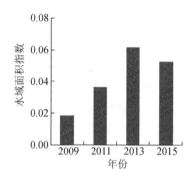

图 6-5　2009～2015 年水域面积指数

（三）景观干扰程度指数变化分析

景观干扰程度指数是人类采矿活动对景观生态质量影响程度的客观反映。景观干扰程度指数在指出研究区景观生态变化存在的潜在威胁的同时，也为景观生态效应的变化提供参考依据。景观干扰程度指数与景观稳定程度指数呈现相反的变化趋势，即景观干扰程度指数呈现先升后降的变化趋势（图 6-6），表明研究区受人类采矿活动的影响，景观的干扰性指数不断变化，景观生态系统遭到破坏，对原有的景观结构也造成一定程度的负面效应。

1. 建设用地干扰度指数

建设用地干扰度指数反映了建设用地对生态系统的破坏程度。由图 6-7 可知，建设用地干扰度指数整体上呈现先增大后减少的变化趋势。建设用地干扰度指数由 2009 年的 0.28 升高到 2011 年的 0.30，2013 年，建设用地干扰度指数下降到 0.23，2015 年，建设用地干扰度指数下降到 0.22。建设用地干扰度指数的变化表明建设用地对生态系统的破坏程度先增大后减小，景观生态效应也随之变化。

2. 单一化土地利用优势度指数

单一化土地利用优势度指数是研究研究区某种景观类型的变化剧烈程度的指

标，其指数值可以定量描述研究区域一定时间内景观类型的变化速度。由图 6-8 可知，2009～2011 年，单一化土地利用优势度指数值大幅度增加，表明在这段时间内，景观类型发生剧烈变动，景观生态效应变化较大。2011～2015 年，单一化土地利用优势度指数逐渐下降，景观类型的变化减弱，景观生态负效应逐渐变小。

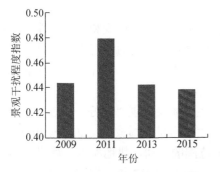

图 6-6　2009～2015 年景观干扰程度指数　　　图 6-7　2009～2015 年建设用地干扰度指数

### 3. 景观破碎度指数

景观破碎度指数表征景观被分割的破碎程度。由图 6-9 可知，2009～2015 年景观破碎度指数呈现先增大后减小的变化趋势。2009～2011 年，建设用地增加，沉陷区出现耕地破碎化，斑块数量增加，景观破碎度指数增大，景观生态效应变差。2011～2013 年，在地下水和季节性降水的影响下，沉陷区形成积水区，水域的空间集聚度不断加强，同时，对废弃地的整理，使耕地集中连片程度增加，斑块减少，景观破碎度指数减小。2013～2015 年，随着村庄废弃地复垦工作的开展及对沉陷区水域的整理，小面积斑块逐渐减少，景观破碎度指数减小，景观生态正效应逐渐提高。

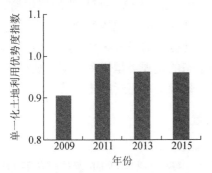

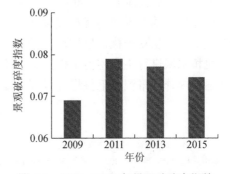

图 6-8　2009～2015 年单一化土地利用优势度指数　　　图 6-9　2009～2015 年景观破碎度指数

## 七、结论

本节以遥感、GIS、景观生态学、土地生态学等多种理论与方法为指导，以传统的景观生态质量分析指数为基础,借助房地产评估中常见的四象限评价模型,以焦煤集团赵固煤矿区范围内的 95 个行政村为研究对象,综合探讨了矿区景观生态质量的变化情况,同时以景观生态质量评价中的评价指标为基础,结合景观利用类型的变化特征分析了景观生态质量变化下景观生态效应问题。本章主要研究成果如下。

1)基于四象限评价模型对矿区景观生态质量进行时间尺度和空间尺度上的评价,结果表明,矿区景观生态质量变化特征与煤矿开采活动紧密相关,且景观类型受煤矿开采等人为活动的影响较严重。景观类型变化下,景观生态系统的稳定程度及干扰程度变动带来景观生态质量的改变。

时间维度上,2009～2015 年研究区景观生态质量呈现"良好—较差—好转"的变化特征。2009 年受扰动程度较轻,景观生态质量总体较好;2009～2011 年,受煤矿开采活动的影响,景观类型发生了大范围的变动,耕地减少、建设用地增加,景观干扰程度增加,景观生态质量较差;2011～2013 年,煤矿开采活动影响范围变大,沉陷区水域面积增加,景观稳定程度增加,景观生态质量有所改善;2013～2015 年,对村庄废弃地、沉陷耕地和水域进行了生态整治,改善了区域生态环境,景观稳定程度提高,景观干扰程度降低,景观生态质量变好。

空间尺度上,煤矿开采点附近的区域景观生态质量呈现由差变好的趋势,而远离煤矿开采点的村庄景观生态质量呈现逐渐变差的趋势。矿区开采点周边的村庄开始受到较大的扰动,景观生态质量变差,随着矿区生态整治工作的开展,周边生态环境得到改善,景观生态质量慢慢变好。远离开采点的区域由于地下水系的改变和地下水位的下降,间接影响了区域景观状态,使景观生态质量逐渐变差。

2)在景观生态质量评价的基础上,结合景观类型的变化,对景观生态效应进行了分析。从整体上看,景观生态效应也呈现"良好—较差—好转"的变化趋势。煤炭开采活动对周边的扰动较剧烈,不利于景观生态的景观类型增多,景观稳定程度下降,景观干扰程度增加,景观生态状况变差。对研究区村庄废弃地、沉陷耕地和水域进行生态整治工作,有利于景观生态的景观类型增多,使景观稳定程度逐渐提升,景观受干扰程度得到有效控制,景观生态逐渐好转。

## 参 考 文 献

安晨,2010. 土地整理项目区景观生态效应研究[D]. 泰安:山东农业大学.

毕如田,白中科,李华,2007. 基于 3S 技术的大型露天矿区复垦地景观变化分析[J]. 煤炭学报,32(11):1157-1161.

蔡静,2016. 遗址旅游对区域景观格局及景观生态质量影响研究[D]. 西安:西北大学.

蔡守华,詹万林,胡金杰,等,2008. 小流域生态系统服务功能价值估算方法[J]. 中国水土保持科学,6(1):87-92.

陈仲新,张新时,2000. 中国生态系统效益的价值[J]. 科学通报,45(1):17-22.

董丽丽, 丁忠义, 刘一玮, 等, 2014. 基于 TOPSIS 模型的煤矿区土地生态质量评价[J]. 江苏农业科学, 42 (9): 300-303.

顿耀龙, 王军, 白中科, 等, 2015. 基于灰色模型预测的矿区生态系统服务价值变化研究: 以山西省平朔露天矿区为例[J]. 资源科学, 37 (3): 494-502.

郭金陵, 於世为, 熊慧, 等, 2011. 基于 AHP 的煤炭矿区生态环境质量模糊综合评价[J]. 科技管理研究, 31 (15): 50-53.

侯鹏, 王桥, 王昌佐, 等, 2011. 流域土地利用/土地覆被变化的生态效应[J]. 地理研究, 30 (11): 2092-2098.

胡巍巍, 王根绪, 邓伟, 2008. 景观格局与生态过程相互关系研究进展[J]. 地理科学进展, 27 (1): 18-24.

黄裳华, 2005. 景观生态评价研究: 以广东省龙门县为例[J]. 广西师范学院学报 (自然科学版), 22 (2): 80-85.

江红利, 2009. 煤炭开发生态环境影响评价研究: 以韩家湾煤矿为例[D]. 西安: 西安科技大学.

李保杰, 顾和和, 纪亚洲, 2012. 矿区土地复垦景观格局变化和生态效应[J]. 农业工程学报, 28 (3): 251-256.

李金昌, 姜文来, 靳乐山, 等, 1999. 生态价值论[M]. 重庆: 重庆大学出版社.

李名勇, 晏路明, 王丽丽, 等, 2013. 基于高程约束的区域 LUCC 及其生态效应研究: 以福州市为例[J]. 地理科学, 33 (1): 75-82.

马宗文, 许学工, 2011. 土地变化的生态效应研究方法[J]. 地理与地理信息科学, 27 (2): 80-86.

蒙吉军, 申文明, 吴秀芹, 2005. 基于 RS/GIS 的三峡库区景观生态综合评价[J]. 北京大学学报 (自然科学版), 41 (2): 295-302.

孟磊, 冯启言, 周来, 等, 2011. 采煤驱动下潘谢矿区水体演变及其景观生态效应[J]. 地球与环境, 39 (2): 219-223.

倪绍祥, 2003. 近 10 年来中国土地评价研究的进展[J]. 自然资源学报, 18 (6): 672-683.

欧阳志云, 王效科, 苗鸿, 1999. 中国陆地生态系统服务功能及其生态经济价值的初步研究[J]. 生态学报, 19 (5): 607-613.

邱文玮, 2014. 矿区生态服务功能价值的评估模型及其应用研究[D]. 北京: 中国矿业大学.

王旭熙, 彭立, 苏春江, 等, 2015. 泸县低丘缓坡区域土地利用景观生态质量评价[J]. 四川农业大学学报, 33 (4): 399-407.

魏中龙, 2017. LUCC 的景观生态效应与土地利用优化配置研究[D]. 重庆: 西南大学.

吴秀芹, 蔡运龙, 蒙吉军, 2003. 塔里木河下游典型区景观生态质量评价[J]. 干旱区资源与环境, 17 (2): 12-17.

谢高地, 张钇锂, 鲁春霞, 等, 2001. 中国自然草地生态系统服务价值[J]. 自然资源学报, 16 (1): 47-53.

徐嘉兴, 李钢, 陈国良, 等, 2013a. 土地复垦矿区的景观生态质量变化[J]. 农业工程学报, 29 (1): 232-239.

徐嘉兴, 李钢, 陈国良, 等, 2013b. 矿区土地生态质量评价及动态变化[J]. 煤炭学报, 38 (Z1): 180-186.

许洛源, 2011. 福建省海坛岛沿海防护林景观生态质量评价[D]. 福州: 福建师范大学.

许洛源, 黄义雄, 叶功富, 等, 2011. 基于土地利用的景观生态质量评价: 以福建省海坛岛为例[J]. 水土保持研究, 18 (2): 207-212.

薛达元, 包浩生, 李文华, 1999. 长白山自然保护区森林生态系统间接经济价值评估[J]. 中国环境科学, 19 (3): 247-252.

杨璐, 胡振琪, 李新举, 2007. 邹城市矿粮复合区土地利用变化及生态系统服务价值分析[J]. 农业工程学报, 23 (12): 70-75.

杨永均, 张绍良, 侯湖平, 等, 2015. 煤炭开采的生态效应及其地域分异[J]. 中国土地科学, 29 (1): 55-62.

于兴修, 杨桂山, 李恒鹏, 2003. 典型流域土地利用/覆被变化及其景观生态效应: 以浙江省西苕溪流域为例[J]. 自然资源学报, 18 (1): 13-19.

张耿杰, 2009. 平朔矿区生态服务功能价值评估研究[D]. 北京: 中国地质大学.

张秋琴, 周宝同, 莫燕, 等, 2008. 区域土地可持续利用景观生态评价研究[J]. 中国生态农业学报, 16 (3): 741-746.

赵娟, 穆兴民, 王飞, 等, 2008. 水资源价值理论的四象限模型初探[J]. 水土保持研究, 15 (3): 134-136.

周强, 2006. 潍河下游滨海平原土地利用/覆被变化及其景观生态效应[D]. 济南: 山东师范大学.

朱永恒, 濮励杰, 赵春雨, 2007. 景观生态质量评价研究: 以吴江市为例[J]. 地理科学, 27 (2): 182-187.

宗文君, 蒋德明, 阿拉木萨, 2006. 生态系统服务价值评估的研究进展[J]. 生态学杂志, 25 (2): 12-217.

BARRETT G W, PELES J D, 1994. Optimizing habitat fragmentation: an agrolandscape perspective[J]. Landscape and urban planning, 28(1): 99-105.

COSTANZA R, D'ARGE R, DE GROOT R, et al., 1997. The value of the world's ecosystem services and natural capital[J]. Nature, 25(1): 3-15.

DUDLEY N, 1999. Evaluation of forest quality: towards a landscape scale assessment[R/OL]. (1999-08-25)[2006-08-29]. http://www.iucn.org/themes/forests/quality.

DUDLEY N, STOLTON S, 2000. Forest quality in Dyfi Valley: rapid assessment on a landscape scale and development of a vision of forest in the catchment [R/OL]. (2000-08-09)[2006-08-29]. http://www.ecodyfi.org.uk/pdf/forests%20 Qualfinal.pdL.

GRÊTREGAMEY A, BEBI P, BISHOP I D, et al., 2008. Linking GIS-based models to value ecosystem services in an Alpine region[J]. Journal of environmental management, 89 (3): 197-208.

HABER W, 1971. Landscaftspflege durch differenzierte Bodennutzung[J]. Bayerisches landwirtschaftliches jahrbuch(1): 19-35.

HEIN L, KOPPEN K V, GROOT R S D, et al., 2006. Spatial scales, stakeholders and the valuation of ecosystem services[J]. Ecological economics, 57(2): 209-228.

KREUTER U P, HARRIS H G, MATLOCK M D, et al., 2001. Change in ecosystem service values in the San Antonio area, Texas[J]. Ecological economics, 39 (3): 333-346.

LOOMIS J, KENT P, STRANGE L, et al., 2000. Measuring the total economic value of restoring ecosystem services in an impaired river basin: results from a contingent valuation survey[J]. Ecological economics, 33(1): 103-117.

SEIDL A F, MORAES A S, 2000. Global valuation of ecosystem services: application to the Pantanal da Nhecolandia, Brazil[J]. Ecological economics, 33(1): 1-6.

WESTMAN W E, 1977. How much are nature's services worth[J]. Science, 197 (4307): 960-964.

WOODWARD R T, WUI Y S, 2001. The economic value of wetland services: a meta-analysis[J]. Ecological economic, 37(2): 257-270.